控制系統設計與模擬－使用 MATLAB/SIMULINK

李宜達　編著

U0068926

全華圖書股份有限公司

控制系統設計與模擬 — 使用 MATLAB\SIMULINK

李宜達 編著

全華圖書股份有限公司

獻給我摯愛、思念的

父親李偉庚（1920-1997）

鈦思科技股份有限公司
TeraSoft, Inc.

■ 台北總公司:110台北市松德路161號15樓-1　　　　■ Tel:(02)2346-5598 Fax:(02)2346-5758
　Head Office:15F-1,No.161,Sung Teh Road,Taipei 110,Taiwan,R.O.C.
■ 新竹辦事處:300新竹市建功一路81巷18弄29號A樓8樓　　■ Tel:(03)611-5678　Fax:(03)611-5679
　Hsinchu Office:8F.,A Building,No.29,Alley 18,Lane 81, Jiangung 2nd Road,Hsinchu 300,Taiwan,R.O.C.
■ 南部辦事處:710台南縣永康市中華路1-31號8樓　　　　　■ Tel:(06)313-6725 (07)348-6361 Fax:(06)313-6704
　Tainan Office:8F,No.1-31,Jung Hua Road,Yungkang City,Tainan County 710,Taiwan,R.O.C.
　E-mail:info@terasoft.com.tw　　　　　　　　　　　　■ http://www.terasoft.com.tw

授權同意書

　　茲同意由 李宜達 先生編輯著作，全華科技圖書股份有限公司

出版之《 控制系統設計與模擬 – 使用 MATLAB/Simulink 》一書，

得引述由本公司代理美國 The MathWorks, Inc. 所研製 MATLAB 軟體

部份圖形、資料等內容，特立此書，以茲證明。

鈦思科技股份有限公司
110 台北市信義區松德路 161 號 15 樓之 1
統一編號：16614834
電話：(02) 2346-5598
傳真：(02) 2346-5758
負責人：申強華

中華民國　九十二　年　五　月　二十二　日

範例光碟使用說明

　　隨書附有範例光碟片，可執行於 **MATLAB Ver. 4.x ～ 7.x/ Simulink 1.2c, 2.x ～ 7.x**，請依下列所述步驟安裝，程式內容請參照本書研習：

1. 將範例光碟片放入光碟機中（假設為 e: ）。
2. 在電腦硬碟裡產生一個目錄，來存放範例程式，假設所欲產生的目錄為 c:\matexamp。

『MATLAB Ver. 4.2/Simulink 1.2c 系統』：

3. 將範例光碟片內的 startup4.m 複製到你的 **MATLAB 安裝**目錄下。

　　將 c:\matlab 目錄下的 startup4.m 改名為 startup.m。

『MATLAB Ver. 5.x/Simulink 2.x 系統』：

4. 將範例光碟內的 startup5.m 複製到你的 **MATLAB\toolbox\local** 目錄下。

　　將 c:\matlab\toolbox\local 目錄下的 startup5.m 改名為 startup.m。

5. 將範例程式內的所有 .m 的程式（除了 startup4.m、startup5.m 外），複製到您硬碟 matexamp 目錄下。

　　重新啟動 MATLAB，便可於 MATLAB 命令視窗（Command Window）下執行範例程式。

『MATLAB Ver. 6.x,7.x/Simulink 4.x~7.x 系統』：

6. 直接將所有的範例程式 (.m, .mdl) 複製到 MATLAB 安裝目錄 \work 目錄下，即可於 MATLAB 命令視窗下執行範例程式，如果開啟 MATLAB 視窗後視窗上顯示的 Current Folder：並非是 ..\work 目錄的話，請更改至 ..\work 目錄（..表示 MATLAB 安裝目錄）。

書序

　　謹將本書的完成獻給我最摯愛、剛過世的父親，我很思念我父親。父親在世不能看到此書的完成，是我寫這本書最大的遺憾。

　　MATLAB 是一個功能相當強大的數值分析模擬軟體，而且在圖形影像上的處理，也有堪稱一流的表現，另外提供眾多不同功能的工具盒（toolbox），適合應用於不同的工程領域，更增加它的完整性。SIMULINK 以後起之勢，儼然成為 Math Works 的明日之星，全賴它圖形化易學易用的特性，使用者已不需要記憶許多的函數指令，只要根據方塊函數的功能，就能輕易地組合所欲模擬的模型。

　　本書包含兩大部份，第一部份說明 SIMULINK 的用法，第二部份則應用 MATLAB/SIMULINK 闡述控制系統一些基本的論述，如時域響應分析法、頻域響應分析法、根軌跡法、狀態空間設計法及離散控制系統等。筆者並非數學專家，所學亦有限，故本書不以嚴謹的控制理論為基礎，而著重於應用 MATLAB/SIMULINK 來求解控制工程的問題。讀者若能從本書中獲得一些知識，就是筆者最大的願望。

　　由於筆者所學有限，書中難免會有一些錯誤及不夠完善之處，尚祈請讀者先進不吝批評指正。

編輯部序

　　「系統編輯」是我們的編輯方針，我們所提供給您的，絕不只是一本書，而是關於這門學問的所有知識，它們由淺入深，循序漸進。

　　本書跳脫嚴謹的控制理論，改以應用 MATLAB/SIMULINK 來了解控制工程的問題，內容包含兩大部份，第一部份介紹 SIMULINK 的使用法，從基本到進階皆有詳細介紹，並對每一個方塊函數做解析，第二部份介紹控制系統的設計、分析與模擬如時域響應分析、頻域響應分析、根軌跡法、狀態空間設計法及離散控制系統等。是一本適合專科以上理工科系學生及社會人士作為自我學習之最佳工具書。

　　同時，為了使您能有系統且循序漸進研習相關方面的叢書，我們以流程圖的方式，列出各有關圖書的閱讀順序，以減少您研習此門學問的摸索時間，並能對這門學問有完整的知識。若您在這方面有任何問題，歡迎來函連繫，我們將竭誠為您服務。

相關叢書介紹

書號：0242206
書名：機電光整合(第七版)
編著：陳一斌
20K/464 頁/420 元

書號：05803047
書名：可程式控制器程式設計與實
　　　務-FX2N/FX3U(第五版)(附範
　　　例光碟)
編著：陳正義
16K/504 頁/580 元

書號：05870047
書名：MATLAB 程式設計－基礎篇
　　　(第五版)(附範例、程式光碟)
編著：葉倍宏
16K/456 頁/450 元

書號：05919047
書名：MATLAB 程式設計實務
　　　(第五版)(附範例光碟)
編著：莊鎮嘉.鄭錦聰
16K/832 頁/750 元

書號：1801902
書名：MATLAB 程式設計與應用
　　　(第五版)
編譯：沈志忠
16K/640 頁/780 元

書號：06513007
書名：機器人控制原理與實務
　　　(附部分內容光碟)
編著：施慶隆.李文猶
近期出版

◎上列書價若有變動，請
　以最新定價為準。

流程圖

書號：0301303
書名：自動控制(第四版)
編著：劉柄麟.蔡春益

書號：03754067
書名：自動控制(第七版)(附部分
　　　內容光碟)
編著：蔡瑞昌.陳　維.林忠火

書號：0589901 / 0590001
書名：高等工程數學
　　　(上)/(下)(第十版)
編譯：陳常侃.江大成
　　　江昭皚.黃柏文

書號：03238077
書名：控制系統設計與模擬－
　　　使用 MATLAB/SIMULINK
　　　(第八版)(附範例光碟)
編著：李宜達

書號：06085037
書名：可程式控制器 PLC(含
　　　機電整合實務)(第四
　　　版)(附範例光碟)
編著：石文傑.林家名.江宗霖

書號：0267204
書名：工程數學(第五版)
編著：蔡繁仁.張太山.陳昆助

書號：05919047
書名：MATLAB 程式設計實務
　　　(第五版)(附範例光碟)
編著：莊鎮嘉.鄭錦聰

書號：0429702
書名：機電整合
編著：郭興家

目　　錄

第四章　模擬與分析　　4-1

第十章 控制器設計　　　　　　10-1

第十一章 狀態空間設計法　　11-1

第一章 概論

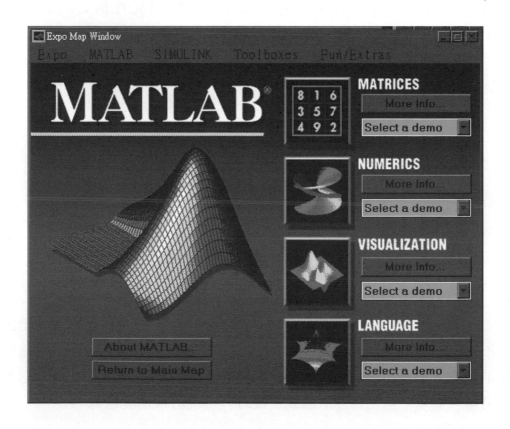

1-1 控制系統簡介

　　一個『控制系統』能夠接受外在的激勵訊號,並對此特定的輸入命令(command)產生調整(regulation)或追蹤(tracking)的動態行為。控制系統組成的主要機構為控制元件、受控元件和回授元件(如圖1-1):受控元件一般稱之為受控系統(system)、受控程序(process)或裝置(device or plant),而控制元件則稱之為控制器(controller)或補償器(compensator),回授元件稱之為感測器(transducer)。控制系統根據是否有回授的存在,又可區分為:

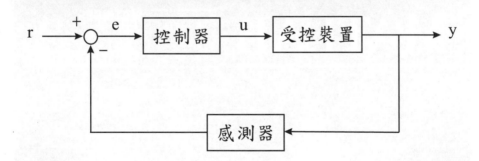

圖 1-1:典型控制系統組成架構圖

● 開迴路控制系統(open-loop control system)

　　沒有回授路徑的控制系統定義為開迴路控制系統,也就是說輸出訊號不會影響輸入訊號對系統的動作(如圖 1-2)。開迴路控制系統適用於系統輸入、輸出間關係已知時,且無外來干擾訊號的控制系統,它的結構固然簡單,但受到外來訊號干擾時,系統的精密度也低。

● 閉迴路控制系統(closed-loop control system)

輸出與輸入間加有回授路徑的控制系統定義爲閉迴路控制系統,亦即輸出訊號會直接影響輸入訊號對系統的動作(如圖 1-1)。系統接受一個輸入命令 r 後,與輸出 y 經感測器而來的訊號比較後 (一般而言是相減),產生誤差訊號 e,控制器接受誤差訊號後,產生致動訊號 u 驅動受控裝置以減少系統誤差,並且能降低外來雜訊(noise)及干擾(disturbance)對系統的影響,使輸出漸漸地達到設(預)定的值。閉迴路控制系統因爲有回授元件的存在,使得系統成本提高且更爲複雜,但系統的控制精度也較爲提高。

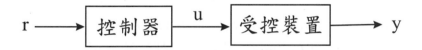

圖 1-2:開迴路控制系統組成方塊圖

1-2 MATLAB/SIMULINK 簡介

MATLAB 套裝軟體時至今日在工程領域應用中已經變的非常普遍,它可以說是在線性及非線性動態系統模擬與分析上不可或缺的工具軟體。MATLAB 是 MATrix LABoratory 兩字的縮寫,由字意可知,其基本的運算元件是矩陣,最初是爲了解決線性代數所衍生的應用問題而發展起來的。而 laboratory 一字更強調了 MATLAB 在教育及學術研究領域上所提供的能力。

MATLAB 除了一些內建的函數外,針對一些特殊的應用領域也設計了專門的工具盒(一些.m 檔案的函數),整理一些常用的工具盒如下所示:

1-4 控制系統設計與模擬－使用MATLAB/SIMULINK

- Control System toolbox：控制系統分析、設計與模擬用工具盒。
- Signal Processing toolbox：數位訊號分析、處理用工具盒。
- Robust Control toolbox：魯棒控制系統分析、設計與模擬用工具盒。
- System Identification toolbox：判別系統之數學模型表示式用工具盒。
- Neural Network toolbox：類神經網路分析、設計與模擬用工具盒。
- Fuzzy logic toolbox：模糊邏輯設計與模擬用工具盒。
- Image Processing toolbox：影像處理、分析用工具盒。
- Symbolic Math toolbox：符號運算用工具盒。
- Nonlinear Control toolbox：非線性控制系統分析、設計與模擬用工具盒。
- Optimization toolbox：解答線性或非線性問題最佳可能解的工具盒。
- Wavelet toolbox：功能強大的訊號影像分析、壓縮用工具盒。
- Partial Differential toolbox：解答偏微分方程（PDE）問題用工具盒。
- 此外尚有 QFT、LMI、Model Predictive、Statistics、Spline、μ-Analysis and Synthesis、Freqency Domain System Identification 和 Financial 等工具盒。

　　SIMULINK 為 MATLAB 所提供的一個工具盒（toolbox），歡迎進入 SIMULINK 的世界，在最近幾年，後來竄起的 SIMULINK 已成為學術界及工業界在建構、模擬與分析動態系統上使用最為廣泛的套裝軟體，它支援線性及非線性系統，能建立連續時間或離散時間或兩者混合的系統模型。系統也能夠是多取樣頻率的（multirate），亦就是不同的系統能夠以不同的取樣頻率組合起來。

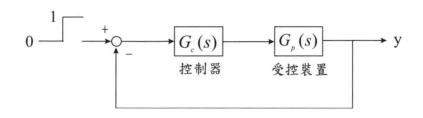

圖 1-3：單位回授控制系統

以往模擬一個系統必須先把系統用微分或差分方程式來表示，再使用一種語言（例如 C）來程式化你的系統，這種方式既費時且費力。在建構模型方面，SIMULINK 提供圖形化使用者界面（graphical user interface，GUI），只要在視窗中使用滑鼠按-拖（click-and-drag）就能輕易地像組合方塊圖似的把模型建立起來，好像用筆在紙上設計你的模型一般容易。現舉圖 1-3 典型的單位回授控制系統為例，求取單位步階輸入的輸出響應，其中：

$$G_c(s) = \frac{10s + 1}{s} \quad , \quad G_p(s) = \frac{400}{s(s + 50)}$$

如果現以 C 語言模擬此系統，首先先求取閉迴路轉移函數（transfer function），再利用 z 轉換求取其離散域表示式，輸出再以差分方程式表示，最後利用遞迴演算法求出每一個取樣時間的輸出值。讀者有興趣不仿自個做做看，保證你有一點點成就感外加一大堆的borning。你也可以考慮以 MATLAB 軟體來模擬此系統，在記事本視窗下鍵入圖 1-4 所示程式，並以檔名 m1_1.m 儲存，在 MATLAB 命令視

1-6 控制系統設計與模擬－使用MATLAB/SIMULINK

窗下，鍵入程式 m1_1（如圖 1-5），便可得到圖 1-6 所示的步階輸入響應曲線圖。

```
% m1_1.m
% 求步階輸入響應曲線
num1=[10 1];den1=[1 0];
num2=400;den2=[1 50 0];

% 串聯組合
[num,den]=series(num1,den1,num2,den2);

% 單位回授控制系統
[numc,denc]=cloop(num,den,-1);

% 步階輸入響應
t=[0:0.001:0.5];
y=step(numc,denc,t);

% 繪圖
plot(t,y)
xlabel('時間 (秒)')
ylabel('輸出大小')
title('步階輸入響應曲線圖')
grid
```

圖 1-4：MATLAB 的模擬程式

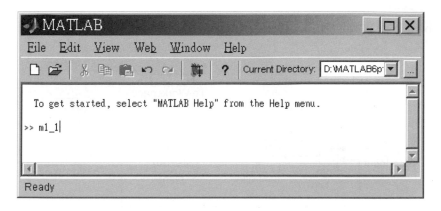

圖 1-5：啓動 MATLAB 的模擬程式

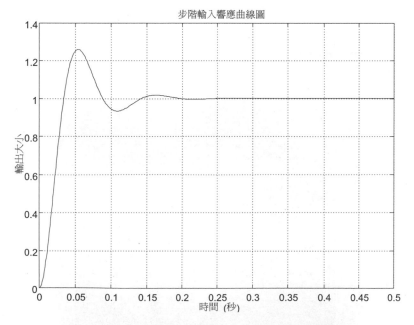

圖 1-6：MATLAB 模擬程式之步階輸入響應圖

最後若以 SIMULINK 模擬此系統，可從進入 SIMULINK 視窗中，建構出圖 1-7 的方塊圖（檔名：m1_2.mdl），啓動模擬此方塊圖，從

scope block 視窗中，可以看出輸出的模擬結果（如圖 1-8）。

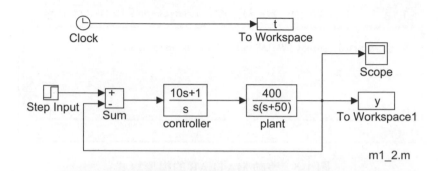

圖 1-7：SIMULINK 中建構模擬用模型

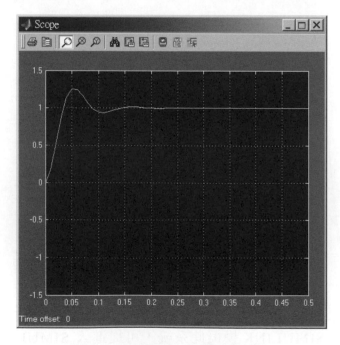

圖 1-8：SIMULINK 模擬的結果

　　比較這三種方法，可以看出第二種與第三種方法比第一種方法要方便的多，第三種方法在建構模型方面又比第二種方法簡單許多，事實上在 SIMULINK 中所模擬出的一些變數值可以回傳到 MATLAB 視窗中，利用控制工具盒（control toolbox）或其它工具盒所提供的功能作進一步的分析，所以 SIMULINK 的出現使我們在模擬控制系統方面，提供更快速且方便的工具與方法。

　　SIMULINK 使用上分為兩個方面：(1)模型的定義（建立）(2)模型的分析。首先先學習如何定義一個模型（model）及如何叫出先前建立好的模型，再啟動模擬函數去分析此模型，以便得到模擬的結果。事實上這兩種程序是交互使用的，藉由不斷的修改模型，改變模型方塊圖的參數值，再不斷的模擬以得到所需控制系統的性能規格。

　　建構（定義）好模型後，可以在 SIMULINK 視窗上的選單（menu）中去模擬你所建構的模型、或者是在 MATLAB 的命令視窗下，輸入指令去模擬你所建構的系統。 SIMULINK 提供的內建分析工具包括各種的模擬演算法則，其中有系統線性化工具（見 linmod 指令）及尋找平衡（穩態）點工具（見 trim 指令）。正在模擬的過程可以用 *Scope* block、*XY Graph* block 或其它 block 來觀察模擬結果，模擬結果也可以用變數儲存起來至 MATLAB 命令視窗中再予以進一步分析。

1-3 系統需求

　　SIMULINK 與 MATLAB 一樣有相同的系統環境需求（可參考 *MATLAB User's Guide*）。由於電子科技的一日千里，使得電腦不論在速度或是在功能上，比起以往已不可同日而語。為了使 SIMULINK 執行起來更有效率，而不會感覺到拖泥帶水，可以選擇時下主流的電腦系統，作業系統可使用微軟視窗版本 Windows 2000，NT，XP, Vista, Windows 7或 Compaq Alpha、Linus、SGI 和 Sun Solaris。

1-4 本書說明與使用

　　本書分為兩大部份共十四章，第一部份為 SIMULINK 的使用說明，筆者在此特別強調，SIMULINK 推出不到幾年光景，已成為 MATH WORKS 公司重要軟體之一（可說與 MATLAB 並駕齊驅），軟體發展的趨勢，朝向『圖形化』的語言，使用者已不需要記憶許多的函數指令，只要根據方塊的功能，就能輕易地組合所欲模擬的模型，這也說明 SIMULINK 的潛力及魅力所在。第二部份為 MATLAB/SIMULINK 應用於控制系統的分析、設計與模擬。現扼要的說明如下：

1. 第一章說明 MATLAB/SIMULINK 的簡要功能，並說明其在控制系統分析模擬上的方便性，並介紹 MATLAB 的基本使用法，作為全書學習的基礎。

第一部份：SIMULINK 篇

2. 第二章說明 SIMULINK 快速的使用法，目的是讓讀者研讀完此章節後，就能對 SIMULINK 立即上手、使用。列舉三個簡單模型作為範例，完整介紹 SIMULINK 的使用法。

3. 第三章進一步說明使用 SIMULINK 建構模型的一些基本方法，希望讀者在研讀完此章節後，更能駕輕就熟地建構所需的模型。

4. 第四章說明在 SIMULINK 環境中模擬的模式及模擬結果的分析。討論如何設定模擬參數值以及如何從 SIMULINK 選單或 MATLAB 命令視窗中，開始模擬的執行，並且討論不同的疊代演算法。以及討論 SIMULINK 所提供線性化以及平衡點相關的工具指令。

5. 第五章說明如何使用 SIMULINK 提供的 masking 功能，讓你可以自訂方塊函數（block）或次系統（subsystem），也可以產生新的對話盒視窗和新的 block 圖示（icon）。

6. 第六章說明 SIMULINK 所提供方塊函數庫（block library）的功能，並對內含的每一個 block 皆有功能及使用上的說明，有些 block 並附有範例，本章參考功能成份大，但對需要深入瞭解 SIMULINK 的讀者而言是重要的一章。

第二部份：控制系統篇

7. 第七章內容以不同的系統為例，說明如何在 MATLAB/ SIMULINK 環境中，建構動態系統的數學模型。

8. 第八章說明控制系統的時域響應，並介紹根軌跡分析法。

9. 第九章說明頻率響應分析法，包含有波德圖、奈氏穩定準則、相位邊限與增益邊限等相關論述。

10. 第十章說明如何根據系統規格設計控制器（或稱補償器），包含有 PID 控制器、相位落後補償器，相位領先補償器和相位落後-領先補償器等。

11. 第十一章說明狀態空間分析法，內容包含有極點安置設計、觀測器設計和線性二次最佳控制器設計等論述。

12. 第十二章扼要說明離散控制系統，內容包含有取樣頻率的選擇、時域分析法、頻域分析法。

13. 第十三章說明控制系統工具盒所提供一種用於分析模型的工具－
    LTI Viewer，具有圖形化使用者介面，方便於線性非時變系統的分
    析工作。
14. 第十四章說明控制系統工具盒所提供一種用於設計控制器或補償器
    的工具－SISO Design Tool，一樣具有圖形化使用者介面，方便於
    簡化設計工作。

　　MATLAB/SIMULINK 在專科以上學校電機、電子、機械、航空、
醫學工程，舉凡工程學科方面，都有很不錯的應用。如果你是一位學
生，首先花些少許時間在 SIMULINK 的使用上（第一部份第二至五
章），再配合學校的理論課程研讀第二部份的內容，筆者相信熟悉
MATLAB/SIMULINK 對你的學習必定有事半功倍之效果。

　　第十三、十四章所介紹的 LTI Viewer 和 SISO Design Tool 對於線
性非時變系統分析與設計上是非常不錯的工具，非常地方便，因此筆者
建議讀者一邊研習第七章至第十二章的基本控制理論課程，一邊使用這
兩個分析與設計工具，也是不錯的學習方式。

　　如果你是一位工程師，對理論方面已有些許瞭解，你可以很快地先
瀏覽全書一遍，在配合工作上遇到的問題，利用 MATLAB/ SIMULINK
加以解決，這也是筆者所樂於見到的。本章最後介紹 MATLAB 的一些
基本的使用方法，讀者可以先行研讀或是遇見問題時再行翻閱。

1-5 MATLAB 的基本使用法

1-5.1 基本操作

矩陣資料是 MATLAB 最基本且重要的資料形式，純量（scalar）可視為 1×1 階的矩陣資料，向量（vector）可視為只含有一列或一行的矩陣資料。在 MATLAB 中矩陣資料構成的要素有

1. 矩陣資料由角形括弧（[]）所包含；
2. 矩陣元素間用空白或逗點（,）來區隔；
3. 使用分號（;）來表示矩陣列（row）資料的結束。

例如在 MATLAB 命令視窗中，輸入

  » A=[1 2 3;4 5 6;7 8 9]

得結果為

  A =

    1   2   3

    4   5   6

    7   8   9

MATLAB 會儲存矩陣 A 的資料，往後程式中如使用到變數 A 即表示上列矩陣資料值，直到關閉 MATLAB 軟體為止。另外矩陣資料可直接以矩陣形式輸入，例如輸入

  » A=[1 2 3

    4 5 6

　　　　　7 8 9];

矩陣資料也可由.m 檔案讀入，例如某一名稱為 gen_mtr.m 的檔案，其
內容包含有三行文字（text）資料，如

　　A=[1 2 3

　　　4 5 6　　　　或　　　　A=[1 2 3;4 5 6;7 8 9];

　　　7 8 9];

在 MATLAB 命令視窗中，輸入

　　» gen_mtr

則會產生矩陣資料 A。

　　矩陣內的元素可為任何的 MATLAB 表示式（expression），例如

　　» x=[-1.5 sqrt(3^2+4^2) (1+2+3)/4*5]

得其結果為

　　x = -1.5000　　5.0000　　7.5000

其中矩陣 x 內第一個元素為 x(1)；第二個元素為 x(2)，於此類推，例如
輸入

　　» x(1)

　　ans =

　　　-1.5000

　　» x(3)

　　ans =

　　　7.5000

吾人可以直接指定矩陣內的元素值，方法為

　　» x(5)=x(2)^2;

　　» x

　　x =

　　-1.5000　5.0000　7.5000　　0　25.0000

注意未定義的 x(4)將會自動指定為 0。

另外矩陣資料間也可合併，例如輸入

　　» p=[10 11 12];

　　» B=[A;p]

　　B =

　　　　1　　2　　3
　　　　4　　5　　6
　　　　7　　8　　9
　　　10　　11　　12

　　矩陣元素亦允許為複數值，複數以 i (i = sqrt(-1))或 j 表示虛數部位，例如

　　» z=1+sqrt(3)*i;

也可以用極座標表示，例如

　　» w=2*exp(i*pi/3)

　　w =

　　　1.0 + 1.7321i

另外亦可以直接輸入複數矩陣，方法為

　　» C=[1 2;3 4]+i*[5 6;7 8]

　　C =

　　　1.0000 + 5.0000i　2.0000 + 6.0000i
　　　3.0000 + 7.0000i　4.0000 + 8.0000i

或

　　» C=[1+5i 2+6i;3+7i 4+8i];

在本章後小節中還會對矩陣運算作進一步的說明，留待後述。

【MATLAB 的表示式】

　　MATLAB 是一個表示式（expression）的語言，整個 MATLAB 程式可看成對表示式的解釋及計算，時常用到的形式爲

　　variable=expression;

或簡單地只有

　　expression;

如果 expression 後緊接有分號（;），則表示會抑制表示式的結果不顯示出來。例如

　　» 99999/9　　　% 99999/9 爲 expression

　　ans =

　　　　11111

　　» m=1*2*3*4*5　　% m 爲 variable，1*2*3*4*5 爲 expression

　　m =

　　　　120

即變數 m 儲存值爲 120。如果表示式太長以至於一行寫不下去時，或爲了程式瀏覽方便，需要分行撰寫表示式時，可在一行的結尾加上"..."，再按下 carriage return 鍵，即可輸入在下一行中，例如

　　» n=1.1-2.2+3.3-4.4+5.5...

　　　-6.6+7.7-8.8+9.9

　　n =

　　　　5.5000

MATLAB 的變數是有大小寫的區別的，也就是說 A 和 a 是不同的變數名稱，而 MATLAB 提供的函數（function）名稱是小寫的，inv(A)是求矩陣 A 的反矩陣，而 INV(A)則不爲 MATLAB 定義的函數名稱。

　　MATLAB 的變數或函數名稱必須以字母開始，再加上任何數目的字母或數字，其間可用 underscore（ _ ）區隔，但只有前 19 個字母和數目有效，例如

　　moon_9、m3n2p4q5、g5_1 等

至此所列舉的變數皆儲存在 MATLAB 的工作平台中（Workspace），為了列舉出工作平台中的變數名稱，在 MATLAB 命令視窗下，輸入

　　» **who**

Your variables are:

A	C	m	p	x
B	ans	n	w	z

如果要更詳細顯示變數的大小及型態，可輸入

　　» **whos**

Name	Size	Bytes	Class
A	3x3	72	double array
B	4x3	96	double array
C	2x2	64	double array (complex)
ans	1x1	8	double array
m	1x1	8	double array
n	1x1	8	double array
p	1x3	24	double array
w	1x1	16	double array (complex)
x	1x5	40	double array
z	1x1	16	double array (complex)

　　Grand total is 38 elements using 352 bytes

【輸出格式】

可以使用 *format* 指令更改輸出格式，如果矩陣資料內的元素皆為整數（integer）型態，則矩陣資料的輸出格式即為整數型態，但若有一個元素不為整數，則將以實數型態列印，輸出格式 default 設定值為 *short*，其格式為小數點後 4 位數的有效數，例如

» x=[34/3 0.000012345]

x =

  11.3333   0.0000

» format *short e*

x =

  1.1333e+001 1.2345e-005

» format *long*

x =

  11.33333333333334   0.00001234500000

» format *long e*

x =

  1.133333333333334e+001   1.234500000000000e-005

» format *bank*

x =

  11.33   0.00

» format *hex*

x =

  4026aaaaaaaaaaab   3ee9e3abe16fc70d

» format +

x =

  ++

1-5.2 多維陣列

MATLAB Ver 5.0 版對於資料結構方面，提供多維陣列的資料表示法，像 zeros，ones，rand，randn 等都能產生超過兩個輸入引數的資料，例如

» ones(2,2,2)

ans(:,:,1) =

    1   1

    1   1

ans(:,:,2) =

    1   1

    1   1

上式指令產生 2-by-2-by-2 的陣列，共有 $2 \times 2 \times 2 = 8$ 個元素。

下面這個例子是將 magic 函數所產生的 3×3 方矩陣，以 perms 函數所產生的排列來改變其列向量位置。敘述

p=perms(1:4)

將產生 4!=24 種的 [1 2 3 4] 排列方式，例如

» p=perms(1:3)

p =

3	2	1
2	3	1
3	1	2
1	3	2
2	1	3
1	2	3

　　而 magic(n)函數將產生 n×n 方矩陣，其行向量、列向量及對角線的和會相同，例如

》x=magic(4)

x =

16	2	3	13
5	11	10	8
9	7	6	12
4	14	15	1

　　執行下列程式，其中所得 M 變數是以三維陣列型態儲存 24 個不同列向量位置 magic 數。size(M)將可得 3×3×24。

```
p=perms(1:4);
x=magic(3);
M=zeros(3,3,24);
For k=1:24
   M(:,:,k)=x(p(k,:),:);
End
```

Cell 陣列亦是多維陣列，但其元素是由陣列所構成，例如

```
》x=cells(4,1);
》for n=1:4
    x{n}=magic(n);
》end
》x
```

x =

    [1]

    [2x2 double] ·······┐

    [3x3 double] ·······┼··┐

    [4x4 double] ·······┼··┼··┐

» x{1}

ans =

    1

» x{2} ◄·······┘

ans =

    1   3

    4   2

» x{3} ◄·······┘

ans =

    8   1   6

    3   5   7

    4   9   2

» x{4} ◄·······┘

ans =

   16   2   3 13

    5 11 10   8

    9   7   6 12

    4 14 15   1

1-5.3 矩陣的運算

　　矩陣資料是 MATLAB 最基本且重要的資料形式，矩陣運算亦是 MATLAB 基本的運算形式，有必要好好瞭解它。

【矩陣的轉置】

　　在 MATLAB 中使用 ' 符號表示矩陣的轉置，例如

　　» A=[1 2 3;4 5 6;7 8 9];

　　» B=A'

得其結果為

　　B =

　　　　1　　4　　7

　　　　2　　5　　8

　　　　3　　6　　9

如果矩陣 Z 為複數矩陣，那 Z' 則定義為共軛轉置矩陣，但若只要將矩陣轉置則使用 Z.' 或 conj(Z')，例如

　　» Z=[1+5i 2+6i;3+7i 4+8i];

　　» Z'

　　ans =

　　　　1.0000 - 5.0000i　　3.0000 - 7.0000i

　　　　2.0000 - 6.0000i　　4.0000 - 8.0000i

　　» Z.'

　　ans =

　　　　1.0000 + 5.0000i　　3.0000 + 7.0000i

　　　　2.0000 + 6.0000i　　4.0000 + 8.0000i

　　» conj(Z')

　　ans =

$$1.0000 + 5.0000i \quad 3.0000 + 7.0000i$$
$$2.0000 + 6.0000i \quad 4.0000 + 8.0000I$$

【矩陣的 + - * /】

符號 + 和 - 表示矩陣的加減法運算，執行加減法運算的矩陣需有相同的維度，例如

» A=[1 2 3;4 5 6;7 8 9];

» B=A';

» C=A+B　　　% 矩陣 A 和 B 同為 3×3 維度。

得其結果爲

C =

   2　　6　　10

   6　　10　　14

   10　　14　　18

但是允許與純數（1×1 矩陣）的相加減，例如

» x=[2 3 4];

» y=x-1

得其結果爲

y =

   1　　2　　3

符號 * 表示矩陣的乘法，若矩陣 A*B 則是以 A 矩陣的列（row）乘以 B 矩陣的行（column），故 A 矩陣的行數必須等於 B 矩陣的列數，即 $C_{m \times p} = A_{m \times n} \times B_{n \times p}$。例如

» x=[-2 1 3];

» y=[-1 2 5];

» x*y'   % $x_{1\times3} \times y_{3\times1}$

得其結果爲

ans =

    19

» x'*y   % $x_{3\times1} \times y_{1\times3}$

得其結果爲

ans =

    2   -4   -10

   -1   2   5

   -3   6   15

在 MATLAB 中有兩個符號 \ 和 / 是作矩陣除法用，其差別在於 A\B 等於計算 inv(A)*B，可看成是 A*X=B 方程式的解答 X，而 B/A 等於計算 B*inv(A)，可看成是 X*A =B 方程式的解答 X，兩者的矩陣 A 必須爲方矩陣且爲 nonsingular。例如

» A=[1 2 3;4 5 6;7 8 7];

» a=[5 8 7]';

» b=A\a

得其結果爲

b =

   -1

    0

    2

1-5.4 陣列的運算

　　所謂陣列運算即為矩陣元素間的算數運算，為了與矩陣運算符號有所區別，其運算符號為在矩陣運算符號之前加上 "." 符號，例如 .* , ./ , .\ , .^ 等。

【加減運算】

　　對於加減運算而言，陣列運算與矩陣運算是相同的，因此符號 + , - 可通用於矩陣及陣列運算。

【乘除運算】

　　符號 .* 表示陣列元素間相乘積，如果 A , B 有相同的維度，則 A.*B 表示矩陣 A 與 B 相對應元素的相乘積，例如

　　» A=[1 2;3 4];
　　» B=[1 1;2 2];
　　» C=A.*B

得其結果為

　　C =

　　　1　　2

　　　6　　8

同理 A./B 與 A.\B 表示矩陣 A 與 B 相對應元素的相除，例如

　　» A./B　　　% 矩陣 B 元素為分母

　　ans =

　　　1.0000　　2.0000

　　　1.5000　　2.0000

　　» A.\B　　　% 矩陣 A 元素為分母

　　ans =

```
    1.0000    0.5000
    0.6667    0.5000
```

【幕次運算】

符號 .^ 表示陣列元素間的幕次運算，例如

» x=[1 2 3];

» y=[3 3 3];

» z=x.^y

z =

　　1　　8　　27

» x.^2　　　% 幕次為純量

ans =

　　1　　4　　9

» 3.^[x;y]　% 底數為純量

ans =

　　3　　9　　27

　27　　27　　27

【關係運算】

相同維度的兩矩陣間有六種關係運算子可做為元素間的比較，用 1 與 0 表示運算結果的眞與假。六種關係運算子為

　<　　　　　小於

　<=　　　　小於等於

　>　　　　　大於

　>=　　　　大於等於

```
==          等於
~=          不等於
```

例如

 » A=[1 2;3 4];B=[1 -1;2 4];

 » A==B

得其結果為

```
ans =
    1    0
    0    1
```

【邏輯運算子】

在 MATLAB 中使用符號 & , | , ~ 分別表示及 (and) , 或 (or) , 非 (not) 三種基本的邏輯運算，執行邏輯運算的兩矩陣維度必須相同。 A&B 運算是將矩陣 A 和 B 皆非零元素位置設定為 1，否則設定為 0， 同理 A|B 運算是將矩陣 A 或 B 有一非零元素位置設定為 1，否則設定為 0，例如

 » x=[1 1 0 2 0 3];y=[0 1 0 3 0 2];

 » x&y

```
ans =
    0    1    0    1    0    1
```

 » ~x

```
ans =
    0    0    1    0    1    0
```

MATLAB 提供一些關係與邏輯運算式，列舉如下：

 any－矩陣中只要有非零元素則為 1，全為零元素則為 0

all－矩陣中所有元素均不爲零則爲 1，否則爲 0

find－找出符合邏輯條件的矩陣指標

exist－檢查是否變數存在

isnan－檢查是否存在有 Not a Number

isinf－檢查是否存在有無窮大的數

finite－檢查是否爲有限數，即存在於－∞與∞間的數

isempty－檢查是否爲空矩陣

isstr－檢查是否爲字串變數

isglobal－檢查是否爲全域變數

issparse－檢查是否爲 sparse 矩陣

例如

» x=[1 2 3;4 5 6;7 8 0];

» any(x)

ans =

   1   1   1

» all(x)

ans =

   1   1   0

【數學函式】

在 MATLAB 中提供許多的數學函式，可應用於矩陣元素間的運算，共計有

● 三角函式

sin－正弦函式

cos－餘弦函式

tan－正切函式

asin－反正弦函式（$\sin^{-1}$）

acos－反餘弦函式

atan－反正切函式

atan2－四象限反正切函式

sinh－雙曲正弦函式

cosh－雙曲餘弦函式

tanh－雙曲正切函式

asinh－反雙曲正弦函式

acosh－反雙曲餘弦函式

atanh－反雙曲正切函式

● 基本數學運算函數

abs－絕對值或複數大小值

angle－相角函數

sqrt－平方根函數

real－複數之實部

imag－複數之虛部

conj－求複數的共軛複數

round－四捨五入求最接近的整數

fix－去小數的整數

floor(x)－求不大於 x 的最大整數

ceil(x)－求不小於 x 的最小整數

sign－數的符號值，+1 表正數，-1 表負數

rem(x,y)－求 $x \div y$ 的餘數

gcd(x,y)－求 x , y 的最大公因數

lcm(x,y)－求 x , y 的最小公倍數

exp－基底為 e 的指數函數

log－自然對數

　　log10－基底為 10 的對數函數
● 高等數學運算函數
　　bessel－Bessel 函數
　　beta－Beta 函數
　　gamma－Gamma 函數
　　erf－誤差函數
　　erfinv－反誤差函數
例如
　　» A=[1.1 -1.6
　　　　2.5 -3.3];
　　» B=fix(A)
　　B =
　　　　1　-1
　　　　2　-3
　　» C=floor(A)
　　C =
　　　　1　-2
　　　　2　-4
　　» D=ceil(A)
　　　　2　-1
　　　　3　-3

1-5.5 向量和矩陣的操作法

　　如果矩陣內的元素太多以至於無法一一列舉，那要如何指定矩陣值呢？對於矩陣內任何一個元素，要如何存取呢？在本小節內都將一一介紹。

【產生向量】

符號：是 MATLAB 重要的字元符號之一，它是構成向量表示式的符號，例如

» x=1:6

x =

    1   2   3   4   5   6

表示 x 從 1 開始，每次增加 1，到 6 結束。假如增加值不為 1 呢？則在起始值與終止值間加上增加值大小，例如

» x=0:0.2:1

x =

    0   0.2000   0.4000   0.6000   0.8000   1.0000

另外也可以遞減方式產生向量序列，例如

» y=3:-1:-3

y =

    3   2   1   0   -1   -2   -3

此種方式可以方便地產生很大數量的序列，例如

» x=(0:pi/20:pi)';

» y=1-sin(x).^2;

» [x y]

ans =

       0   1.0000

  0.1571   0.9755

  0.3142   0.9045

  0.4712   0.7939

```
        0.6283    0.6545
        0.7854    0.5000
        0.9425    0.3455
        1.0996    0.2061
        1.2566    0.0955
        1.4137    0.0245
        1.5708    0
        1.7279    0.0245
        1.8850    0.0955
        2.0420    0.2061
        2.1991    0.3455
        2.3562    0.5000
        2.5133    0.6545
        2.6704    0.7939
        2.8274    0.9045
        2.9845    0.9755
        3.1416    1.0000
```

另外 MATLAB 亦可使用 linspace 和 logspace 產生不同刻度的向量序列，linspace(x1,x2,n)是將起使值 x1 至終止值 x2 間，以等間隔方式產生 n 個元素，同理 logspace(x1,x2,n) 將起使值10^{x_1}至終止值10^{x_2}間，以對數比例方式產生 n 個元素，例如

```
» x=linspace(-2,2,5)
x =
   -2  -1   0   1   2
» y=logspace(0,4,5)
y =
     1      10     100    1000   10000
```

【矩陣的元素操作】

吾人可以使用 A(i,j)存取矩陣 A 內第 i 列 (row) 第 j 行 (column) 的元素，例如

» A=[1 2 3;4 5 6;7 8 9];

» A(2,2)=A(1,1)+A(3,3)

得其結果為

A =

   1   2   3

   4   10   6

   7   8   9

在 MATLAB 中可以使用符號 : 表示矩陣中的子矩陣，例如 A 為 10×10 矩陣，那 A(2:6,5)表示第二列至第六列的第五行元素所成的子矩陣，也就是 5×1 的子矩陣。同理

» A=[1 2 3 4 5

     6 7 8 9 10

     9 8 7 6 5];

» A(2:3,2:4) % 表示第二列,第三列和第二行至第四行的所有元素。

ans =

   7   8   9

   8   7   6

» A(2,:)   % 表示矩陣 A 第二列所有元素、

ans =

   6   7   8   9   10

» B=A(:)'   % 將矩陣 A 以一個長行向量表示。

B =

Columns 1 through 12

```
    1   6   9   2   7   8   3   8   7   4   9   6
Columns 13 through 15
    5   10   5
```

吾人也可以用關係運算子產生的 0-1 向量作為引數，翠取出相對應的子矩陣，例如

```
» A=[11 22 33
     77 55 44
     99 66 88];
» L=A(:,2)>50    % 求第二行元素中其值大於 50 的列數
L =
    0
    1
    1
» A=A(L,:)      % 翠取出第二三列元素的子矩陣
A =
    77   55   44
    99   66   88
```

【空矩陣】

敘述 x=[] 是指定維度為零的空矩陣，但記憶體內仍存在有此變數，只是大小為零，而敘述 clear x 是將矩陣變數 x 從記憶體中清除，可以使用 exist 函式檢查是否存在有矩陣，或利用 isempty 函式檢查矩陣是否為空矩陣，另外

```
» A=[11 22 33
     77 55 44
     99 66 88];
```

» A([2 3],:)=[]　　% 將矩陣 A 的第二三列移除

A =

　 11　 22　 33

» n=-1;

» x=1:n　　% 若 n<1，則矩陣 x 為空矩陣

x =

　 Empty matrix: 1-by-0

【常用的矩陣函式】

» ones(2)　　% 元素為 1 之常數矩陣

ans =

　 1　 1

　 1　 1

» zeros(2,3)　% 零矩陣

ans =

　 0　 0　 0

　 0　 0　 0

» eye(2)　% 單位矩陣

ans =

　 1　 0

　 0　 1

» rand(3,2)　　% 均勻分佈的亂數矩陣

ans =

　 0.9501　 0.4860

　 0.2311　 0.8913

```
      0.6068    0.7621
» randn(3,2)        % 常態分佈的亂數矩陣
ans =
   -0.4326    0.2877
   -1.6656   -1.1465
    0.1253    1.1909
```

【特殊矩陣】

不詳加說明，如有需要請參考線性代數相關書籍。
compan－伴隨 (companion) 矩陣
diag－對角 (diagonal) 矩陣
gallery－test 矩陣
hadamard－Hadamard 矩陣
hankel－Hankel 矩陣
hilb－Hilbert 矩陣
invhild－反 Hilbert 矩陣
magic－magic 方陣
pascal－Pascal's 三角矩陣
toeplitz－Toeplitz 矩陣
vander－Vandermonde 矩陣

例如
```
» A=[1 2 3;4 5 6;7 8 9];
» diag(A)'
ans =
     1     5     9
```

【操作矩陣】

```
» A=[1 2 3;4 5 6;7 8 9];
» fliplr(A)      % 矩陣左右反
ans =
    3    2    1
    6    5    4
    9    8    7
» flipud(A)      % 矩陣上下反
ans =
    7    8    9
    4    5    6
    1    2    3
» rot90(A)       % 矩陣旋轉 90 度
ans =
    3    6    9
    2    5    8
    1    4    7
» tril(A)        % 下三角矩陣
ans =
    1    0    0
    4    5    0
    7    8    9
» triu(A)        % 上三角矩陣
ans =
    1    2    3
    0    5    6
    0    0    9
» A=[1 2 3 4;5 6 7 8;9 10 11 12];
```

```
» reshape(A,2,6)        % 改變矩陣維度為 2×6
ans =
    1    9    6    3    11    8
    5    2   10    7    4    12
```

1-5.6 矩陣函數

MATLAB 的發展主要係用來作矩陣運算的，本小節介紹以矩陣為運算單元的 MATLAB 函數。

【三角分解】

任意方陣（square matrix）可以分解為兩個三角矩陣的乘積，一個稱為下三角矩陣（lower triangular matrix），另一個稱為上三角矩陣（upper triangular matrix），此種分解法被稱為 LU，或有時稱為 LR 分解，是由 lu(A)函數來求得，例如

```
» A=[1 2 3;4 5 6;7 8 7];
» [L,U]=lu(A)
L =          % L 為下三角矩陣
   0.1429   1.0000        0
   0.5714   0.5000   1.0000
   1.0000        0        0
U =          % U 為上三角矩陣
   7.0000   8.0000   7.0000
        0   0.8571   2.0000
        0        0   1.0000
» L*U    % L 與 U 相乘即為矩陣 A
```

```
ans =
    1    2    3
    4    5    6
    7    8    7
» inv(A)    % 矩陣 A 的反矩陣
ans =
   -2.1667    1.6667   -0.5000
    2.3333   -2.3333    1.0000
   -0.5000    1.0000   -0.5000
» inv(U)*inv(L)    %結果可知 A=L*U<―>inv(A)=inv(U)*inv(L)
ans =
   -2.1667    1.6667   -0.5000
    2.3333   -2.3333    1.0000
   -0.5000    1.0000   -0.5000
» det(A)    % 矩陣 A 的行列式值
ans =
    6
» det(L)*det(U)    %結果可知 A=L*U<―>det(A)=det(L)*det(U)
ans =
    6.0000
```

【正交分解】

又稱爲 QR-分解,它是將方形或矩形矩陣分解爲兩個三角矩陣的乘積,一個稱爲上三角矩陣,另一個稱爲單位正交行向量 (ortho- normal column) 矩陣,是由 qr(A)函數來求得,例如

» A=[1 2 -1;1 -1 2;-1 1 1];

» [Q,R]=qr(A)

Q =　　　% Q 為單位正交行向量（orthonormal column）矩陣

　-0.5774　　0.8165　　0.0000

　-0.5774　-0.4082　　0.7071

　 0.5774　　0.4082　　0.7071

R =　　　% R 為上三角矩陣

　-1.7321　　0.0000　　0.0000

　　　0　　2.4495　-1.2247

　　　0　　　　0　　2.1213

» sqrt((-0.5774)^2+(-0.5774)^2+0.5774^2)

　　　% 上式驗證矩陣 Q 第一行向量的大小為 1

ans =

　　1.0001

【特徵值與特徵向量】

　　若矩陣 A 是一個 n×n 方陣，存在 n 個 $\lambda_i\,(i=1:n)$ 值，滿足方程式 $Ax = \lambda x$，則稱 λ 值為方陣 A 的特徵值 (eigenvalue)，於 MATLAB 中可用 eig(A) 函數來求得。另外對應的 x 向量值則稱為特徵向量（eigenvector），MATLAB 函數 [x,d]=eig(A) 可同時求得特徵值與特徵向量，例如

» A=[1 2 3;4 5 6;7 8 1];

» eig(A)

ans =　　　% 此為矩陣 A 的特徵值

　　12.4542

-0.3798

-5.0744

» [x,d]=eig(A)

x =

    0.2937   0.7397   -0.2972

    0.6901   -0.6650   -0.3987

    0.6615 0.1031   0.8676

% 行向量為特徵向量

d =

    12.4542   0   0

        0   -0.3798   0

        0   0   -5.0744

% 對角線值為特徵值

【定義矩陣函數】

在 MATLAB 中對於以矩陣為運算單元的函數指令大致可區分為兩類，一類以矩陣內的元素為運算對象，如 exp(A)函數。另一類則以整個矩陣為運算對象，如 expm(A)函數。exp(A) 與 expm(A)的差別在於 exp(A)是對矩陣 A 內的每一個元素作指數運算，而 expm(A)則是以矩陣 A 來運算下式

$$\exp m(A) = e^A = I + \frac{A}{1!} + \frac{A^2}{2!} + \frac{A^3}{3!} + \cdots\cdots$$

例如在 MATLAB 命令視窗中，輸入

    » A=[1 -1 0;-1 1 -1;0 -1 1];

    » exp(A)

```
ans =
    2.7183    0.3679    1.0000
    0.3679    2.7183    0.3679
    1.0000    0.3679    2.7183
» expm(A)
ans =
    4.3196   -3.7194    1.6013
   -3.7194    5.9209   -3.7194
    1.6013   -3.7194    4.3196
```

另外介紹一個用來定義矩陣函數的函數－**funm(A,'function_type')**，例如 funm(A,'exp') 就相當於 expm(A) 函數的功能，如

```
» A=[1 -1 0;-1 1 -1;0 -1 1];
» funm(A,'exp')    %  與 expm(A)比較，答案是一樣的
ans =
    4.3196   -3.7194    1.6013
   -3.7194    5.9209   -3.7194
    1.6013   -3.7194    4.3196
» funm(A,'cos')
ans =
    0.3123    0.5877   -0.2280
    0.5877    0.0843    0.5877
   -0.2280    0.5877    0.3123
```

另外常用的矩陣函數有：

logm－矩陣對數函數運算

sqrtm－矩陣開平方根運算

1-5.7 字串

在 MATLAB 中，以符號 ' ' 所包括起來的字元表示成一個字串，字串以向量的資料型式儲存，例如

　　» S='How are you!'

　　S =

　　　　How are you!

　　» size(S)　　% 字串 S 以向量的資料型式儲存

　　ans =　　　　% 表示大小為 1×12

　　　　1　　12

若要將兩個字串組成一個字串，可用下述方法

　　» S1=['Hello ',S]

　　S1 =

　　　　Hello How are you!

● abs(s)指令是將字串 s 中的每一個字元轉換成相對應的 ASCII 值，例如

　　» s='How are you!';

　　» s1=abs(s)

　　s1 =

　　 72　 111　 119　 32　 97　 114　 101　 32　 121　 111　 117　 33

● setstr(s)指令是將以 ASCII 方式顯示的字串 s 還原成以字元方式顯示，如上例

　　» setstr(s1)

　　ans =

　　　　How are you!

● eval(s)指令是將字串 s 以 MATLAB 的命令敘述來執行，假若字串 s

是個表示式，則 eval(s)執行後會是該表示式的值，但若字串 s 是個敘述，則 eval(s)執行該敘述，例如

» s='4*atan(1)';

» eval(s)　　% 字串 s 是個表示式

ans =

　　3.1416

下面這個例子將從資料檔 data1.dat，data2.dat，data3.dat，...將資料儲存至變數 x 中

```
k=0;
while 1
    k=k+1;
    data=['data' int2str(k)];    % int2str 指令參見本小節說明
    filename=[data '.dat'];
    if ~exist(filename), break, end
    s=['load ' filename];
    eval(s);    % 字串 s 是個敘述
    x=eval(data);
end
```

● num2str(x)是將數字 x 轉換為字串 s，例如

» s=num2str(eps)

s =

　　2.2204e-016

» s=num2str(pi)

s =

　　3.1416

● str2num(s)是將字串 s 轉換爲數字 x，例如

» s='pi';

» x=str2num(s)

x =

3.1416

● int2str(n)是將整數 n 轉換爲字串 s，例如

» s=int2str(2+3)

s =

5　　% 5 不是數字是字串

在繪圖中常常用到的

» title(['Figure number ' int2str(n)])

● str2mat(t1,t2,...)指令是將個別的字串 t1，t2,...轉換成字串矩陣，例如

» s=str2mat('one','two','three')

s =

one

two

three

● strcmp(s1,s2)指令用來比較字串 s1 與 s2 是否相同，若是則回報值 1，若否則回報值 0，例如

» strcmp('YES','Yes')

ans =

0

» strcmp('no','no')

ans =

      1

- isstr(s) 指令用來檢查 s 是否為一字串，若是則回報值 1，若否則回報值 0，例如

    » s1='I love you';

    » isstr(s1)

    ans =

        1

    » s2=pi;

    » isstr(s2)

    ans =

        0

- strrep(s1,s2,s3)指令是將字串 s1 內的字串 s2 用字串 s3 取代，例如

    » s1='I love you';

    » s=[strrep(s1,'I','He') ',too']

    s =

        He love you,too

- blanks(n)指令將空出 n 個空白字串，例如

    » disp(['xxx' blanks(5) 'yyy' blanks(5) 'zzz'])

        xxx   yyy   zzz

- findstr(s1,s2)指令將從字串 s1 中，找出字串 s2 的位置索引值（index），例如

    » s='I love you and you love me, too?';

    » findstr(s,'love')

    ans =

        3   20   % 字串 love 出現兩次，分別在位置索引值 3 與 20

» findstr(s,'me')

ans =

   25   % 字串 me 出現一次，在位置索引值 25

» findstr(s,'You')

ans =

   []   % 字串 You 未出現

» findstr(s,' ')

ans =   % 空格出現 7 次

   2   7   11   15   19   24   28

1-5.8 多項式運算

MATLAB 是以列向量來表示多項式由大至小的幕次方係數，例如 [1 2 0 -3 4] 即表示 $x^4 + 2x^3 - 3x + 4$ 多項式。poly 函式可以產生矩陣的特徵方程式或由特性根產生特徵方程式，例如

» A=[1 2 3;4 5 6;7 8 7];

» p=**poly**(A)   % p 為特徵方程式的係數

p =

   1.0 -13.0000 -30.0000 -6.0000

特徵方程式為 $x^3 - 13x^2 - 30x - 6$

» r=**roots**(p)   % r 為特徵方程式 p 的特性根

r =

  15.0235

  -1.8018

  -0.2217

» p1=**poly**(r)   % 由特性根產生特徵方程式 p1

p1 =

      1.0000 -13.0000 -30.0000   -6.0000

下式計算多項式 $p(s) = 3s^2 + 2s + 1$ 在 s=5 的值，

  » p=[3 2 1];

  » **polyval**(p,5)

  ans =

    86

兩多項式 $a(s) = s^2 + 2s + 3$ 與 $b(s) = 3s^2 + 2s + 1$ 相乘，結果爲

  » a=[1 2 3];b=[3 2 1];

  » c=**conv**(a,b)   % 多項式 a 與 b 相乘

  c =

    3   8   14   8   3

  » [q,r]=**deconv**(c,b)   % 多項式 c 除以多項式 b，商爲多項式 q
                           ，餘式多項式爲 r。

  q =

    1   2   3

  r =

    0   0   0   0   0

多項式 $p(s) = s^5 + 2s^4 + 3s^3 + 4s^2 + 5s + 6$ 的微分爲

  » p=[1 2 3 4 5 6];

  » **polyder**(p)

  ans =

    5   8   9   8   5

多項式 $p(s) = s^2 + 2s + 3$ 將 $s = \begin{bmatrix} 2 & 1 \\ 1 & 2 \end{bmatrix}$ 代入 p (s)求矩陣值

» p=[1 2 3];

» A=[2 1;1 2];

» B=**polyvalm**(p,A)

B =

   12   6

    6   12

[r,p,k]=residue(b,a)是求下式的 residue 值

$$\frac{b(s)}{a(s)} = \frac{r_1}{s-p_1} + \frac{r_2}{s-p_2} + \ldots\ldots + \frac{r_n}{s-p_n} + k(s)$$

» b=1;a=[1 6 11 6];

» [r,p,k]=**residue**(b,a)

r =

   0.5000

  -1.0000

   0.5000

p =

  -3.0000

  -2.0000

  -1.0000

k = []

由上式結果可知，部份分式分解為

$$\frac{1}{s^3 + 6s^2 + 11s + 6} = \frac{0.5}{s+3} + \frac{-1}{s+2} + \frac{0.5}{s+1}$$

1-5.9 Script 檔案與函數

在 MATLAB 環境中的程式是以.m 檔案來儲存的，.m 檔案可以區分為兩類，一類是以符合於 MATLAB 所定義的合法命令敘述集合在一起所成的.m 檔案，稱為 script 檔案或簡稱為 script。另外一類是以敘述 **function** 開頭所形成的.m 檔案，稱之為函數（function），吾人將執行某一功能的一些命令敘述寫成一個函數，我們只要 call 這個函數名稱即可，這對程式而言具有可讀性。MATLAB 也因為具有函數的功能，讀者可以根據自己的應用範疇，設計屬於自己專屬的 toolbox（一組特定功能函數的集合）。

【script 檔案】

下列程式 m1_6.m 是一個 script 檔案範例，它是將矩陣 A 內的所有元素值相加後儲存於 value 變數中。

....

```
% m1_6.m
% script file:求矩陣 A 內元素之和
value=0;
A=[1 2 3;4 5 6;7 8 9];
[m,n]=size(A);
for i=1:m
  for j=1:n
    value=A(i,j)+value;
  end
end
```

　　value

………………………………………………………………………………

在 MATLAB 命令視窗中，輸入

　　» m1_6

得其結果為

　　value =

　　　　45

【函數】

　　MATLAB 所定義的函數，它的第一行敘述開頭必須為 function 這個字，函數檔案與 script 檔案最大不同點在於函數檔案內所使用的所有變數和命令敘述是屬於局部的（local），而 script 檔案內所使用的所有變數和命令敘述是屬於全域的（global），就如同前所敘述的，自訂函數有許多的優點，除了增加程式的可看性，無疑地也大大增加 MATLAB 的擴充性。下列程式是 MATLAB 程式所提供的 mean 函數（4.x 版），對向量輸入而言它是求平均數，但對矩陣輸入而言，它是求每一行向量的平均數。

………………………………………………………………………………

```
function y = mean(x)
%MEAN      Average or mean value.
%   For vectors,  MEAN(X)  is the mean value of the elements
    in X.
%   For matrices,  MEAN(X) is a row vector containing the
    mean value
%   of each column.
```

```
%    See also MEDIAN, STD, MIN, MAX.
%    Copyright (c) 1984-94 by The MathWorks, Inc.
 [m,n] = size(x);
if m == 1
    m = n;
end
y = sum(x) / m;
```

....

例如在 MATLAB 命令視窗中，輸入

```
» A=[1 2 3 4 5 6];
» B=[1 2 3;4 5 6;7 8 9];
» mean(A)
ans =
    3.5000
» mean(B)
ans =
    4    5    6
```

函數 mean 內的符號%後面的字元被當成註解，MATLAB 編譯器是不會去處理的，這些註解在 MATLAB 命令視窗中輸入 *help mean* 時，會顯示出來，如

```
» help mean
MEAN    Average or mean value.
        For vectors,  MEAN(X)  is the mean value of the elements in X.
        For matrices,  MEAN(X) is a row vector containing the mean value
        of each column.
```

See also MEDIAN, STD, MIN, MAX.

【全域 (global) 變數】

前函數一節中曾經提過，MATLAB 由 .m 檔案所組成的函數，其內的變數是局部的 (local)，也就是說這些變數在函數外就不存在了。如果函數內有些變數需要由函數外在環境來指定其值，譬如說由 MATLAB 的命令視窗中輸入變數的值，則可將函數內相關的變數設定為全域的 (global)，例如下式 Lotka-Volterra predator-prey 模型方程式內的係數 α 與 β 須由外界來輸入

$$\dot{y}_1 = y_1 - \alpha y_1 y_2$$
$$\dot{y}_2 = -y_2 + \beta y_1 y_2$$

建立 .m 檔案函數 lotka.m：

```
function yp=lotka(t,y)
% Lotka-Volterra predator-prey model
global ALPHA BETA
yp=[y(1)-ALPHA*y(1)*y(2);-y(2)+BETA*y(1)*y(2)];
```

在 MATLAB 命令視窗中，輸入

```
» global ALPHA BETA
» ALPHA=0.01;
» BETA=0.02;
» [t,y]=ode23('lotka',0,10,[1;1]);
» plot(t,y)
```

由上可知，將 ALPHA 與 BETA 定義為全域變數，則可以在函數外加以

使用。所得圖形如下圖 1-9 所示。

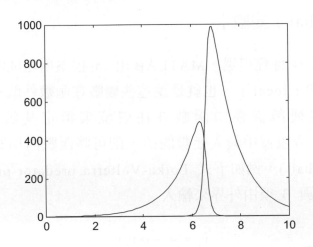

圖 1-9：Lotka-Volterra predator-prey 模型模擬圖

1-5.10 程式控制流程

　　MATLAB 程式控制流程方式，類似於其它電腦高階語言的方式，也因為具有程式控制流程的能力，使得 MATLAB 能夠跳脫只是矩陣運算的範疇，而邁向更寬廣的高階語言能力。

【FOR 迴圈】

　　MATLAB 提供的 FOR 迴圈，可以讓使用者重複地執行一組 MATLAB 指令，一般的格式為

for i＝起始值：遞增值：終止值
　　　MATLAB 指令敘述
end

如果省略遞增值，則代表遞增值為 1。例如吾人要將向量 x 前 100 個元素設定為 1，則執行

```
for i = 1:100
    x(i)=1;
end
```

另外 MATLAB 的 FOR 迴圈允許有使用巢狀的（nested）迴圈結構，也就是說 FOR 迴圈裡還有 FOR 迴圈，例如吾人要將 5×10 矩陣 A 內每一元素設定成 1，則執行

```
for i = 1:5
  for j = 1:10
    A(i,j)=1;
  end
end
```

【SWITCH 迴圈】

switch 迴圈的一般使用型式為：

switch expression

case *value1*

    statements   ←   如果 expression 是 *value1* 則執行

case *value2*

    statements   ←   如果 expression 是 *value2* 則執行

…

…

…

```
  otherwise
      statements          ◄──── expression 皆不符合 case 時則執行
  end
```

例如下列式子是判斷變數 output_num 是 –1 , 0 , 1 的值。

```
  switch output_num
   case –1
     disp('negative one');
   case 0
     disp('zero');
   case 1
     disp('positive one');
   otherwise
     disp('other value');
  end
```

【WHILE 迴圈】

while 迴圈的一般使用型式為：

```
while  表示式
    命令敘述
end
```

while 迴圈內的"命令敘述"會一直反覆地被執行，直到"表示式"的邏輯
運算值為 0 後才停止。例如吾人欲求 10!的值，則執行

```
  n=m=1;
```

```
while  n<=10
    m=m*n;
    n=n+1;
end
```

另例吾人如欲計算 1+2+3+...+50，可執行

```
n=1;m=0;
while  n<=50
    m=m+n;
    n=n+1;
end
```

【IF , ELSEIF , ELSE 迴圈】

IF 迴圈用來設定程式的條件控制，其使用格式為

```
if  表示式
    命令敘述
elseif  表示式
    命令敘述
else
    命令敘述
end
```

例如吾人欲將某數列 n=1 到 100 的偶數與奇數部份分開相加，則執行

```
even=odd=0;
for  n = 1:100
    if  rem(n,2)==0
```

```
      even=even+n;
    else
      odd=odd+n;
    end
  end
```

【Break】

break 指令亦是一個常用的指令，它的功能是中斷或停止一個迴圈的執行，例如吾人自鍵盤輸入一個數字，若此數小於 0，則停止輸入，若此數為偶數，則將該數除以 2，若是為奇數，則將該數乘以 3 再加 1，程式如下

```
while  1
    n=input('Enter n , if negative then Quit ! ');
    if n<=0, braek, end
    while  n>1
      if rem(n,2)==0
        n=n/2;
      else
        n=3*n+1;
      end
    end
  end
```

【Pause】

Pause 指令的功能是暫時停止程式的執行，直到使用者按下任何一

個按鍵後，才繼續程式的執行。而 pause(n)則為程式暫停 n 秒後，會自動地繼續執行。例如下列程式因為加上 pause 指令，對每一個 n 值的 peaks 圖形都能看到。

```
for n=5:16
    peaks(n)
    pause
end
```

【echo】

echo 指令用來控制 MATLAB 程式在執行時，是否要有訊息回應，default 設定值為 echo off，即 .m 檔案內的程式在執行時不會顯示於 MATLAB 的命令視窗中（也就是電腦螢幕上），但若某 .m 檔案內有以下的程式敘述

```
…………
echo on
  statement_1
  statement_2
echo off
…………
```

則 statement_1 及 statement_2 在執行時會顯示於 MATLAB 的命令視窗中，好處在於方便使用者除錯及追蹤程式執行的流程。另外還有一些使用的方法，說明如下：

1. echo fun_name on－將名為 fun_name.m 的函數在執行時，打開訊息回應（echo）。

2. echo fun_name off－將名為 fun_name.m 的函數在執行時，關閉訊

息回應。

3. echo fun_name－將名為 fun_name.m 的函數在執行時，在打開與關閉間切換（toggle）訊息回應。

4. echo on all 與 echo off all－將所有的函數在執行時，打開或關閉訊息回應。

1-5.11 輸入與輸出

對工具軟體而言，輸入與輸出可作為使用者與電腦間的人機介面，其重要性不可言喻。吾人將輸入與輸出分別介紹。

【輸入】

自鍵盤輸入的指令有 input , keyboard , menu，現分別說明如後：

● **input**

(1) 格式 **x=input('string')** 是將字串 string 顯示於螢幕上，等待使用者自鍵盤上輸入數值，並儲存至變數 x 中，例如

》 x=input('How many peoples ? ')

How many peoples ? 6

x =

6

(2) 格式 **x=input('string','s')** 是將字串 string 顯示於螢幕上，等待使用者自鍵盤上輸入資料，並將資料儲存至字串變數 x 中，例如

》 x=input('How many peoples ? ','s')

How many peoples ? six

x =

six

如果是按下 Return 鍵，則 input 指令將回報空矩陣 []，下列例子將說明程式設計中常用到的如何選取 default 設定值。

i=input('Do you really want to quit ? y/n [y]: ','s');

if isempty(i)

　　i='y';

end

● **menu**

menu 指令的功能為製作出簡單的選單輸入，指令格式為 k=menu('menu_title','opt1','opt2',……,'optn')，用法請參考下例。

　» k=menu('choose a color','Red','Green','Blue')

用滑鼠游標選取 Red 鍵，可得

　k =

　　1

● **keyboard**

當 .m 檔案程式內置放此 keyboard 指令時，當執行至此指令時，會停止程式的執行並將控制權交至鍵盤上，而且會在 MATLAB 命令視窗

中出現 K» 字母，如要回到 .m 檔案中繼續程式的執行，則鍵入字母
return 後，接著按下鍵盤 Enter 鍵即可，例如

 » keyboard

 K» pi

 ans =

  3.1416

 K» return

 »

 從檔案輸入資料可使用 load 指令，其指令格式為 load file.dat，例
如某資料檔 sample.dat 內容為

 1.1 2.2 3.3

 4.4 5.5 6.6

 7.7 8.8 9.9

下列指令將在工作平台（Workspace）內產生名為 sample 的 3×3 大小
的矩陣，並將此矩陣第一列值儲存至變數 x，第二列值儲存至變數 y，
第三列值儲存至變數 z。

 » load sample

 » x=sample(1, :);

 » y=sample(2, :);

 » z=sample(3, :);

【輸出】

 自螢幕輸出的指令有 disp , fprintf , error。現分別說明如後：

● **disp**

 此指令功能為在螢幕上顯示文字或矩陣，如為矩陣則顯示其內容，

指令格式爲 **disp('message')**，例如

   » disp('SUN　MON　TUE　WED　THU　FRI　SAT')

      SUN　MON　TUE　WED　THU　FRI　SAT

   » disp(randn(3,3))

     1.1650　0.3516　0.0591

     0.6268　-0.6965　1.7971

     0.751 1.6961　0.2641

● **error**

   此指令能在螢幕上顯示錯誤訊息，指令格式爲 **error('message')**，例如下列例子說明函數 fun 會先判斷輸入引數 (argument) 的個數是否爲 2，如否則會顯示出錯誤訊息。

   function fun(x,y)

   if nargin~=2

     error('Wrong number of input arguments')

   end

   ………

● **fprintf**

   此指令將資料以格式化輸出至螢幕上或檔案裡，其指令格式爲 **fprintf(filename,'format',variable)**，例如下列例子說明將產生文字檔 exp.txt

   x=0:0.1:1;

   y=[x,exp(x)];

   file_n=fopen('exp.txt','w');

   fprintf(file_n,'%5.2f %12.8f\n',y);

   fclose(file_n)

執行上列指令後，文字檔 exp.txt 將包含下列資料。

    0.00   1.00000000

    0.10   1.10517092

    ……

    1.00   2.71828183

又例如

    » fprintf('A unit circle has circumference %10.8f\n',2*pi)

    A unit circle has circumference 6.28318531

    »

- **save**

    此指令的功能是將工作平台中的變數儲存至檔案中，例如

1.　save fname－將工作平台中的所有變數儲存至檔案 fname.mat 中。

2.　save fname X Y Z－將工作平台中的變數 X,Y,Z 儲存至檔案 fname.mat 中。

第一篇 SIMULINK

第二章 快速開始

2-1 如何開始

　　學習 SIMULINK 的第一步，你必須學習如何操縱及使用各式各樣各種不同功能的方塊函數（blocks），以及如何建構你所需的模型（model），你也必須熟悉各種不同種類的方塊函數庫（block library）它所能提供的功能為何，最後也很重要的是你如何使用 SIMULINK 所提供的分析工具去瞭解你所獲得的模擬結果是否具有意義。

圖 2-1：進入 Simulink 視窗

在本章中我們將以多種模型為例，由最簡單的開始，詳細地說明如何在 SIMULINK 中建構並模擬此模型，使讀者在研讀完此章後，能很快的瞭解如何使用 SIMULINK 所提供的模擬及分析功能。

首先需先進入 MATLAB 的命令視窗中，在 MATLAB 的命令視窗中鍵入 simulink，即可進入一個新的視窗環境中，如圖 2-1 所示，視窗中顯示多個不同性質的標準方塊函數庫，在每一個方塊函數庫上快速點選滑鼠左鍵兩下，即可展開該方塊函數庫內的所有方塊函數，如要回復圖 2-1 的顯示畫面可將滑鼠游標移至方塊函數內，單按滑鼠右鍵在拉出的選單中點選 Go up a level 即可。在點選的方塊函數庫按滑鼠右鍵亦可叫出一個新的視窗，內含該方塊函數庫所能提供的所有方塊函數，舉例來說，在圖 2-1 的 Sources 方塊函數庫上單按滑鼠右鍵，在拉出的選單中點選 Open the Lookup Tables library 即可叫出 Sources 視窗，如圖 2-2，圖中顯示為一些不同種類的信號源（它們只有輸出埠而沒有輸入埠），像步階信號、正弦波信號等，SIMULINK 即是使用這種圖示法來表示一個動態系統的模型。

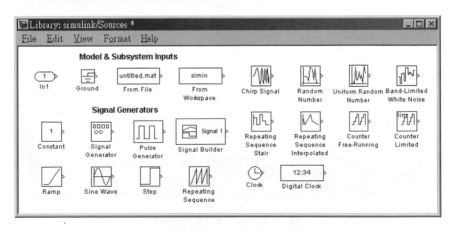

圖 2-2：開啟 Sources 方塊函數庫視窗

2-2 一個簡單的模型

我們現在來架構一個簡單模型，內含有信號產生器及示波器，然後由信號產生器輸出一個信號源，可以是三角波或是正弦波等，而後啟動示波器觀察波形的變化。今一步步地詳細說明操作步驟：首先

● *Signal Gen.* block（信號產生器）：在 Sources 方塊函數庫內。
● *Scope* block（示波器）：在 Sinks 方塊函數庫內。

如圖 2-3 所示，在 simulink 視窗下的 File 選單內，在 New 選項下，單按滑鼠左鍵點選 Model，開啟一個新的空白視窗（檔名為 Untitled）如圖 2-4 所示。

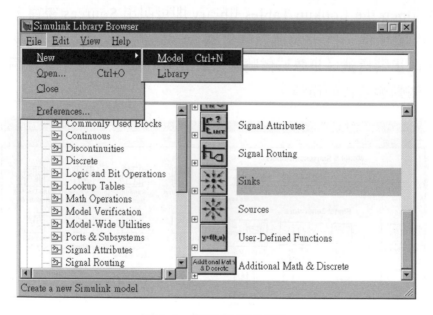

圖 2-3：開啟新檔案視窗

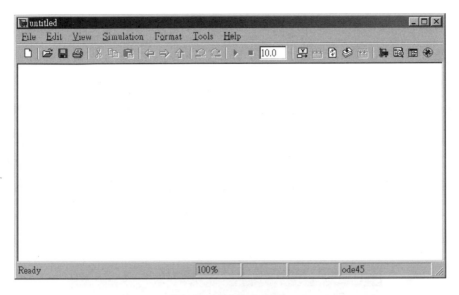

圖 2-4：新檔案視窗

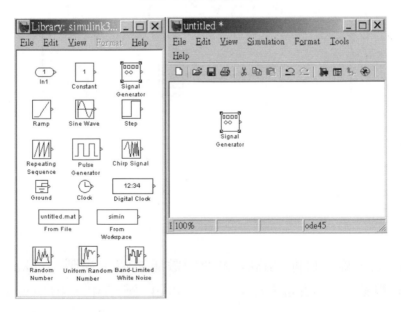

圖 2-5：複製（copy）方塊函數（block）

　　將滑鼠游標移至 Sources 方塊函數庫圖示（icon）上，單按滑鼠右鍵，在拉出的選單中點選 Open the Lookup Tables library 即可開啓 Sources 方塊函數庫（如圖 2-2），方塊函數（block）能從一個視窗複製（copy）到另一個視窗中。方法爲將滑鼠游標移至 *Signal Generator* block 上，用左鍵輕點一下，按住不放拖曳至 Untitled 視窗中（如圖 2-4），至適當位置後，放開滑鼠左鍵，可得圖 2-5 所示。注意在 Untitled 視窗中的 *Signal Generator* block 只是複製品，但是保有與 Sources 視窗中的 *Signal Generator* block 相同的內部參數值（internal parameters）。

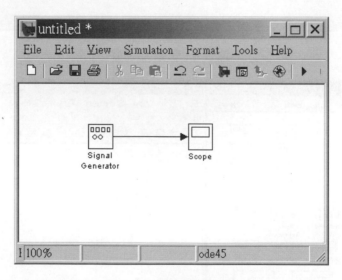

圖 2-6：連接方塊函數

　　同以上步驟，打開 Sinks 方塊函數庫視窗，複製 *Scope* block 至 Untitled 視窗中。*Signal Generator* block 圖示中，指向外的角括弧（>）爲輸出埠 (output port)，而 *Scope* block 中指向內的角括弧爲輸入埠（input port）。如何連接這兩個 block 呢？將滑鼠游標移至 *Signal*

Generator block 上的輸出埠（或是 *Scope* block 上的輸入埠），單按滑鼠左鍵不放，拖曳至 *Scope* block 的輸入埠（或是 *Signal Generator* block 上的輸出埠）而後放開滑鼠左鍵，即可連接兩個 blocks（含有箭頭的線條），當 block 間已經連接成功，方塊函數的角括弧便會消失。如圖 2-6 所示。

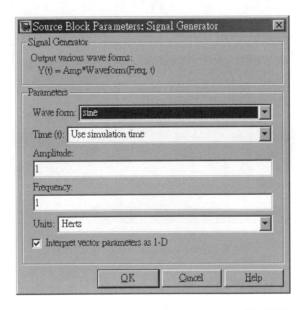

圖 2-7 : *Signal Generator* block 文字對話框

　　至此模型圖已經建構好了，接下來可視需要改變各方塊函數的內部參數值。將滑鼠游標移至 *Signal Generator* block 上，雙按滑鼠左鍵，就可以開啟 *Signal Generator* block 的對話盒視窗，如圖 2-7 所示，圖中可改變的參數有波形的種類、峰值的大小及頻率的大小。*Signal Generator* block 能提供的波形種類計有正弦波、方波、三角波及雜訊波。頻率單位可選擇爲赫茲（Hz）或徑度每秒（rad/sec），我們希望產生頻率每秒 1 赫茲，峰值大小爲 1 伏特（Volt）的正弦波，參數設定如

圖 2-7 所示。輸入完成後將滑鼠游標移至左下角 OK 按鈕處，輕按滑鼠左鍵，完成 *Signal Generator* block 的參數輸入，關閉 *Signal Generator* block 視窗，回到 Untitled 視窗。

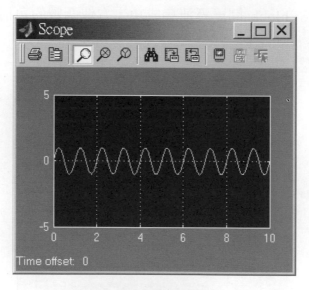

圖 2-8：*Scope* block 的文字對話盒

　　同樣地，將滑鼠游標移至 *Scope* block 上，雙按滑鼠左鍵，可以顯示 *Scope* block 的對話盒視窗，如圖 2-8 所示。顧名思義 *Scope* block 類似於量測儀器示波器，是用於觀測實驗波形。圖中水平刻度以秒單位，預設值為 10 秒（表示量測時間為 10 秒）。垂直刻度單位可視為電壓伏特，中間刻度為接地電位零伏特，預設值為+5~-5（表示量測範圍為-5V 至+5V）。

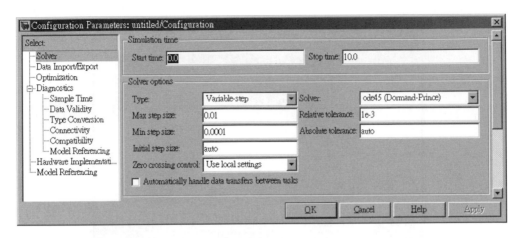

圖 2-9：SIMULINK Configuration Parameters 文字對話盒

　　當模型內所有的 blocks 皆設定適當的參數後，便可以準備啟動模擬此模型。首先在 Simulation 選單內，單按滑鼠左鍵點選 Configuration parameters…選項（參考圖 2-10），開啟如圖 2-9 可供修改的模擬參數對話盒視窗，它主要是選擇 1.積分的方法（解一階微分方程式之數值方法）及 2.模擬中使用的一些參數值（詳細說明請參考第四章），請依圖 2-9 修改所列參數，修改完成後，將滑鼠游標移至左下角 OK 按鈕處，輕按滑鼠左鍵，完成模擬參數輸入，關閉 Simulation parameters 視窗，回到 Untitled 視窗。

　　至此啟動模擬前的所有的參數都已設定完成。在 Simulation 選單內，在 Start 選項下，單按滑鼠左鍵，便可以啟動模擬此模型，如圖 2-10。如果此時 Scope 視窗尚未打開，可將滑鼠游標移至 *Scope* block 圖示上，雙按滑鼠左鍵，將 Scope 視窗打開，可得此模型模擬結果如圖 2-8 所示。

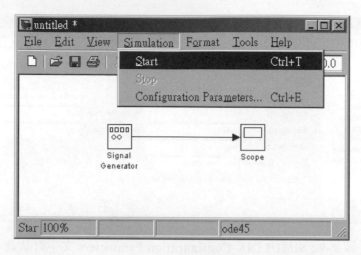

圖 2-10：啓動模擬

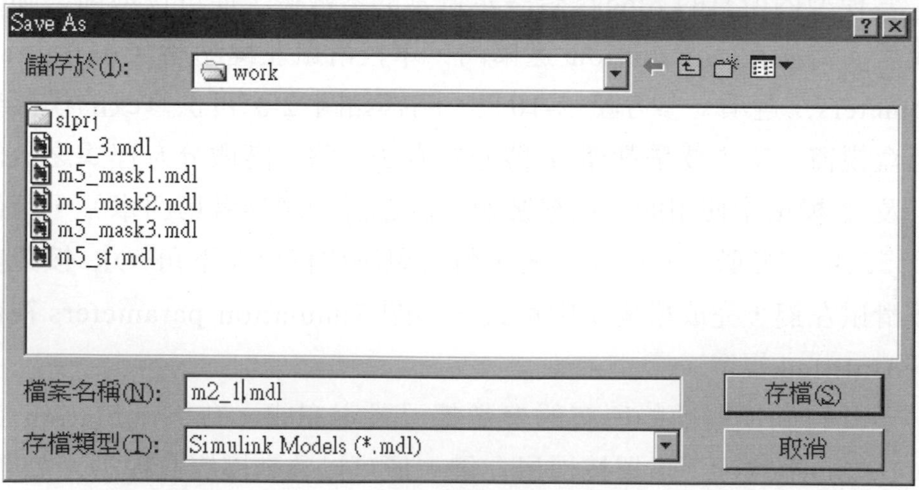

圖 2-11：儲存檔案 (另存新檔)

　　到此，整個模擬的過程可以告一段落。最後我們可以選擇將此模型儲存起來，以便日後使用它。儲存成的檔案格式為 MATLAB 中的.mdl 檔案，在 File 選單內，在 Save（或 save as）選項，輕按滑鼠左鍵，顯示對話盒如圖 2-11 所示，輸入欲儲存的檔案名稱（假設請輸入

m2_1），輸入完成後，按 OK 按鈕，回到 m2_1 視窗中（此時已不在稱為 Untitled 視窗）。

這是一個簡單的模型，雖然簡單；我們也一步步地詳細地說明如何在 simulink 視窗下建構此模型、設定 blocks 的參數、啟動模擬，進而看到模擬的結果，最後將此模型儲存起來。

2-3 快速上手

由前面這個簡單的例子可以看出，如果你想很快地能上手使用 SIMULINK，下列所描述的是一些簡明的步驟：

1. 啟動 MATLAB，進入 MATLAB 的命令視窗中，鍵盤輸入 simulink 即可進入 simulink 工作視窗中（參考圖 2-1）。

2. 在 File 選單內，選取 New 選項，開啟一個新的視窗（此即是你要建構模型的工作視窗），新視窗標記為 Untitled。當你要儲存你所建構的模型時（Save 選項），可給予新的檔名（參考圖 2-3,4）。

3. 開啟方塊函數庫，拖曳所需的方塊函數（block）到 Untitled 工作視窗中（參考圖 2-5）。

4. 當所需的 blocks 皆已佈置妥當，將滑鼠游標移至 block 的輸出入埠後，單按滑鼠左鍵不放，移動滑鼠游標，連接相關 blocks 間的輸出入埠（參考圖 2-6）。

5. 滑鼠游標移至 block 上，雙按滑鼠左鍵，開啟 block 的文字對話框，設定或修改相關的模型參數值（參考圖 2-7）。

6. 儲存模型檔案，在 File 選單內，選取 Save 選項（參考圖 2-11）。

7. 在 Simulation 選單下，選取 Configuration Parameters 選項，開啟參數對話框，修改所需的模擬參數值（參考圖 2-9）。

8. 在 Simulation 選單下，選取 Start 選項，啟動模擬你所建構的模型。在模擬過程中，Start 選項會變成 Stop 選項，如欲停止模擬，選取 Stop 選項便會停止模擬的動作（參考圖 2-10）。

9. 模擬的結果可以使用 *Scope* block（或 Display, *XY Graph* block 等）來觀察，或使用 *To Workspace* block 將所獲得的資料送至 MATLAB 工作平台（Workspace）中，進一步用 MATLAB 提供的函數指令來分析（參考圖 2-8）。

2-4 另一個簡單模型

這個模型為前一個模型的延伸，如下圖 2-12，從信號產生器輸出的正弦波經過增益放大器後，與原來的正弦波一起輸入至示波器，從示波器觀察波形的變化。

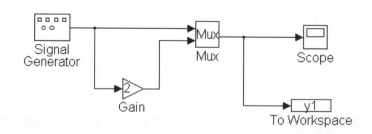

圖 2-12：另一個欲學習的簡單模型

進入 Simulink 視窗，在 File 選單內，Open 選項下，輕按滑鼠左鍵，顯示開啟檔案對話框，如圖 2-13，輸入欲開啟的檔案名稱（依前例請輸入 m2_1），輸入完成後，按 OK 按鈕，進入開啟檔名 m2_1.mdl 視窗中。

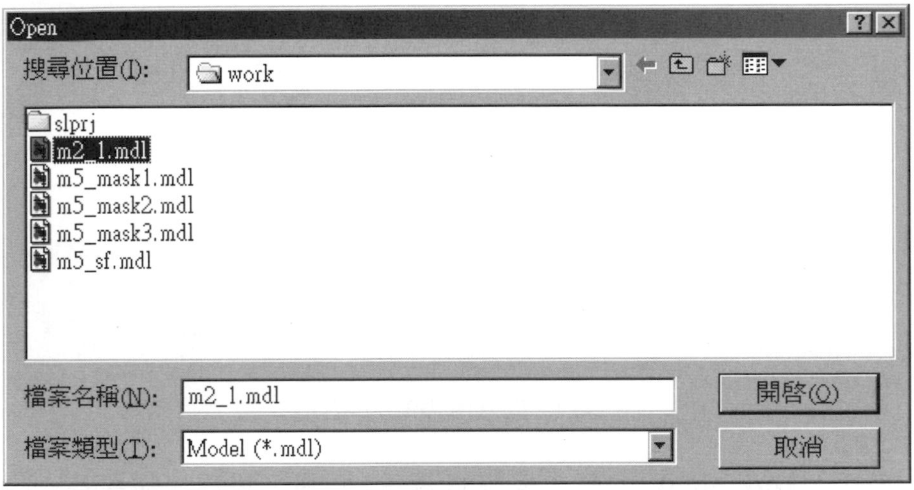

圖 2-13：開啟已存在的模型檔案

首先考慮需增加的 blocks 共計有：

- *Gain* block（增益）：在 Math Operations 方塊函數庫內。
- *Mux* block（多工器）：在 Signal Routing 方塊函數庫內。
- *To Workspace* block（至工作平台）：在 Sinks 方塊函數庫內。

　　開啟 Math Operations 方塊函數庫，應用前例（2.2 節）所述的方法，複製 *Gain* block 至 m2_1 視窗中適當的位置（滑鼠游標移至 Math Operations 視窗中的 *Gain* block 上，單按滑鼠左鍵不放，拖曳至 m2_1 視窗中適當位置，放開滑鼠左鍵，即得 *Gain* block 複製品）。

　　相同的方法將 *Mux* block 及 *To Workspace* block 從所屬的方塊函數庫，複製至 m2_1 視窗內適當位置，如圖 2-14 所示。如果要移動 block，可將滑鼠游標移至 block 上，單按滑鼠左鍵不放，拖曳游標，block 亦會跟著移動，至所欲的位置，放開滑鼠左鍵即可。

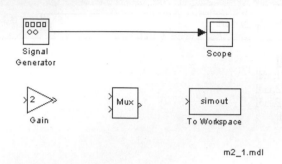

m2_1.mdl

圖 2-14：放置所需的方塊函數

注意！*Mux* block 的輸入埠應修改為 2 個，將滑鼠游標移至 Mux block 圖示（icon）上，雙按滑鼠左鍵，開啓 *Mux* block 的文字對話盒，如圖 2-15 所示，將 Number of input 參數改爲 2，然後按 OK 按鈕，回到 m1_3 視窗。

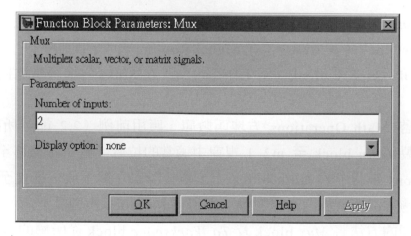

圖 2-15：修改 *Mux* block 的文字對話盒

同樣地，開啓 *Gain* block 的文字對話盒，將 Gain 參數改爲 2，如圖 2-16 所示。

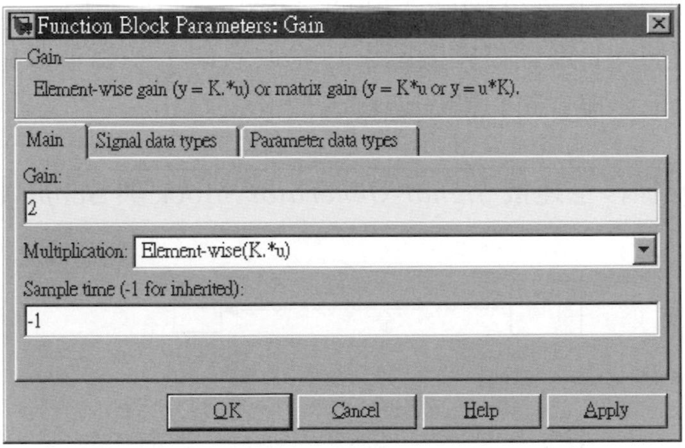

圖 2-16：修改 *Gain* block 的文字對話盒

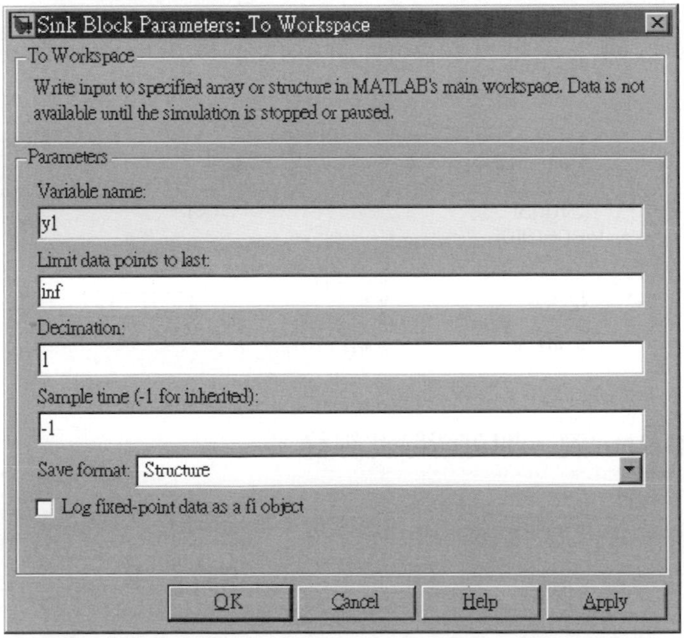

圖 2-17：修改 *To Workspace* block 的文字對話盒

下一步開啟 *To Workspace* block 的文字對話盒，將 Variable 參數改為 y1，這個 y1 為儲存模擬結果的變數名稱，其餘參數保留預設值，如圖 2-17 所示。現在可以開始連接各個 blocks：

1. 將滑鼠游標移至連接 *Signal Generator* block 與 *Scope* block 間的線條上。

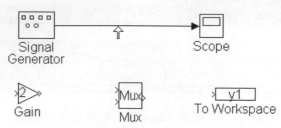

2. 單按滑鼠左鍵，選取（select）線條後，被選取的線條會出現正方形小黑點。

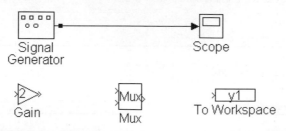

3. 按鍵盤 Delete 鍵，即可清除此線條。

4. 將 *Mux* block 移至 *Signal Generator* block 與 *Scope* block 間適當位置後，將滑鼠游標移至 *Signal Generator* block 的輸出埠上。

5. 單按滑鼠左鍵不放（此時游標會變成+字狀）。

6. 移動游標至 *Mux* block 較上面的輸入埠位置上（游標仍為+字狀）。

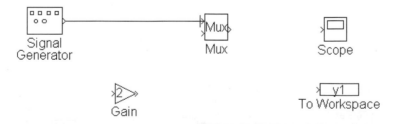

7. 釋放（開）滑鼠左鍵，即可連接兩個 blocks。

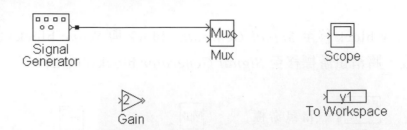

相同的方式，連接 *Mux* block 的輸出埠至 *Scope* block 的輸入埠間的連接線。

至目前爲止，連接兩 blocks 間者皆爲直線，而 *Signal Generator* block 的輸出埠至 *Gain* block 的輸入埠間應如何連接呢（非直線）？方法如下：

1. 將滑鼠游標指向連接 *Signal Generator* block 及 *Mux* block 間的直線上，按下鍵盤上 Ctrl 鍵不放。

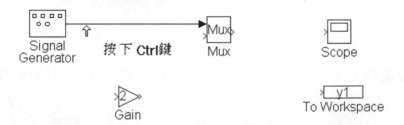

2. 單按滑鼠左鍵不放，拖曳滑鼠游標至 *Gain* block 的輸入埠上（畫兩段線段）。

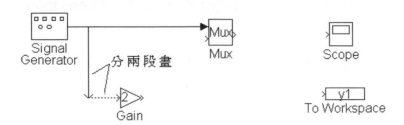

3. 釋放（開）滑鼠左鍵，即可得如下圖所示。接著連接 *Gain* block 輸
出埠至 *Mux* block 的輸入埠間連線 (非直線，分段畫線)。

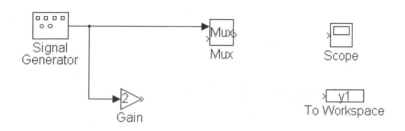

相同的方式，連接 *Mux* block 的輸出埠至 *To Workspace* block 的
輸入埠間的連接線。

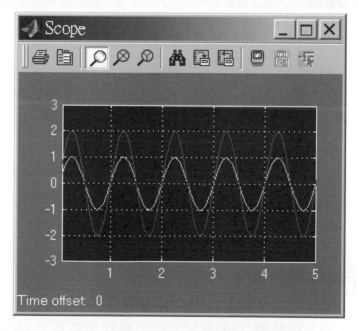

圖 2-18 : *Scope* block 觀察模型模擬的結果

　　至此，可以開始啟動模擬此系統。首先在 Simulation 選單內 Configuration Parameters 選項下，其參數設定如前例 (如圖 2-9)。接著在 Simulation 選單內 Start 選項下，單按滑鼠左鍵，便可以啟動模擬此模型。如果此時 Scope 視窗尚未打開，可將滑鼠游標移至 *Scope* block 上，雙按滑鼠左鍵，將 Scope 視窗打開，可得此模型模擬結果如圖 2-18 所示。

　　如有需要，可將檔案儲存起來。此次我們選擇另存新檔，在 File 選單內，在 Save As 選項下，輕按滑鼠左鍵，顯示對話框如圖 2-19 ，輸入欲儲存的檔案名稱（假設請輸入 m2_2.mdl），輸入完成後，按 OK 按鈕，回到 m2_2 視窗。

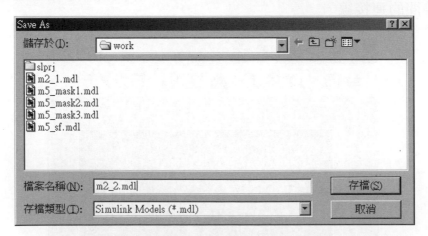

圖 2-19：另存新檔案

2-5 PID 控制器模型

　　假設有一個受控裝置（plant），可用轉移函數 $G_p(s)$ 來表示，我們設計 PID 控制器 $G_c(s)$ 來補償（校正）受控裝置 $G_p(s)$ 的單位閉迴路步

階響應的性能，如圖 2-20 所示。其中

$$G_p(s) = \frac{400}{s\left(s^2 + 30s + 200\right)}$$

$$G_c(s) = k_p + k_d s + \frac{k_i}{s} \quad , \quad k_p = 2.0 \quad k_d = 0.5 \quad k_i = 5.0$$

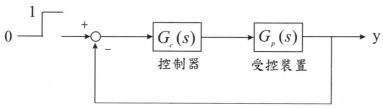

圖 2-20：單位回授控制系統

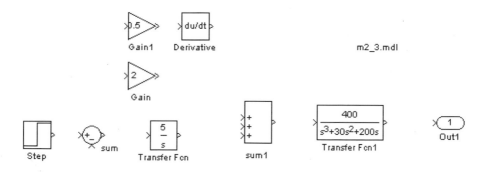

圖 2-21：PID 控制系統所需 blocks 相關位置

使用 SIMULINK 來模擬此閉迴路系統的步階響應，首先建構此模型所需使用的 blocks 共計有：

- *Step* block（步階輸入）：在 Sources 方塊函數庫內。
- *Gain* block（增益）：在 Math Operations 方塊函數庫內。

- *Transfer Fcn* block（轉移函數）：在 Continous 方塊函數庫內。
- *Sum* block（加減器）：在 Math Operations 方塊函數庫內。
- *Out1* block（輸出埠）：在 Sinks 方塊函數庫內。
- *Derivative* block（微分器）：在 Continous 方塊函數庫內。

在 SIMULINK 環境中建構此 PID 控制系統模型，步驟如下：

1. 在 Simulink 視窗下的 File 選單內，在 New 選項下（如圖 2-3），單按滑鼠左鍵，開啓一個新的空白視窗（檔名爲 Untitled），如圖 2-4 所示。

2. 將滑鼠游標移至 Sources 方塊函數庫圖示上，單按滑鼠右鍵，在拉出的選單中點選 Open the Lookup Tables library 即可開啓 Sources 方塊函數庫（如圖 2-2）。將滑鼠游標移至 *Step* block 上，用左鍵輕點一下，按住不放移至 Untitled 視窗中，至適當位置後，放開滑鼠左鍵，可在 Untitled 視窗中得到 *Step* block 的複製品，然後關閉 Souces 視窗。

3. 同以上步驟：開啓 Math Operations 視窗，複製 *Sum* block、*Gain* block（以上的 blocks 複製操作兩次），開啓 Continuous 視窗，複製 *Transfer Fcn* block（複製兩次）及 *Derivative* block 至 Untitled 視窗中。

4. 開啓 Sinks 視窗，複製 *Out1* block 至 Untitled 視窗中，然後關閉 Sinks 視窗。

5. 到此所需的 blocks 皆以從相關的方塊函數庫內複製至 Untitled 視窗中。

6. 如有需要移動 block 至適當位置，可將滑鼠游標移至所欲移動的 block 上，單按滑鼠左鍵不放，同時移動游標至所需位置後，放開滑鼠左鍵，即可完成移動 block 的動作。最後我們需要各 blocks 間相關位置如圖 2-21 所示。

7. 接下來將各個 blocks 連接起來。首先完成 *Step* block 至 *Sum* block 之間的連接，將滑鼠游標移至 *Step* block 上的輸出埠（block 中指向外的角括弧（>）為輸出埠），單按滑鼠左鍵不放，拖曳至 *Sum* block 中標示有>記號的輸入埠（block 中指向內的角括弧（>）為輸入埠），而後放開滑鼠左鍵，即可連接兩個 blocks（含有箭頭的線條），當 block 間已經連接成功，block 的角括弧便會消失。

8. 依據上述的方法，依據圖 2-22 所示，繼續完成各個 block 間的連接線（如非直線段，則分段畫直線）。

9. 最後連接閉迴路徑。將滑鼠游標指向連接 *Transfer Fcn1* block 及 *Out1* block 間的直線上，單按滑鼠左鍵不放，並同時按下鍵盤上 Ctrl 鍵不放後，往下畫一直線段，後鬆開 Ctrl 鍵，接著分段畫直線至 *Sum* block 中標示有－記號的輸入埠上，釋放（開）滑鼠左鍵，即可得圖 2-22 所示。

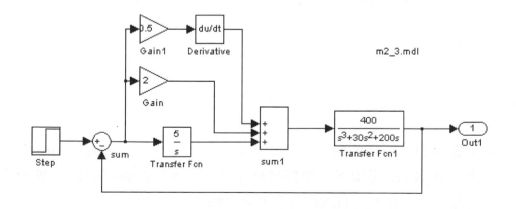

圖 2-22：所建構的 PID 控制系統模型

在進行模擬之前，必須先設定各 blocks 內的參數值：

1. 將滑鼠游標移至 *Step* block 上，雙按滑鼠左鍵，可開啟 *Step* block 的文字對話框，將 step time 參數修改為 0（即步階輸入開始時間為零秒），至於 initial value 及 final value 參數值仍為 0 與 1。

2. 同樣地開啟 *Sum* block 的文字對話框，將 List of signs 參數修改為＋－，*Sum1* block 的 List of signs 參數修改為＋＋＋。

3. 開啟 Transfer Fcn block 的文字對話框，將 Numerator 參數改設定為[5]。將 Denominator 參數改設定為[1 0]。

4. 開啟 Transfer Fcn1 block 的文字對話框，將 Numerator 參數改設定為[400]；將 Denominator 參數改設定為[1 30 200 0]。

5. 開啟 *Gain* block 的文字對話框，將 Gain 參數改為 2，*Gain1* block 的 Gain 參數改為 0.5。

6. 在 Simulation 選單內，在 Configuration Parameters 選項下，單按滑鼠左鍵，開啟如圖 2-9 可供修改的 Simulation Parameters 的視窗，將 Max Step Size 參數改為 0.01，將 Min Step Size 參數改為 0.0001。

7. 同樣在 Configuration Parameters 視窗中，點選 Data Import/Export 按鈕，開啟如圖 2-23 所示視窗，在右邊 Save to workspace 預設勾選 Time 為 tout，Output 為 yout，這告訴我們模擬的結果儲存在這兩個變數中。

8. 至此啟動模擬前的所有的參數都已設定完成。在 Simulation 選單內，在 Start 選項下，單按滑鼠左鍵，便可以啟動模擬此模型，模擬結束後，在 MATLAB 命令視窗中輸入

   >> plot(tout,yout)

   便可以得到如圖 2-24 所示的輸出波形。

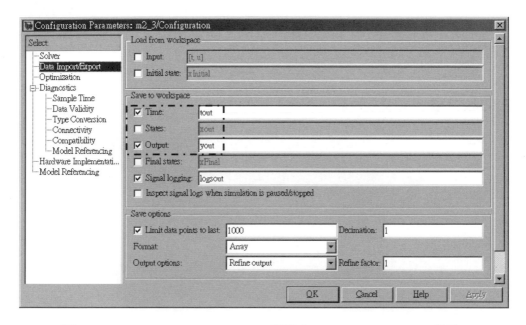

圖 2-23：Configuration parameter 視窗之 Data Import/Export 設定

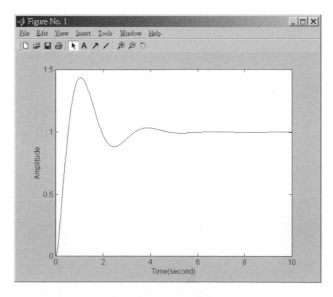

圖 2-24：PID 控制器所觀察的輸出波形

讀者可嘗試修改不同的 PID 參數值，觀察輸出波形有何變化。

第三章 建構模型

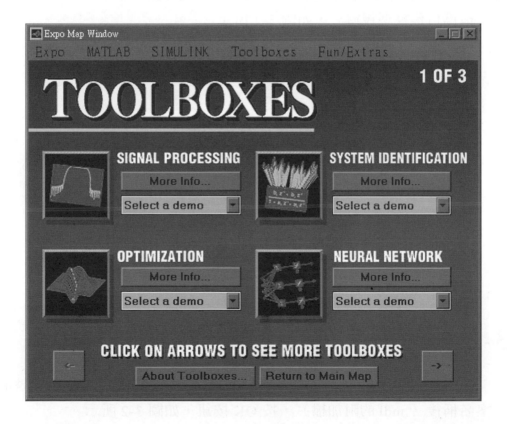

在前一章，列舉了三個簡單模型作為例子，很快地引導讀者進入 SIMULINK 的世界。本章將較為詳細地描述建構模型的一些基本方法，使讀者在研讀完此章後更能駕輕就熟地建構所需的模型。

3-1 建構新模型

在 File 選單內（Simulink 視窗中），選取 New 選項，SIMULINK 會開啟一個新的視窗（檔名為 Untitled），此即為建構模型的工作視窗（或稱為目標模型視窗），如圖 3-1 所示。

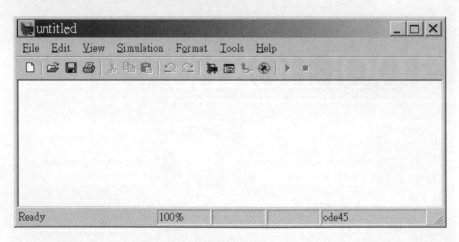

圖 3-1：建構模型的工作視窗

3-2 編輯已存在的模型

在 File 選單內，選取 Open 選項，開啟文字對話框，輸入欲開啟的檔案名稱後（.mdl 的附加檔），按 OK 按鈕，如圖 3-2 所示。

圖 3-2：開啓已存在的模型檔案－方法一

或在 MATLAB 的命令視窗中，鍵盤輸入所欲開啓的檔案（模型）名稱，如圖 3-3 所示。

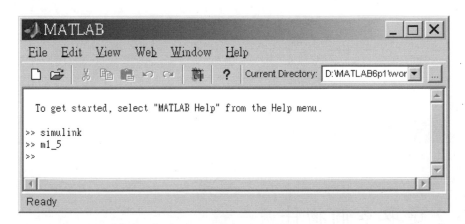

圖 3-3：開啓已存在的模型檔案－方法二

即可進入所選取檔案的工作視窗中。

3-3 選取物件（objects）

選取（select）物件是建構模型的第一步，物件包括有 block 及 line 兩種。

3-3.1 選取單一物件

將滑鼠游標移至所欲選取的物件上，單按滑鼠左鍵即可。當物件被選取後，會在物件邊角處出現小正方形黑點，如果此時再選取別的物件，則原被選取的物件便會被釋放還原（deselected），如圖 3-4 所示。

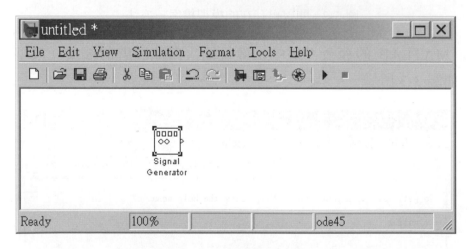

圖 3-4：選取單一物件

3-3.2 選取多個物件

● 一次選取一個物件：

欲一次選取一個物件來達到選取多個物件的方法如下：按下鍵盤 **Shift** 鍵不放，將滑鼠游標移至所欲選取的物件上，單按滑鼠左鍵來選取物件，重複此步驟（注意 Shift 鍵不可放開），便可選取多個物件，如圖 3-5 所示。

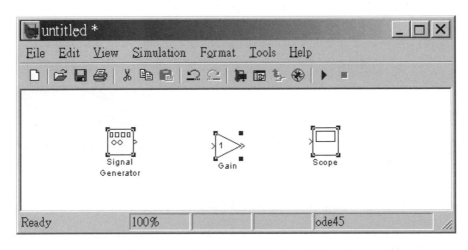

圖 3-5：一次選取多個物件－方法一

同樣地，按下鍵盤 Shift 鍵不放，將滑鼠游標移至已選取的物件上，單按滑鼠左鍵，來釋放還原被選取物件。

● 使用界限框（bounding box）選取物件，步驟如下：

1. 將滑鼠游標移至欲選取物件群組的邊角處（非物件上），單按滑鼠左鍵不放（此時游標成＋字型狀）。

2. 將滑鼠游標拖曳至物件群組的另一端，此時界限框將涵蓋整個物件群組。

3. 釋放開滑鼠左鍵，所有在界限框內的物件皆會被選取，如圖 3-6 所示。

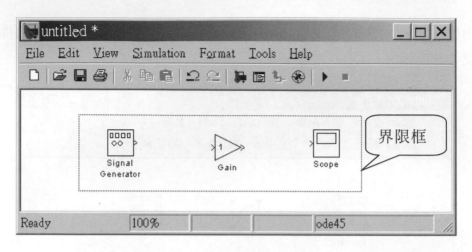

圖 3-6:一次選取多個物件-方法二

3-3.3 選取模型內的所有物件

在 Edit 選單內,選取 Select All 選項,即可選取工作視窗內的所有物件。

3-4 在不同視窗間複製或移動 blocks

在建構模型的過程中,我們時常會從 SIMULINK 所提供的方塊函數庫中,或是從已建立好的模型中(稱為來源模型視窗),複製 blocks 到自己建構的模型視窗中(稱為目標模型視窗)。步驟如下:

1. 首先開啟所需的方塊函數庫或是來源模型視窗。

2. 將滑鼠游標移至所欲複製的 block 上,然後單按滑鼠左鍵不放,移動游標至目標模型視窗中適當位置後,放開滑鼠左鍵,即可達到複製 block 的目的。

另外一種方法可以利用 Edit 選單中的 Copy（或 Cut）和 Paste 選項來複製（或移動）block，即

1. 選取欲複製（或移動）的 block（見"選取物件"一節）。
2. Edit 選單內，選取 Copy（或 Cut）選項。
3. 開啓目標模型視窗。
4. 將游標移至目標模型視窗中，在 Edit 選單內選取 Paste 選項即可完成複製（或移動）block 的動作。

SIMULINK 對每一個欲複製的 block，皆會指定一個名稱，如果在目標模型視窗中是第一次使用，則它的名稱就會和從來源模型視窗中欲複製的 block 名稱相同。如果是第二次使用，則會在名稱後緊接一個數字，例如從 Math 方塊函數庫中複製 *Gain* block，第一次名稱仍爲"Gain"，第二次以後複製相同 block 後的名稱會爲"*Gain1,Gain2*"，以此類推。你也可以重新命名 block 的名稱，見後"修改 block 名稱"一節。

當你複製 block 時，一併把它的內部參數值複製過來，亦即這兩個 blocks 內含有相同的參數設定。但是如果你是使用 Copy（或 Cut）和 Paste 指令來完成複製（或移動）blocks，則只有 block 的圖形被複製（或移動），但不包含內部參數值。

參考前"3-3.2 節選取多個物件"一節來完成多個 blocks 的複製和移動。

3-5 在模型視窗中移動 blocks

在模型視窗中欲移動單一 block 從一處至另一處，可以將滑鼠游標

移至欲移動的 block 上，然後單按滑鼠左鍵不放，移動游標至新位置後，放開滑鼠左鍵，即可完成移動 block 的動作（此即稱為選取和拖曳）。SIMULINK 會自動地重新安排連接在 block 上的線段。

如欲移動多個 blocks（包括連接 blocks 的線段），步驟如下：
1. 參考前"選取多個物件"一節。
2. 如果是用一次選取一個物件的方式，來選取多個物件，當你選取最後一個物件後，請勿放開滑鼠左鍵，待移動滑鼠游標至新位置後，才釋放開滑鼠左鍵，來完成移動多個 blocks 的動作。
3. 如果是用界限框選取物件的方式，來選取多個物件後，將滑鼠游標移至所選取的任一 block 上（不可在線段上）單按滑鼠左鍵不放移動滑鼠游標至新位置後，才釋放開滑鼠左鍵，來完成移動多個 blocks 的動作。

3-6 在模型視窗中複製 blocks

在模型視窗中欲複製單一 block，可以按下鍵盤上的 Ctrl 鍵，同時移動滑鼠游標至所欲複製的 block 上，單按滑鼠左鍵不放後，移動滑鼠游標至新位置後，才釋放開滑鼠左鍵，即可完成複製 block 的動作。

如欲複製多個 blocks（包括連接 blocks 的線段），步驟如下：
1. 參考前"選取多個物件"一節。
2. 選取多個物件之後，按下鍵盤上的 Ctrl 鍵，移動滑鼠游標至任一個被選取的物件上，單按滑鼠左鍵不放後，在移動滑鼠游標至新位置後，才釋放開滑鼠左鍵，即可完成複製多個 block 的動作。

3-7 設定 block 的參數

　　block 的某些性質是由 block 內的參數所定義。將滑鼠游標移至 block 上，雙按滑鼠左鍵，即可開啟 block 的文字對話盒，你可以設定或修改 block 內的參數值。

3-8 刪除 blocks

　　欲刪除單一或多個 blocks，須先選取它們（見前"選取物件"一節）。自鍵盤按下 Delete 鍵或在 Edit 選單內選取 Clear 或 Cut 選項，便可刪除所選取的 blocks。但注意的是 Cut 指令是將刪除的 block 放入剪貼簿（clipboard）中，而 Delete 按鍵或是 Clear 指令則是完全刪除 block。

3-9 改變 blocks 的置放方向

　　block 內信號流程是由左至右，也就是輸入埠（input port）在左邊，而輸出埠（output port）在右邊。我們可以利用下列任一方法，來改變 block 的置放方向：

●　使用 Format 選單內的 Rotate block 選項，會使 block 順時針旋轉 90 度。

●　使用 Format 選單內的 Flip block 選項，會使 block 旋轉 180 度。

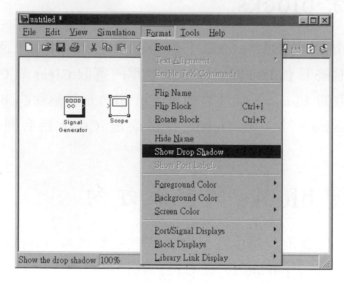

● 使用 Format 選單內的 Show drop shadow 選項，可以讓你在 block 上增加陰影，如圖 3-7 所示。另外像 Foreground color 和 background color 可以用來改變 block 的背景與前景的顏色。

圖 3-7：選擇為 block 增加陰影

3-10 改變 blocks 圖示的形狀大小

先將滑鼠游標移至所需的 block 上，單按滑鼠左鍵選取此 block 後，在 block 的邊角處會出現小正方形黑點，將游標移至黑點處，游標會變成雙箭頭形式，此時單按滑鼠左鍵不放，移動游標便可改變 block 的大小，至所欲的形狀後釋放開滑鼠左鍵，即可達到改變 block 形狀大小的動作。

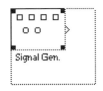

3-11 修改 blocks 的名稱

模型中每一個 block 的名稱，必須是唯一的而且至少需含有一個字母。一般而言 block 名稱是在 block 圖示的下方，而其輸出入埠是在圖示的兩邊，或是 block 名稱是在 block 圖示的右方，而其輸出入埠是在圖示的上下兩邊。然而你可以修改 block 的名稱和其位置。

3-11.1 改變 block 的名稱

將滑鼠游標移至 block 的名稱上，單按滑鼠左鍵，此時即可直接修改 block 的名稱，自鍵盤鍵入所欲修改的文字。

3-11.2 改變 block 的名稱的位置

在 Format 選單內，點選 Flip name 選項，可以將 block 的名稱改變 180 度，也就是說名稱在 block 下方的會改變到 block 的上方，名稱在 block 右邊的會改變到 block 的左邊。

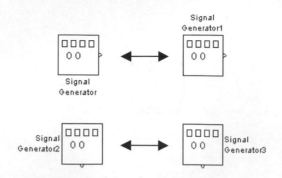

在 Format 選單內，點選 Hide name 選項，即可隱藏（關閉）block 的名稱。

這個指令功能可以配合前"改變 block 的置放方向"一節使用，先改變 block 置放的方向，再改變 block 名稱置放位置。

3-12 輸入值與參數值的純量展開（scalar expansion）

當使用超過一個以上輸入埠的 block 時，你可以混合純量與向量的輸入值。在這種情況下，純量值的輸入埠會展開成與向量值輸入埠相同維數（dimension）的輸入埠，如圖 3-8 所示。

舉例來說，*Sum* block 較上的輸入埠是一個向量值輸入埠（維數是 3，輸入值為[1,2,3]），較下的輸入埠是一個純量輸入埠，輸入值為 3，但會展開成與向量輸入埠相同維數的輸入埠，即[3,3,3]，所以相加結果為[4,5,6]。相同地，*Gain* block 的輸入埠是一個向量值輸入埠（維數是3，輸入值為[1,2,3]），而 *Gain* block 的參數值為 3，是個純量值，但會展開成與向量值輸入埠相同維數的參數值，即[3,3,3]，所以相乘結果為[3,6,9]。

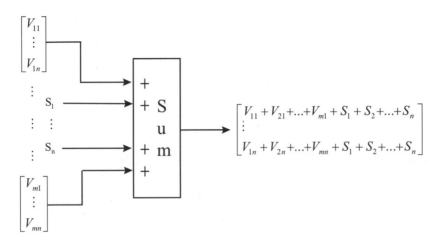

圖 3-8：輸入值的純量展開

3-13 在 blocks 間連接線段

　　一個 block 的輸出埠，可以連接任何數目的線段（line）。但是只有一條線段，可以連接至 block 的輸入埠。

　　連接 block 的輸出埠至另一個 block 的輸入埠，步驟如下：

1. 將滑鼠游標移至第一個 block 的輸出埠上，其實並不需要非常準確地正好在輸出埠上，只要靠近輸出埠即可。

滑鼠游標

2. 單按滑鼠左鍵不放，此時滑鼠游標改變成＋字型狀。

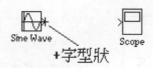

＋字型狀

3. 拖曳滑鼠游標至第二個 block 的輸入埠上（靠近即可），或直接移動游標至 block 上（in block），如果是在 block 上則線段會連接到第一個輸入埠上。

4. 釋放開滑鼠左鍵，此時輸出入埠會消失，取而代之的是一條含有箭頭連接兩個 block 的直線段。

5. 你也可以從輸出埠而來的線段上，在拉一條線段分支，這兩個線段負載著相同的信號。例如下頁左圖顯示單一線段連接 *Sine Wave*

block 至 *Scope* block，而下頁右圖顯示另外連接一條線段從 *Sine Wave* block 至 *To Workspace* block，因此到 *Scope* block 以及到 *To Workspace* block 含有相同的信號輸入。

從已知線段上加拉一條線段的步驟如下：

1. 將滑鼠游標移至線段上（游標所落位置即是重拉新線段的起點處）。

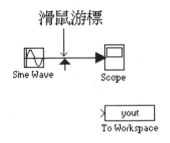

2. 自鍵盤處按下 Ctrl 鍵不放，同時按下滑鼠左鍵不放。

3. 拖曳滑鼠游標至所欲連接的 block 的輸入埠，然後釋放開滑鼠左鍵和 Ctrl 鍵，SIMULINK 就會產生一條新的線段（含箭頭），連接起點處與輸入埠。

3-14 刪除線段

首先需選取單一或多條線段後（見前"選取物件"一節），自鍵盤按下 Delete 鍵或自 File 選單內選取 Clear 或 Cut 選項，來刪除被選取的線段。

3-15 移動線段

移動被選取的線段步驟如下：

1. 將滑鼠游標移至所欲移動的線段上。

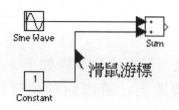

2. 單按滑鼠左鍵不放，此時游標成＋字箭頭形狀。

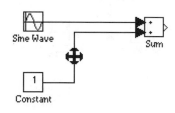

3. 拖曳滑鼠游標至所需位置上。

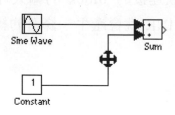

4. 釋放滑鼠左鍵即可達到移動線段之目的。

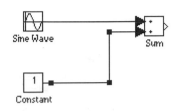

3-16 移動頂點（vertex）

　　將滑鼠游標移至線段頂點上，單按滑鼠左鍵不放，此時頂點上有一圓圈覆蓋，拖曳滑鼠游標至所需位置後，釋放滑鼠左鍵即可。

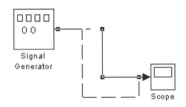

3-17 分割直線段

　　把一條直線段分割成兩個線段（含一個頂點）步驟如下：
1. 將滑鼠游標移至直線段上（此處即為將產生頂點處）。

2. 在按下鍵盤 Shift 鍵時，同時按下滑鼠左鍵不放。

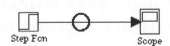

3. 拖曳滑鼠游標至所需新位置上。

4. 釋放開滑鼠左鍵和 Shift 按鍵即可。

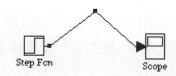

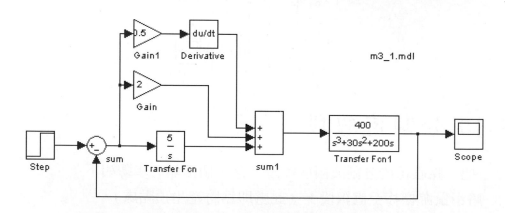

圖 3-9：PID 控制器模型

3-18 產生次系統（subsystem）

當所建構的模型，其組成的 block 數目越來越多，則會增加模型的大小及複雜度。我們可以將代表某一個功能目的的數個 blocks 組合成一個次系統 block（即以一個 block 表示），這樣做的好處有：

1. 減少模型內 block 的總數目。

2. 允許你將功能上相關的 block 組合在一起，易於除錯與維修。

3. 所建構的系統模型有層系（hierarchical）的概念（次系統 block 內仍可建立次系統）。

產生次系統 block 的步驟如下：（並以 2-5 節 PID 控制器為例說明，如圖 3-9）

1. 將欲產生次系統 block 所需的 blocks（含線段部份）用界限框框起來（請參考 3-3.2 節中，《使用界限框選取物件》小節之說明），不可用《一次選取一個物件》的方式選取所需的 block。

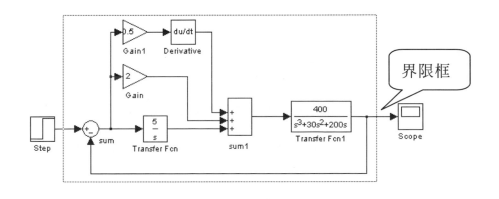

圖 3-10：選取所需的 block（含線段部份）

2. 在 Edit 選單內，選取 Create subsystem 選項，SIMULINK 會將被選取的 block 用單一個次系統 block 來替換。

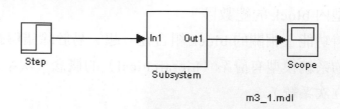

圖 3-11：PID 控制器以次系統 block 表示

3. 如有需要，可將次系統 block 變更爲適當的名稱（請參考 3-11.1 節中，《改變 block 的名稱》小節說明），如圖 3-12 所示。

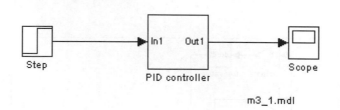

圖 3-12：變更次系統 block 的名稱

4. 將滑鼠游標移至次系統 block 上，雙按滑鼠左鍵，則可開啓次系統 block，如圖 3-13 所示。

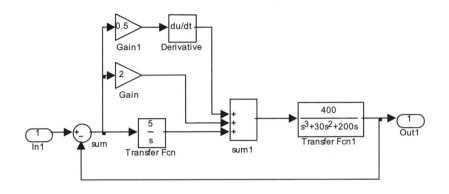

圖 3-13：開啓次系統 block 的組成內容

第四章

模擬與分析

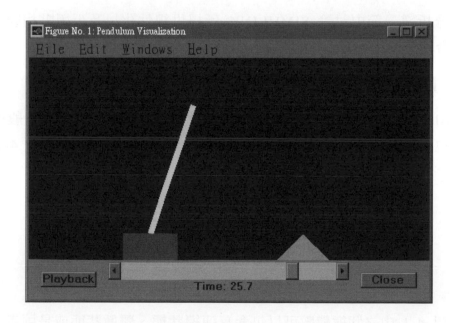

4-1 簡介

本章討論模擬的模式以及結果的分析，包含以下數個主題：

- SIMULINK 如何工作。
- 「模擬」的過程。
- 「線性化」的動作。
- 平衡點的決定。

模擬這一節中討論如何設定模擬參數值以及如何從 SIMULINK 選單或 MATLAB 命令視窗開始模擬的執行，並且討論不同的疊代演算法。

分析這一節中討論 SIMULINK 所提供線性化以及平衡點相關的工具指令。

4-1.1 SIMULINK 如何工作

SIMULINK 模型中每個方塊函數（block）內，皆具有一般的特徵，包括有一組輸入 u、一組輸出 y 和一組狀態變數 x，如圖 4-1 所示：

輸入 u ⟶ 狀態變數 X ⟶ 輸出 y

圖 4-1：方塊函數（block）示意圖

圖 4-1 中之狀態變數可以包含有連續狀態、離散狀態或是兩者的組合。模擬的執行包含有兩個步驟（一）初始化及（二）執行模擬的動作。在初始化過程中有數個動作會先被執行：

1. block 內所設定的參數值會先送到 MATLAB 系統中進行計算，所得到數值資料用來當作以後實際的 block 參數設定值。

2. 模型系統中的各個層系（hierarchy）將被平展（flattened）開來，每一個次系統（subsystem）將被其組成的 block 所取代。

3. 接下來 block 被依序排列成將被處理的順序，此時代數迴路結構也將被檢查出來，此種排序演算法產生一個列表以確保具有代數迴路（algebraic loop）的 block 在驅動輸入的 block 被更新後才能更新。

4. 檢查 block 間的連接，是否每一個 block 的輸出埠與它所連接的 block 輸入埠有大小相同的線號寬度（信號線的數目相同）。

現在模擬的動作可以準備被執行，模擬是使用數值疊代法求得結果，每種數值積分法依賴模型提供它的連續狀態的微分能力，計算微分可以分成兩部分來進行：

1. 首先依據排序所確定的次序計算每個 block 的輸出；

2. 然後再根據 block 它的當前時刻、輸入以及狀態來決定狀態微分，得到微分向量後再把它送回解法器（solver），解法器再依據微分向量計算下一個取樣時間的狀態向量，一旦新的狀態向量計算完畢，才更新被取樣的來源 (例如 *sine wave* block) 和接收 (例如 *scope* block) 方塊。

4-1.2 代數迴路結構

代數迴路發生於當兩個或多個 block 在輸入埠具有訊號直接傳遞

(direct feedthrough) 而形成回授迴路的情形時,具有直接傳遞的 block 在不知輸入埠的值的情形下是無法計算出輸出埠的值,也就是現在時刻的輸出是依賴現在時刻的輸入值來計算。當此狀況發生時 SIMULINK 會在每一次疊代演算完成時,去決定它是否會有解答。代數迴路會減緩模擬執行的速度並且可能會沒有解答。盡可能避免使用代數迴路結構而使用訊號直接傳遞的 block 來建構你的系統方塊模型,具有此性質的 block 有:

1.   *Gain* blocks。
2.   大部份的 nonlinear blocks（如 *Look-Up Table* block、*Rate Limiter* block）。
3.   具有相同階數的分子分母多項式的 *Transfer Fcn* blocks。
4.   有相同極零點數的 *Zero-Pole* blocks。
5.   具有非零 D 矩陣的 *State-Space* blocks。

圖 4-2 是具有代數迴路結構系統的例子,此回路包含有 Sum、Transfer Fcn、Gain 等 blocks。

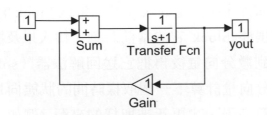

圖 4-2：具有代數迴路結構的例子

如果在 200 個疊代步驟完成後,仍無法解得代數迴路的解,則 SIMULINK 會輸出 error 訊息。要切斷代數迴路,可以在代數迴路的任何兩個方塊間插入一個 *Memory* block 即可,*Memory* block 具有延遲積分的功能，常用來切斷代數迴路。

4-2 模擬

你可以從 SIMULINK 選單（menu）下選擇指令或在 MATLAB 命令視窗（command line）下輸入指令來執行模擬的動作。

4-2.1 從 SIMULINK 選單下執行系統模擬

從 SIMULINK 選單下選擇指令來執行模擬是一種快速學習、易於使用且能較快得到結果的方法。利用 SIMULINK 所提供的 *Scope* block、*XY Graph* block、*Display* block 等方塊函數，能很快地以圖形來檢視模擬系統的行為，當欲快速地建構和除錯（debuge）你所建立的模擬系統時，應用此種方法是較為有用的。

從選單下執行模擬運算，允許你在模擬過程中交替地（interactively）完成某些運算動作，包括有：

1. 假設沒有改變系統狀態數目、輸出入數目的情形下，可改變 block 的參數設定值。

2. 除了 start time 及 return variable 以外，可改變 Simulation 選單下的 Configuration parameter 選項的參數設定值。

3. 可改變 Simulation 的演算法。

4. 可以在相同時間內，對另外的系統作模擬。

5. 可以將滑鼠游標在某一條線上點一下，就可以在 *floating scope* block 上觀察所負載的波形變化。

改變模擬系統的結構，如增加或減少 line 或 block 的數目，都會導致模擬的終止，再次選擇 start 選項來觀察模擬的結果。

4-6 控制系統設計與模擬—使用 MATLAB/SIMULINK

選擇 Simulation 選單下的 Configuration parameters...選項可觀察模擬系統的參數設定情形,在 Windows 系統下所顯示的對話盒視窗如圖 4-3 所示:

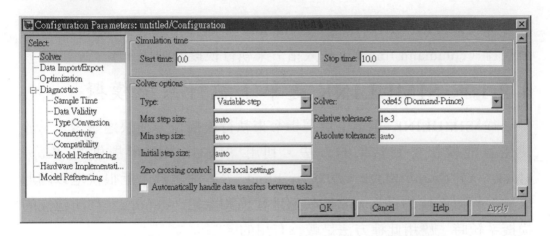

圖 4-3:Configuration parameters 對話盒視窗

對話盒內允許你選擇演算數值法和設定模擬參數值。你可以以數值(numeric values)、變數名稱(variable name)或 MATLAB 允許的表示式(expression)來指定參數值,如果是變數值 SIMULINK 會從工作平台(workapace)得到此變數所含的數值。當選擇好所欲使用的演算數值法和指定好模擬參數值後,就可以準備執行模擬動作了,在 Simulation 選單下選擇 Start 選項,或是在鍵盤鍵入 Ctrl-T,就可以啓動模擬了。在模擬執行過程中,Start 選項會變成 Stop。

SIMULINK 對模型模擬的作法是將一組常微分方程式進行數值積分解答,SIMULINK 提供一些數值方法來解這些微分方程。因為動態系統的行為存在有相異性,沒有一種數值方法能對所有的動態系統模擬的既準確且又有效率。根據系統的特性,適當地選擇適用的數值方法且小心地設定模擬參數值是對想獲得快速而準確的模擬結果重要的考慮因素。以速度和準確度來考慮模擬的性能，將隨不同的模型和條件而改變。

如果模型中含有任何的 *Scope* block，那你必須開啓它們以便從中觀察模擬過程中的輸出波形。

如欲停止模擬的執行，在 Simulation 選單下選擇 Stop 選項，或是在鍵盤鍵入 Ctrl-T，就可以停止模擬的執行了。在執行模擬之前，你必須設定所需的參數值及選擇系統的數值演算法，Configuration parameters 對話盒視窗內可設定之參數選項包括有：

- Solver
- Data Import/Export
- Diagnostics
- Optimization

4-2.1.1 Solver

在 Solver 選項內可以進行的參數設定有：設定模擬開始與結束時間；選擇解法器並設定它的參數；選擇輸出選項 (參考圖 4-3)。

其中各參數值所代表的意義簡述如下：

- 模擬時間：

Start time 參數值表示模擬開始的時間，Stop time 參數值表示模擬結束的時間，模擬時間和真實時間並不一樣，這裡的時間只是計算機模擬中對時間的一種表示，換句話說模擬一個系統 0~10 秒，事實上模擬所花費的時間通常不超過 10 秒。模擬所花費的時間依賴許多因素，例如系統的複雜度，模擬的精確度（設定的步階大小）和所選的解法器方式等都會影響模擬所花的時間。

- 解法器選項：

Simulink 所建構的動態系統可以以一個常微分方程組數值積分來表示，Simulink 提供了一些用於求解這些數值積分的解法器，由於動態方程的差異性，有些解法器解決某些特定的問題會比另外一些解法器有效，所以要獲得精確而且快速的模擬結果，必須適當的選擇解法器和設定它們的參數。

首先依據模擬步階來選擇，可以選擇可變步階 (variable-step) 和固定步階 (fixed-step) 解法器，可變步階解法器在模擬過程中會改變步階大小，這類解法器提供誤差控制 (error control) 和過零檢查 (zero crossing detection) 。固定步階解法器在模擬過程中提供固定步階大小。

【預設之解法器】

如果使用者在執行 Simulink 的時候爲選擇解法器，那麼 simulink 會根據妳的模型中是否有連續狀態自動選擇一種數值解法，這可分爲兩種情形來說明：

如果模型有連續狀態，Simulink 會選擇 ode45，它是性能良好的通用解法器，如果使用者知道模型是 stiff 問題，而且 ode45 不能得到可接受的結果那麼可以嘗試 ode15s。

如果模型沒有連續狀態，那麼 Simulink 會選擇可變步階的離散 (discrete) 解法器，並會顯示一個訊息說明模型現在使用的解法器不是 ode45。

Simulink 也提供固定步階的離散解法器，它們之間的差別可參考下列所示模型，*Sine Wave* block 取樣時間分別爲 0.5 和 0.75，所以這個模型的基本取樣時間是 0.25，先選擇可變步階解法器，右邊列表框則選擇 discrete，然後執行模擬，預設情形下 Simulink 會輸出兩個變數 tout, yout 到 MATLAB 的工作平台，在 MATLAB 的命令視窗中鍵入 tout，

可得

[0   0.2000   0.4000   0.5000   0.6000   0.7500   0.8000   1.0000

1.2000   1.4000   1.5000   1.6000   1.8000   2.0000   2.2000 …]

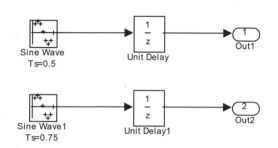

若選擇固定步階解法器，右邊列表框仍選擇 discrete，然後執行模擬，在 MATLAB 的命令視窗中鍵入 tout，可得

[0   0.2500   0.5000   0.7500   1.0000   1.2500   1.5000   1.7500

2.0000   2.2500   2.5000   2.7500   3.0000   3.2500   3.5000 …]

由上表可以看出固定步階離散解法器的步階大小與基本取樣時間是相同的，可變步階離散解法器步階大小是不同的。

【可變步階解法器】

可變步階解法器計有 ode45, ode23, ode113, ode15s, ode23s 和 discrete：

ode45 基於 Runge-Kutta (4,5)公式和 Dormand-Prince 公式的組合，它是單步解法器，也就是在計算 $y(t_n)$ 時，只需要前一個時間點的計算結果 $y(t_{n-1})$，一般而言第一次模擬時最好首先試試 ode45，ode45 也是預設的解法器。

ode23 基於 Runge-Kutta (2,3)公式和 Bogacki-Shampine 公式的組

合，對於容許誤差要求不高和求解問題不太複雜情形下，可能會比 ode45 更有效率，它也是單步解法器。

ode113 是一種階數可變的 Adams-Bashforth-Moulton PECE 解法器，它在誤差容許要求嚴格下通常比 ode45 有效率，ode113 是多步解法器，也就是說在計算目前的解時，需要前面幾個時間點的結果。

ode15s 是一種基於數值差分公式 (NDFs) 的解法器，，和 ode113 一樣，ode15s 也是多步解法器，如果使用者估計要解決的問題是困難的或者不能使用 ode45，或是使用後所得結果不滿意，可以試試 ode15s。

ode23s 是基於修改的二階 Rosenbrock 公式，因為它是一個單步解法器，所以在誤差容許要求較寬鬆下通常比 ode15s 有效率，它能解決某些 ode15s 所不能解決的 stiff 問題。

ode23t 是基於無限制條件的內插來實現梯形規則法，這種解法器用於求解適度 stiff 問題。

ode23tb 是 TR-BDF2 的一種實現，TR-BDF2 是具有兩個階段的 Runge-Kutta 公式，第一階段是一個 trapezoidal 法則，第二階段是二階的後向差分公式，在處理較寬的容許誤差上比 ode15s 來的有效率。

discrete 當 Simulink 檢查到模型內沒有連續狀態時使用此積分方式。

【固定步階解法器】

固定步階解法器計有 ode5, ode4, ode3, ode2, ode1 和 discrete：

ode5 是 ode45 的固定步階版本，Dormand-Prince 公式。

ode4 是 RK4，四階 Runge-Kutta 公式。

ode3 是 ode23 的固定步階版本，Bogacki-Shampine 公式。

ode2 是 Heun 方法，亦即改良的 Euler 公式。

ode1 是 Euler 公式。

　　Discrete 是一個實現沒有積分的固定步階解法器，適合沒有狀態的模型，以及過零檢查和誤差控制不重要的模型。

【Max Step Size】

　　預設值 auto 是由開始時間和停止時間依下式來決定的：

$$h_{max} = \frac{t_{stop} - t_{start}}{50}$$

　　設定 Max Step Size 參數值足夠小到所產生的模擬輸出值不會遺漏一些重要的結果，較大的 Max Step Size 可能會使得一些模型變得不穩定。

　　有時模擬產生的輸出結果是夠準確的，但卻不利於產生平滑的輸出曲線，在這種情況下是有需要限制 Max Step Size 的值以得到較平滑的輸出軌跡。例如假設欲模擬的系統是線性的而輸入為片段線性的，就有必要限制 step size 的大小，因為此種數值演算法（linsim）的 step size 不會影響到系統的準確度，但卻會影響到所得輸出軌跡的平滑性。

【Min Step Size】

　　Min Step Size 參數設定值是模擬開始時所使用的 step size。數值演算法產生每一個輸出值的步階（step）不會小於 Min Step Size 所定義的值，除非系統中包含有離散元件，其取樣週期小於 Min Step Size 參數設定值。

　　一般來說，Min Step Size 須被設定成很小值（如 1e-6），然而當系統中有不連續點時，很小的 Min Step Size 參數值會產生龐大的輸出點數目，此將會佔掉許多記憶空間且增加電腦的運算負荷。但另一方面太大的 Min Step Size 會得到較不精確的結果，遺失某些有意義的資料。

對 ode113 及 ode15s 兩種演算法，Min Step Size 不會影響到模擬結果的準確度但會影響到輸出點的數目，最好將 Min Step Size 參數值決定在利於繪圖或分析的輸出點上。

【Initial Step Size】

Initial Step Size 的預設值由判斷狀態在起始時間時的微分來選取。通常解法器會選擇 Initial Step Size 參數的設定值爲第一個步階大小，若不滿足誤差標準，那麼解法器會降低此步階大小。若第一個選取的步階太大，解法器可能會遺漏重要的訊息。

【Tolerance】

Tolerance 參數值控制著數值演算法在每一個演算步階（step）後，所能允許的相對誤差。一般而言，這個參數值設定在 0.1 至 1e-6 範圍內，較小的值需要較多的 step 來完成，當然所得的結果也較爲準確。

4-2.1.2 Data Import/Export

在 Data Import/Export 選項內的作用是定義將模擬的結果輸出到工作平台中，以及從工作平台中得到輸入和初始狀態，Data Import/Export 選項的對話視窗如圖 4-4 所示，主要分爲三部分：load from workspace、save to workspace 和 save options，load from workspace 主要負責從工作平台獲得輸入值和初始狀態，save to workspace 主要負責將模擬的結果輸出到工作平台中，至於 save options 則是設定儲存至工作平台的變數格式。

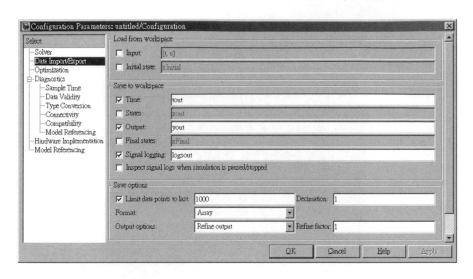

圖 4-4：Data Import/Export 選項視窗

【load from workspace】

　　Simulink 能夠在模擬進行期間從工作平台中輸入變數，使用上要注意輸入變數的格式，可以使用的外部輸入格式有以下幾種：帶有時間的結構、結構、陣列。

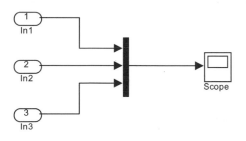

圖 4-5: load from workspace 範例

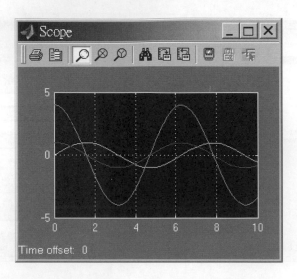

圖 4-6: 圖 4-5 範例所得之結果

以下舉一個簡單的例子說明如何從工作平台中輸入變數,圖 4-5 所示是一個簡單的模型,它沒有信號源,只有三個輸入埠,此輸入埠的值是由外部輸入變量來提供,在 MATLAB 命令視窗中鍵入:

```
>> t=(0:0.1:10)';
>> u=[sin(t),cos(t),4*cos(t)];
>>
```

另外在 Simulation 選單下的 Simulation parameters...選項中選擇預設的 Workspace I/O 對話視窗如圖 4-4 所示,也就是勾選

☑ Input: [t u]

此形式定義一個陣列,時間是第一列而輸入的 u 表示剩下的列,這就是所謂的外部輸入陣列的格式。然後按 start 執行模擬可得如圖 4-6 所示的結果。

『save to workspace』

Simulink 可以將運算後的結果,例如時間及變數值輸出至 MATLAB 的工作平台中,再由 MATLAB 的繪圖指令 plot 將其繪出圖形,save to workspace 對話視窗如下圖所示。

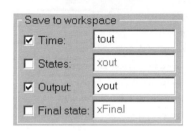

『save options』

此欄位定義儲存的格式,可以分為陣列資料型態(預設值)、結構資料型態以及含有時間的結構資料型態,save options 對話視窗如下圖所示。

4-2.1.3 Diagnostics

Diagnostics 對話視窗如圖 4-7 所示,它區分為兩個部分,模擬選項 (Simulation options) 和配置選項 (Configuration options),配置選項下的列表欄主要列舉了一些常見的事件,以及 Simulink 檢查到這些事件後給予的對應處理訊息,可以選擇忽略不做 (none),發出警告訊息 (warning),或是給出錯誤訊息 (error),設定方式也很簡單,在任一事件右邊，用滑鼠點選對應的處理方式即可。

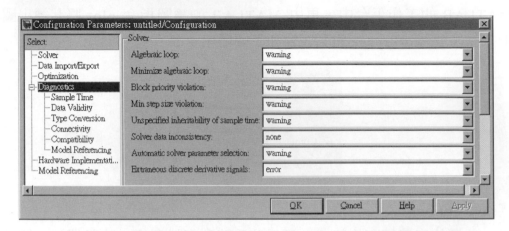

圖 4-7：Diagnostics 選項視窗

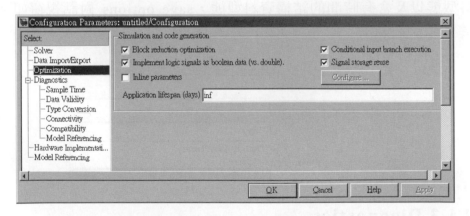

圖 4-8：Optimization 選項視窗

4-2.1.4 Optimization

Optimization 對話視窗如圖 4-8 所示，它主要的功能是在模擬及碼產生過程設定最佳化條件，在視窗中若勾選 Inline parameters，這樣將使所有的參數變成不可調整的，會使得 Simulink 把它們當成常數，這樣可以加速模擬的進行，若勾選 Inline parameters 後仍想保留部分可調整的變數，可以用滑鼠點選 Configure 按鈕打開模型參數配置視窗中去設定。

在最佳化欄位中可以設定布林邏輯訊號等 5 項設定配置，請參考圖 4-8 所示。

4-2.2 從命令視窗中執行系統模擬

從命令視窗中執行模擬比起在 SIMULINK 選單中執行模擬更具有以下的優點：

1. 可以設定初始值（以 x0 參數值設定）。
2. 如果沒有指定命令列左邊的輸出變數（見下列(4-1)指令格式），則 MATLAB 會自動地繪出系統的輸出響應曲線。若系統沒有定義輸出變數，則會繪出系統的狀態軌跡圖。
3. 可以指定使用外在的輸入（以 ut 參數值設定）。
4. 可以從 M-檔案執行系統模擬，亦是可以使 block 內參數值（設為變數）交替地被改變。
5. 模擬執行的速度稍微快速。

啟動模擬的指令格式一般式為：

$$[t, x, y] = sim(\,model, timespan, options, ut\,) \quad ......(4\text{-}1)$$

t 表示傳回的模擬時間向量，x 表示傳回的模擬狀態矩陣，y 表示傳回的模擬輸出矩陣，model 代表所欲模擬之系統方塊圖的檔案名稱，這個參數是必須的，右邊其餘參數可設為空矩陣[]，timespan 表示模擬開始和停止時間，options 表示可由 simset 指令設定模擬參數，ut 表示外部輸入。

4-2.3 選定 block 的初始值

　　初始值一般是在 block 內指定的，但 MATLAB 提供一個額外的參數向量值 x0 來取代原先 block 內的初始值。但先前所提"從選單中執行模擬"是不能改變原 block 內的初始值。

　　(4-1)式指令格式中，若 x0 參數向量是空矩陣（[]）或沒有指定，那初始值是援用 block 內的初始值。

可以使用下列指令來決定模型內初始值狀況：

$$[sizes, x0] = mod\,el(\,[],[],[],0)$$

sizes 向量值內每一元素所代表之意義如下：

1. sizes(1)：連續時間狀態變數的個數。
2. sizes(2)：離散時間狀態變數的個數。
3. sizes(3)：輸出變數的個數。
4. sizes(4)：輸入變數的個數。
5. sizes(5)：非連續根的數目。
6. sizes(6)：代表直接連接（feed through）的旗標，用以判斷是否有代數迴路結構。
7. sizes(7)：取樣時間的數目。

　　如果你想從 x0 排列的順序，得知它們在模型中代表何種 block 的初始值，可以在命令列左邊加入第三個引數 xstr，如下式：

$$[sizes, x0, xstr] = mod\,el(\,[],[],[],0)$$

　　xstr 第 i-列的變數名稱與 x0 第 i-列的初始值相互對應。例如以 SIMULINK 解下式二階微分方程式：

$$\ddot{x} + x = 0 \qquad x(0) = 1, \dot{x}(0) = 0$$

在 SIMULINK 視窗中模擬上式二階微分方程式之模型，如圖 4-9 所示，所得結果如圖 4-10 所示。

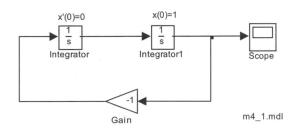

圖 4-9：解二階微分方程式之 SIMULINK 模型

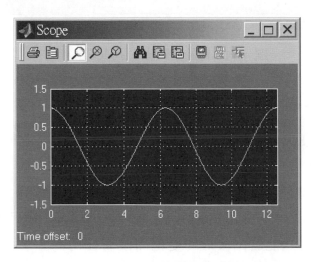

圖 4-10：二階微分方程式之解（cos(t)）

由圖 4-11 可知，x0[1]=1 代表 *Integrator1* block 的初始值，x0[2]=0 代表 *Integrator* blok 的初始值。sizes[1]=2 表示有二個連續時間狀態變數，有一個取樣時間。

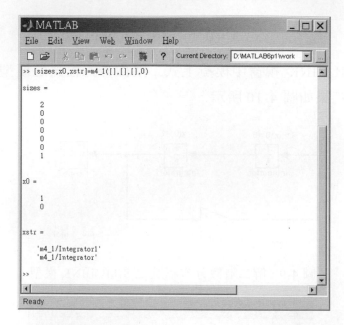

圖 4-11：初始值對應之 block 示意圖

4-2.4 觀察輸出軌跡

　　SIMULINK 模擬結果的輸出軌跡可以使用下列三種方法加以繪圖觀察：

● Scope 系列的 blocks。

　　Scope blocks 能使用於當模擬進行中來觀察輸出響應軌跡。從 Scope 視窗中，只能看出波形的變化而沒有任何的註解說明（由 Scope 視窗中的參數值仍能看出波形的大小）。Scope 系列的 blocks 計有 *Scope* block、*Display* block 和 *XY Graph* block 等，能提供有顏色的波形。下圖 4-12 是簡單的模型說明利用 *Scope* block 觀察輸出軌跡：*Step Input* block 的開始時間為 1 秒。

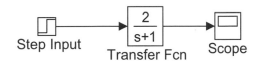

圖 4-12：利用 *Scope* block 觀察輸出響應

由 *Scope* block 所觀察之輸出響應如圖 4-13 所示，使用預設的 Simulation parameters 參數設定值。

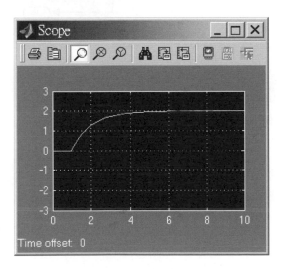

圖 4-13：由 *Scope* block 所觀察的輸出響應

● 將模擬結果用 return variables 傳回至 MATLAB 命令視窗中，再使用 MATLAB 提供的繪圖指令將其繪出。

藉由 return variables 的方法傳回時間值及輸出值至 MATLAB 中，再利用 MATLAB 的繪圖指令即可顯示及標明輸出軌跡變化圖。考慮圖 4-12 的簡單模型，必須在模型中增加一個輸出埠 out1，如圖 4-14 所示。前面在 Workspace I/O 選單中已經提過了，在預設的 save to workspace 欄位中，已經將時間值 tout 以及輸出值 yout 回傳至工作平台中，所以我們只要至 MATLAB 命令視窗中輸入

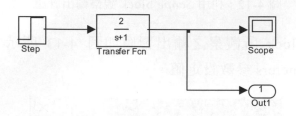

$$plot(\, tout\,, yout\,)$$

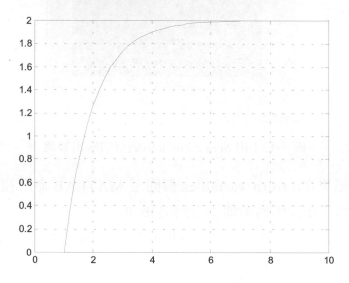

圖 4-14：增加一個輸出埠 out1

即可得圖 4-15 的輸出軌跡變化圖。

圖 4-15：plot(tout,yout)所得之輸出響應

如果是在 MATLAB 的命令視窗中使用 return variable 的方法如

下,修改圖 4-12 為圖 4-16 所示:(假設所儲存的檔名為 m4_2.mdl)

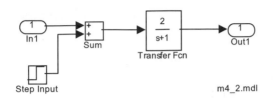

圖 4-16: 修改圖 4-12 為上圖所示

在 MATLAB 的命令視窗中輸入:

$$[t, y] = sim(m4\_2, 10) ;$$

同樣的利用 plot(t,y)亦可得到圖 4-15 的輸出結果。

● 將模擬結果用 *To Workspace* block 傳回至 MATLAB 工作平台中,再使用 MATLAB 提供的繪圖指令將其繪出。

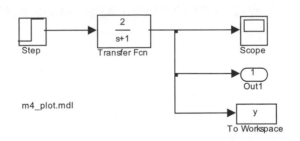

圖 4-17 : 使用 *To Workspace* block 方法的模型圖

使用 *To Workspace* block 的方法傳回輸出值至 MATLAB 工作平台中,再利用 MATLAB 的繪圖指令即可顯示及標明輸出軌跡變化圖,如圖 4-17 所示,*To Workspace* block 的參數 Save format 選擇 array 型態。

當模擬結束後，變數 y 會儲存在工作平台中。關於時間陣列的儲存可利用 Workspace I/O 的方法來儲存或利用下式指令來儲存：

$$t = sim('m4\_plot',10)$$

同樣的利用 plot(t',y)亦可得到圖 4-15 的輸出結果。

4-3 離散時間系統

SIMULINK 有能力去模擬離散系統（discrete-time system）模型。所建構的模型可以是多取樣率的（multirate），也就是說組成的 blocks 可以是以不同取樣頻率取樣。模型可以純粹地由離散性質的 block 所組成，也可以由連續和離散 block 所混和組成的模型。

每一個離散的 block 在輸入處有內建的取樣器（sampler）功能，而在輸出處有零階保持器（zero-order hold）。當離散 block 與連續 block 混和使用時，在取樣週期時間期間，離散 block 的輸出將保持定值。進入 block 的輸入只有在取樣發生的瞬間才會加以改變。

Sample time 參數值是設定離散 block 的狀態改變的時間。一般使用上，取樣時間是設定成純量變數值，然而它也可以指定另一參數值－＞偏移時間（offset time）。例如以向量組態[Ts,offset]指定 Sample time 參數值，它代表取樣週期時間值為 Ts、偏移量為 offset，因此離散 block 只在下列時間值才會更新狀態值：

$$t = n * Ts + offset$$

其中 n 為整數，而 offset 可為正值或負值，但不可大於取樣時間值。Offset 的功能在於如果有些離散 block 它改變狀態的速度需要比其它的 block 來的快或慢，就可以設定 offset 參數值來達到這個目的。

在模擬執行過程中，不可以改變取樣時間值。如果需要改變 block 的取樣時間值，必須先停止模擬的進行並在更改過後再重新啟動模擬。

純離散時間系統可以使用任何一種演算法，而在模擬結果上不會有什麼差別。爲了達到輸出值確實反映在取樣時間值上，可以設定 Min step size 的值大於 Max step size 的值。

4-3.1 多取樣率系統

多取樣率系統包含以不同取樣頻率取樣的 blocks。這些系統包括完全由離散 blocks 或由離散與連續 block 混合的系統，例如下圖 4-18 是一個多取樣率系統模型：

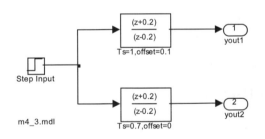

圖 4-18：多取樣率系統之模型

將 *Step* block 內的 Step time 參數設定值由 1 改爲 0，較上的離散轉移函數 block 的取樣時間設爲 1 秒、偏移量爲 0.1 秒。同理較下的離散轉移函數 block 的取樣時間設爲 0.7 秒、沒有偏移量。回到 MATLAB 命令視窗中，執行程式 m4_4.m：

....

% m4_4.m
% 多取樣頻率之比較

```
[t,x,y]=sim('m4_3',5);
[tt,yy]=stairs(t,y);
%------yout1-------
subplot(211)
plot(tt,yy(:,1))
title('yout1')
grid
axis([0 5 0 1.7])
gtext('Ts=1,offset=0.1')
%------yout2-------
subplot(212)
plot(tt,yy(:,2))
title('yout2')
xlabel('Time (sec)')
grid
axis([0 5 0 1.7])
gtext('Ts=0.7,offset=0')
```

....

可得圖 4-19 的結果。

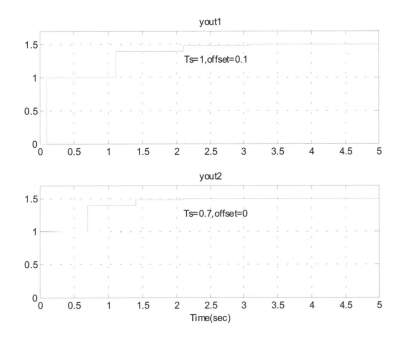

圖 4-19: 多取樣率系統響應圖

4-3.2 不同取樣時間的顏色區別

　　取樣時間以顏色加以區別，這種特性可以讓你很容易地在所建構的模型中區別不同取樣頻率的 blocks。要使取樣頻率顏色特性能夠動作，必須選取 Style 選單內 Sample Time Colors 選項，再選一次 Sample Time Colors 選項即可恢復成原無顏色表示的圖形。如果有修改離散 block 內的取樣頻率值，SIMULINK 不會自動地改變 block 的顏色，必須在 Style 選單內選取 Update Diagram 選項才會重新更新各 block 的取樣時間顏色。

　　當使用此特性時，每一個離散 block 所代表的顏色，其取樣頻率是它在此模型中相對於其它 block 的快慢程度。下表為取樣頻率與所代表顏色的對照表：

顏色	代表的意義
黑	連續性質的 blocks
黃	混合型(可改變取樣時間的 block 所組成的次系統)
紅	最快的離散取樣時間
綠	第二快的離散取樣時間
藍	第三快的離散取樣時間
氰藍	第四快的離散取樣時間

對於個別 block，其取樣時間是依據下列規則來指定：

● 用於連續時間的 block 像 Integrator、Derivative、Transfer Fcn 等定義為連續性質的 block。

● 離散性質的 block 像 Zero-Order Hold、Unit Delay、Discrete Trancfer Fcn 等在對話盒內有明顯地具有由使用者設定取樣時間值的欄位。

● 有些組合的 blocks，取樣時間不是很明顯。例如 Gain block 跟隨在 Integrator 之後，可以視為連續性 block。但如果跟隨在 Zero-Order Hold 之後，則可視為與 Zero-Order Hold 有相同取樣時間的離散 block。

4-4 線性化

SIMULINK 提供 linmod 及 dlinmod 兩個函式各別針對連續時間系統及離散時間系統萃取出線性模型，以狀態空間矩陣 A,B,C 及 D 形式表示。指令格式為：

[A,B,C,D]=linfun('model')

[A,B,C,D]=linfun('model', x, u)

其中，*linfun*　　　　linmod，dlinmod，linmod2

　　　model　　　　模擬系統模型的檔名

　　　x, u　　　　　在操作點的狀態和輸入向量值

狀態空間矩陣所描述的線性系統輸出入關係可由下式的狀態方程式來表示：

$$\dot{x} = Ax + Bu$$
$$y = Cx + Du$$

其中 x, u 和 y 分別代表狀態,輸入和輸出向量。例如下圖 4-20 爲一系統模型，檔名爲 m4_5.mdl：

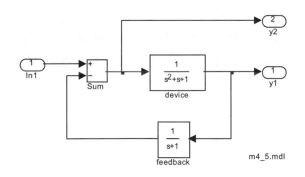

圖 4-20：系統模型圖

回到 MATLAB 命令視窗中，鍵盤輸入

[A,B,C,D]=linmod('m4_5')

可得（注意輸出埠有二個，即 y1 和 y2）：

    A =
      -1.0000   -1.0000   -1.0000
       1.0000   0   0
           0   1.0000   -1.0000
    B =
       1.0000
           0
           0
    C =
           0   1.0000   0
           0   0   -1.0000
    D =
           0
           1

　　輸出輸入必須使用 *Inport* 和 *Outport* block 來定義。在這個模型中不能使用 *Signal Generator* 和 *Scope* blocks 來當輸出入，這樣是無法使用 linmod 函式求得狀態空間矩陣。但輸入部份可以使用 *Sum* block 連接 *Signal Generator* block，輸出則直接連接 *Scope* block，如圖 4-21 所示。

　　所得的狀態空間矩陣 A,B,C 及 D，你可以應用 control toolbox 提供的函式作進一步的分析，如下所述：

● 轉換成轉移函數表示式：

$$[num, den] = ss2tf(A, B, C, D);$$

● 繪波得(Bode)圖：

$$bode(A, B, C.D);$$

● 時間響應圖：

$$step(A, B, C, D)$$
$$impluse(A, B, C, D)$$
$$lsim(A, B, C, D, u, t)$$

對於離散時間系統或混合型（連續＋離散）系統，使用函式 dlinmod 來達到萃取出線性模型，如下式：

$$[Ad, Bd, Cd, Dd] = dlin \bmod('\bmod el', Ts)$$

其中 Ts 為取樣時間值。

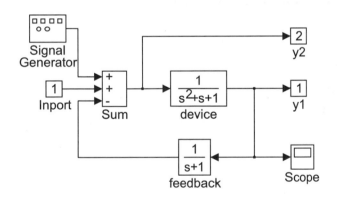

圖 4-21：加輸出入埠之系統模型圖

4-5 平衡點之決定

SIMULINK 提供一個函式 trim 是用來決定模擬系統的穩態平衡點（equilibrium point）。考慮前節檔名為 m4_5.mdl 的模型：

你可以使用 trim 函式去求得當輸出設為 1 時的輸入值及狀態值。首先，先對狀態變數(x)和輸入(u)猜一個初始值，並設定所要的輸出值

(y)，在 MATLAB 命令視窗下，依序鍵入：

    x=[0 0 0]';

    u=0;

    y=[1 1]';

使用索引變數（index variable）來指出變數值為固定的或是可變的：

    ix=[];   %可變的任意狀態變數

    iu=[];   %可變的輸入

    iy=[1 2]'; %輸出 1 及輸出 2 為固定的

執行 trim 指令如下：

    [x,u,y,dx]=trim('m4_5',x,u,y,ix,iu,iy)

可得：

    x =

      0.0000

      1.0000

      1.0000

    u =

       2

    y =

      1.0000

      1.0000

    dx =

      1.0e-015 *

      0.1110

      0

      -0.1110

第五章

自定方塊函數

5-1 簡介

　　在第 3-18 節曾經介紹如何利用 Group 功能，將數個 blocks 組合成一個次系統 block（即以一個 block 表示），雖然有減少模型內 block 的總數目以及易於除錯與維修等優點，但是仍有以下的一些缺點：

1. 所產生次系統 block 圖示形狀皆相同，彼此間的區別需靠 block 下方的名稱來區分 block 的功能。
2. 缺乏對 block 的功能描述，i.e.沒有 Help 函數功能。
3. 模擬前必須打開次系統，對其中每一個 block 分別進行參數設置，雖然增強了 Simulink 模型的可讀性，但是並沒有簡化次系統 block 的參數設置。

　　以上的缺點可以使用 SIMULINK 提供的封裝 (masking) 功能來克服（在 Edit 選單內，選取 Mask Subsystem 選項），你可以自訂 block 或次系統（subsystem），可以產生新的對話盒視窗和產生新的 block 圖示（icon），本章討論的主題有：

- Masking 程序的概觀。
- 如何產生一個 Masked block。
- 對 Masked block 定義圖示。
- S-函數 (S-function)

5-2 Masking 程序的概觀

　　Masking 能提供如下所述的一些好處：

- 能減少你所建構模型的複雜度。
- 提供一個可供描述及有用的使用者介面。

● 避免 block 內的內容（參數）遭到不小心的修改。

在次系統中可能由很多 blocks 所組成，使用 Masking 的用法，可以讓你針對這個次系統只產生一*個對話盒視窗*來輸入次系統所需的參數值。亦即，不必對每一個 block 都打開對話盒視窗輸入參數值，而只要將這些 blocks 組合成次系統，再定義單一個對話盒視窗來輸入次系統的參數設定值。

對產生這種功能的 Masking 程序用法，包括以下的步驟：

1. 對次系統內每一個 block 開啟對話盒視窗，對於需要在新產生的對話盒視窗內輸入的參數值，必須要指定成一個*變數名稱*。

2. 將所需的 blocks 產生成一個次系統，請參考第三章第 3-18 節之"產生次系統"一節說明。

3. 選取'次系統 block'，然後在 Edit 選單內選取 Mask subsystem 選項。

4. 輸入 Masking 對話盒視窗的參數設定值，請參考下節 5-3 說明。

5. 單按 OK 按鈕完成設定，產生 masked block，次系統 block 會顯示所定義 block 的圖示（icon），如果你打開次系統 block，SIMULINK 會顯示新的對話盒視窗。

接下來我們以範例來說明以上所述 Masking 的步驟。

5-3 產生一個 Masked Block

一個二階系統

$$H(s) = \frac{\omega_n^2}{s^2 + 2\xi\omega_n s + \omega_n^2} \quad \dots\dots(5\text{-}1)$$

5-4 控制系統設計與模擬－使用 MATLAB/SIMULINK

可以用 *Transfer Fcn* block 來表示（在 Continuous 方塊函數庫內）。讓我們使用 *Step* block、*Transfer Fcn* block 及 *Scope* block 來建構一個簡單的系統，在 *Transfer Fcn* block 的對話盒內（如圖 5-1 所示），在 Numerator 參數欄輸入[wn^2]，並在 Denominator 參數欄輸入[1 2*zeta*wn wn^2]。

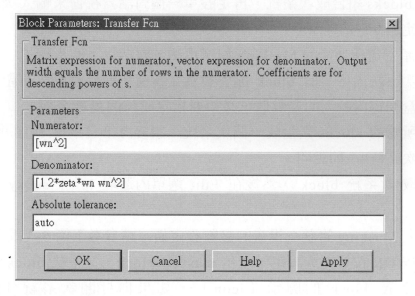

圖 5-1：*Transfer Fun* block 的對話盒視窗

連接各 blocks 後，如下圖 5-2 所示：

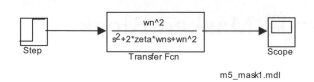

圖 5-2：二階系統模型

　　現在使用 Masking 的方法重新定義新的對話盒視窗，以自然頻率 wn (natural frequency) 及阻尼係數 zeta (damping coefficient) 為參數設定值，來代替輸入 *Transfer Fcn* block 的多項式係數。

　　要 Mask *Transfer Fcn* block，首先先用滑鼠點選 *Transfer Fcn* block，然後在 Edit 選單內選取 Create subsystem 選項，先將 *Transfer Fcn* block 產生成一個次系統，如圖 5-3 所示。

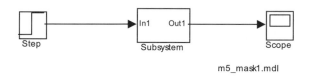

m5_mask1.mdl

圖 5-3：*Transfer Fcn* block 轉換成次系統

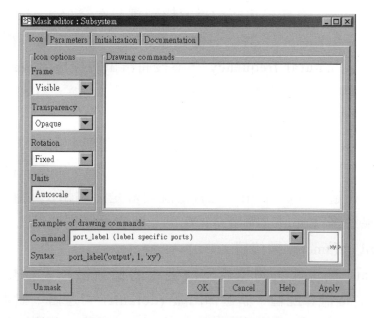

圖 5-4：點選 Mask subsystem 選項後之對話盒視窗

接著開始執行封裝次系統的第一個步驟，先用滑鼠點選 *Subsystem* block，然後在 Edit 選單內選取 Mask subsystem 選項，此時會出現一個對話視窗如圖 5-4 所示，最上方有四個按鈕，分別為 Icon, Parameters, Initialization 和 Documentation，它們的功能大概說明如下，後面會有較為清楚的範例說明，Icon 按鈕所打開的視窗是讓使用者設計 block 的圖示，可以是一段文字或是圖形。Parameters 按鈕所打開的視窗是允許使用者定義和描述封裝對話盒的參數變量。Initialization 按鈕所打開的視窗是讓使用者定義初始化命令或參數值。至於 Documentation 按鈕所打開的視窗是讓使用者定義 block 的求助敘述，現分別說明如下。

《Parameters 視窗》

此 masked block 有兩個參數，自然頻率 wn 和阻尼係數 zeta 要在這個視窗中加入，方法是再將滑鼠游標點選左邊 ⊞(Add)按鈕，然後將滑鼠游標移至 Prompt 下的空白欄位處點選，此時滑鼠游標成一垂直線"|"，請輸入"natural frequency"，然後將滑鼠游標移至 Variable 下的空白欄位，待滑鼠游標成一垂直線後請輸入"wn"，這表示" natural frequency"是用變數"wn"來表示。

至於 type 欄位是選擇使用者控制介面的類型，也就是參數值如何輸入，可以選擇 Edit (編輯)、Checkbox (檢查鈕)、Popup (彈出鈕) 等三種方式，在這裡選擇 Edit，也就是說變數是由編輯 (鍵盤鍵入) 方式輸入。如果選擇 Popup (彈出鈕) 方式，則要設定視窗下方的 Options for selected parameter 欄位值。

Evaluate 欄位如有勾選表示所鍵入的值在被指定為變數之前，MATLAB 會先計算此值，請選擇出廠 (default) 勾選值，如未勾選則表示所鍵入的值在被指定為變數之前，MATLAB 不會先計算此值，而是看成字串指定給變數。

　　Tunable 欄位如有勾選表示允許 Simulink 在模擬過程中改變封裝子系統中的參數值。

　　再用滑鼠點選 Add 按鈕來增加一個新的變數輸入，仿照前面的敘述再增加一個 Prompt:"damping coefficient"、Variable:"zeta"，如下圖 5-5 所示。

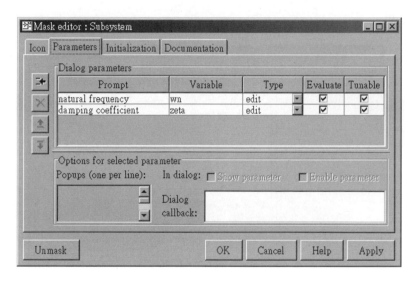

圖 5-5 :Parameters 視窗中變數設定之對話盒視窗

　　在圖 5-5 左邊部分還有三個按鈕簡述如下，Delete ✕ 按鈕可以刪除所選的參數設定， Up ⬆ 和 Down ⬇ 可以用來調整參數的順序，例如上圖中"natural frequency"放在第一個位置，"damping coefficient"放在第二個位置，參數的順序跟後面提到的 Initialization commands 欄位設定會有關係，現說明如下。

《Initialization 視窗》

前面的說明"natural frequency"以參數 wn 來表示，"damping coefficient"以參數 zeta 來表示，因為在次系統中 *Transfer Fcn* block 的參數對話盒內認識這兩個參數 (參考圖 5-1 所示)，所以不會有問題，但是若"natural frequency"以參數 A 來表示，"damping coefficient"以參數 B 來表示，此時 A 和 B 就無法與次系統的 wn 和 zeta 連接起來，執行起來就會有錯誤發生，解決的方法就是使用 Initialization commands 欄位的設定。

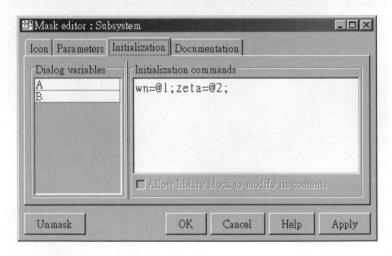

圖 5-6 : Initialization commands 欄位之輸入視窗

此欄位所輸入的資料定義著 masked block 的初始執行命令。使用下列的命令格式定義你在新的對話盒內所輸入參數值是相對於原來 block 內（未 masked 前）的變數值位置：

$$variable = @\,num$$

variable 是定義原欲 masked block 的變數名稱（此例中為 *Transfer Fcn* block 內的 wn 及 zeta）。num 是一個數值，代表著『Prompt』欄

內參數設定順序位置，例如@1 表示第一個參數設定欄位、@2 表示第二個參數設定欄位，以此類推。例如本例中，Initialization commands 欄位輸入如圖 5-6 所示，即 *wn=@1;zeta=@2;*，這樣參數 A 和 B 就能與次系統的參數 wn 和 zeta 連接起來。

　　但 MATLAB 7.x/Simulink 6.x 不建議使用 variable@num 的方式，你可以將它更改為 wn=A;zeta=B;試試看。

《Icon 視窗》

　　Icon 視窗用來定義新的圖示（icon）樣式，如圖 5-7 所示。你可以輸入文字（text）、繪圖指令或轉移函數等。

【在圖示內顯示文字】

　　使用 disp 和 text 指令直接在 Drawing commands 欄位輸入你所欲顯示的文字，例如 disp('Second Order System')，如欲換行需加控制字元\n（\n 的前後不需空格），例如 disp('Second Order\nSystem')，如下圖所示為兩個在圖示內顯示文字的例子。

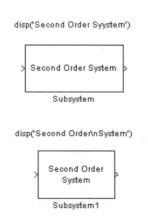

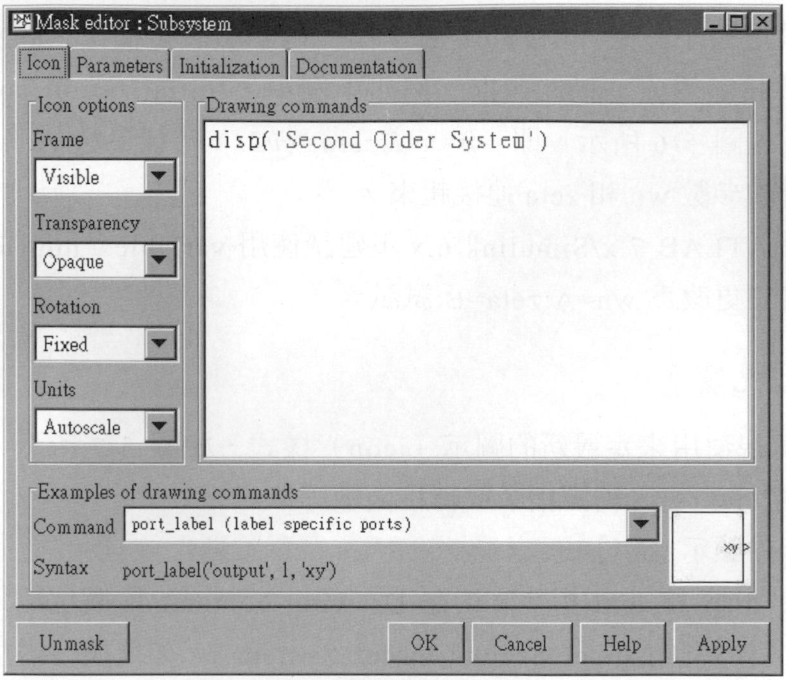

圖 5-7 : Icon 輸入視窗

disp 也可以顯示變數所儲存的值，用法為 disp(variable_name)。
Text 指令的格式為：

text(x, y, 'text_name'); 或

text(x, y, string_variable_name)

【在圖示內顯示轉移函數】

如欲顯示連續轉移函數表示式，在 Drawing commands 欄輸入以下
指令

$$dploy(num, den)$$

num 表示分子多項式的係數、den 表示分母多項式的係數。本例

中，你可以輸入

$$dploy([wn*2],[1\ 2*wn*zeta\ wn^2])$$

當你在對話盒輸入參數設定值後，SIMULINK 會計算轉移函數的分子分母值，然後在圖示上顯示出來。例如本例題中對自然頻率(wn)及阻尼係數(zeta)個別輸入 2 及 0.7，則 block 圖示將會顯示如下所示：

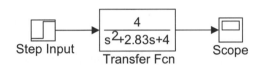

如欲顯示以 z 為幕次的離散轉移函數表示式，需另加'z'以示區別：

$$dploy(num, den, 'z')$$

但若顯示以 1/z 為幕次的離散轉移函數表示式，需另加'z-'以示區別：

$$dploy(num, den, 'z-')$$

如欲顯示以極零點-增益表示式，輸入以下指令：

$$droots(z, p, k)$$

SIMULINK 會等到對話盒內參數值輸入後，才會顯示圖示內的轉移函數，否則會出現 error 訊息指明參數未予定義。

【在圖示內顯示圖形（graphics）】

在"Drawing commands"欄內使用 plot 指令，可以在 masked block 的圖示上顯示圖形。plot 指令類似 MATLAB 的 plot 指令但不需指定線條的樣式，需指定 x,y 向量值序列。

舉例來說，在 Sources 方塊函數庫內的 *Pulse Generator* block：

Pulse
Generator

在"Drawing commands"欄使用的 plot 指令定義如下：

$$plot(0,0,100,100,[90,75,75,60,60,35,35,20,20,10],$$
$$[20,20,80,80,20,20,80,80,20,20])$$

　　如果在 plot 指令內定義的不是數值而是變數值，則 block 圖示上會顯示 3 個『？』符號，直到數值輸入至這些變數中。

Step Input　　Transfer Fcn　　Scope

　　在 Drawing commands 欄位的下方還定義了一些控制選扭，如圖 5-7 所示，現說明如下：

　　Icon frame：可以選擇 Visible 或 Invisible，選擇 Visible 可以顯示圖示的矩形外框，而 Invisible 則不顯示圖示的矩形外框。

　　Icon transparency：可以選擇 Opaque 或 Transparency，選擇 Opaque 將會隱藏 block 的函數名稱，而 Transparency 則會顯示出來。

　　Icon rotation：可以選擇 Fixed 或 Rotates，選擇 Fixed 表示圖示不會跟著 block 旋轉，選擇 Rotates 則圖示會跟著 block 旋轉。

　　Drawing coordinates：定義圖示繪圖的座標系統，可選擇 Autoscale、normalized 或 pixel，選擇 Autoscale 會以繪圖指令中的數值最大值作為上限與最小值作為下限來顯示圖形，選擇 normalized 則會

以左下角座標(0,0)，右上角座標(1,1)的範圍來繪圖，選擇 pixel 則以像
素來繪圖。

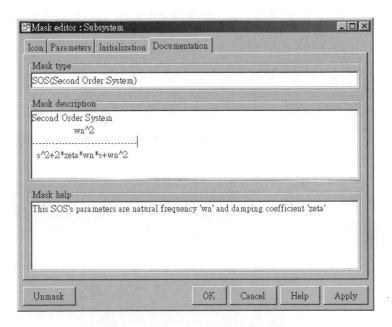

圖 5-8：Documentation 輸入視窗

《Documentation 視窗》

　　Documentation 視窗用來設定所產生的 masked block 的功能描述以
及按下 Help 按鈕時顯示的求助敘述，此視窗中分為三部分，最上層為
Mask type 欄位，此欄所輸入的資料會定義 masked block 的參數對話盒
的說明敘述欄名稱，此輸入的名稱可以是任意的，但最好能表現出此
block 的特性，譬如此例中，我們輸入 SOS（Second Order System），
SIMULINK 會自動的在此名稱後面加入[mask]（參考圖 5-9 所示）。

　　接下來的欄位是 block description，此欄位內所輸入的文字資料將
會在 masked block 的對話盒視窗中出現，最下面的欄位是 block help，

此欄位內所輸入的文字資料將會在 masked block 的對話盒視窗中按下
Help 按鈕時顯示出來。例如本例中我們輸入如圖 5-8 所示。它們在
masked block 中的位置如圖 5-9 所示。如果在 masked block 的對話盒
視窗中按 Help 按鈕後，則會顯示 Help 視窗如圖 5-10 所示。

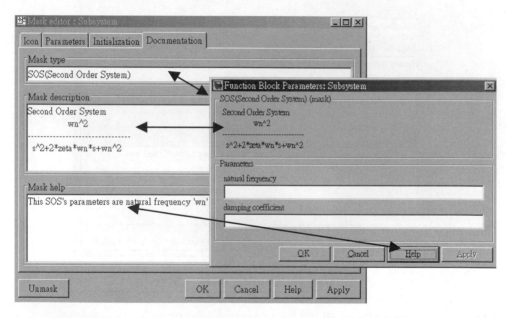

圖 5-9：Documentation 輸入視窗與參數對話盒之關係

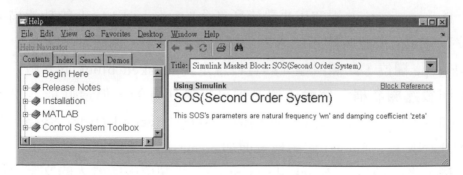

圖 5-10：按 Help 後顯示的說明視窗

當你都正確地設定好相關的參數值，則所產生的 masked block 如下圖所示：

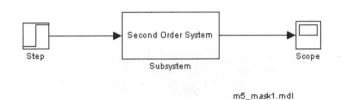

m5_mask1.mdl

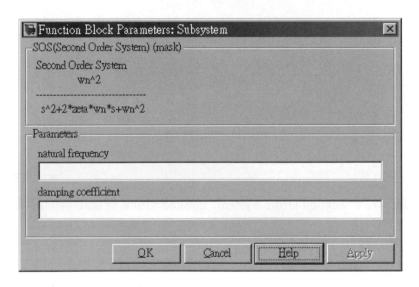

圖 5-11：新 block 的對話盒視窗

打開 "Second Order System" block 的對話盒視窗則如圖 5-11 所示，在參數 "natural frequency" 欄位中輸入 2，在參數 "damping coefficient" 欄位中輸入 0.707，然後執行模擬，打開 *Scope* block 觀察模擬所得的結果如圖 5-12 所示。

如果往後要修改 masked block 過程的參數值也很簡單，依循以下步驟：

1.　首先先選取 block。
2.　在 Edit 選單內選取 Edit mask 選項，會出現現今 mask block 的對話盒視窗。
3.　修改對話盒視窗內的參數值後，按 OK 按鈕關閉對話盒視窗。

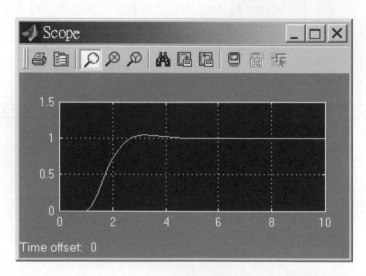

圖 5-12："Second Order System" masked block 模擬所得的結果

5-4 另一個例子

　　由前面的例子可知 masking 函數的功能就是去改變 block 的特性。像一個可由二階轉移函數表示的二階系統，經過 masking 過後，改由 natural frequency(自然頻率)及 damping coefficient(阻尼係數)為參數的二階系統。同理下面這個例子是將 *Zero-Pole* block 改為能表現出巴特渥夫（Butterworth）濾波器特性的 block，將巴特渥夫濾波器的步階響應顯示在新的 block 圖示（icon）上。

　　首先進入 SIMULINK 視窗中，開啓新的工作視窗（名稱即

Untitled）。再至 Continuous 方塊函數庫中，將 *Zero-Pole* block 複製
至 Untitled 工作視窗中，如下圖所示：

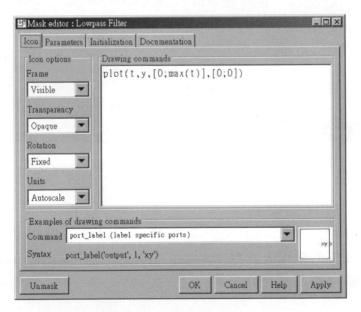

首先先用滑鼠點選"Zero-Pole" block，然後在 Edit 選單內選取
Create subsystem，先將"Zero-Pole" block 產生成一個次系統，然後用
滑鼠點選 *Subsystem* block，然後在 Edit 選單內選取 Mask subsystem 選
項，此時會出現一個對話視窗如圖 5-4 所示，（此例需要 Control
System 及 Signal Processing toolbox 的函數支援）。

圖 5-13：Icon 輸入視窗

此對話盒內各參數欄輸入值簡述如下：

1. 《Icon 視窗》

Icon 視窗用來定義新的圖示樣式，其設定如圖 5-13 所示，此例中是採用在圖示內顯示圖形的方式。

2. 《Parameters 視窗》

Parameters 視窗的設定如圖 5-14 所示，其中定義的參數有"cutoff frequency（rad/sec）" 的變數 f，以及"order"的變數 m。

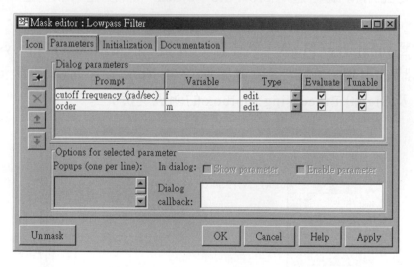

圖 5-14：Parameters 輸入視窗

3. 《Initialization 視窗》

Initialization 視窗的設定如圖 5-15 所示，需要使用 Initialization commands 欄位的設定去執行 masked block 的初始命令，Initialization commands 欄位輸入如下所示。

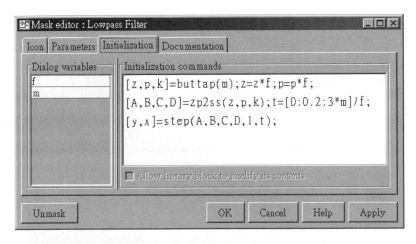

圖 5-15：Initialization 輸入視窗

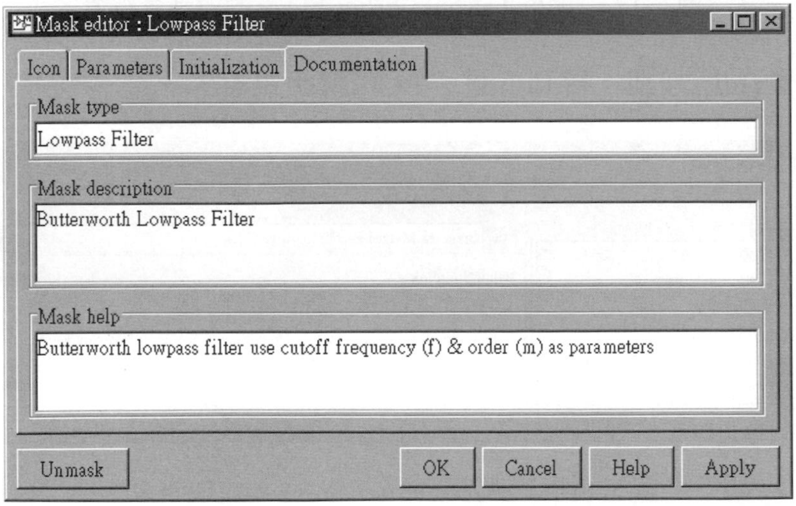

圖 5-16：Documentation 輸入視窗

4. 《Documentation 視窗》

Documentation 視窗用來設定所產生的 masked block 的功能描述以及按下 Help 按鈕時顯示的求助敘述，例如本例中我們輸入如圖 5-16 所示。依據上述所輸入的數值，所得到的新 masked block 對話盒視窗如

圖 5-17 所示。

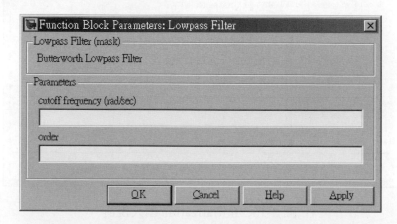

圖 5-17： 開啓 *Lowpass Filter* block 的對話盒視窗

單按 Help 按鈕，得到下圖 5-18 的說明視窗。

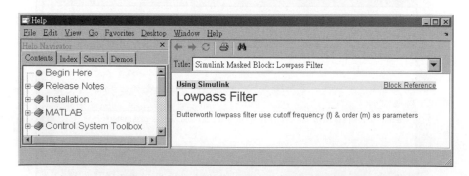

圖 5-18： *Lowpass Filter* block 的說明視窗

在 "cutoff frequency (rad/sec)" 及 "order" 參數欄個別輸入 10 與 10，所得到的圖示爲：

Lowpass Filter

m5_mask2.mdl

5-5 S-函式

　　S-函式是一個描述動態系統的計算機語言，S-函式允許使用者將自己的演算法加到 Simulink 的模型中，S-函式是 Simulink 如何運作的核心所在，每個方塊圖都有一個與其相同名稱的 S-函式，而這也是 Simulink 在模擬與分析中相互作用的函數，S-函式的形式十分通用，它能夠使 SIMULINK 有能力去產生所需的 block 去處理連續時間系統、離散時間系統、混合式連續-離散時間系統及多取樣率（multirate）離散時間系統的模擬。在 MATLAB 的環境中，使用者可以選擇使用 MATLAB 語言或是 C 語言來編寫 S-函式，MATLAB 6.0 版還支援 C++ 或 ada 來編寫 S-函式，使用 MATLAB 語言的稱為 M-檔案 S-函式，使用 C 語言的稱為 C-MEX-檔案 S-函式。

　　S-函式儲存著模型的動態（dynamics）訊息。S-函式的呼叫語法為

$$sys = model(t, x, u, flag)$$

　　其中 model 是所建構模型的檔案名稱，t 是時間值、x 是狀態值、u 是輸入值、flag 可稱為"控制旗標"，它所代表的數值決定傳回至 sys 的訊息為何。舉例來說、flag 如設定為 1，則 sys 表示為在操作點的狀態微分值。

　　對 S-函式而言，有一標準的指令格式用來處理各種不同角色的模擬。指令格式中關鍵點在於旗標（flag）變數。依據不同的需求，藉由設定不同的旗標值就能使 S-函式表現出完全不同的函數行為。在 SIMULINK 中可設定的旗標值為：

旗標值	描　　述
0	S-函式回報參數值的大小和起始值情況
1	S-函式回報狀態微分值 dx/dt
2	S-函式回報離散狀態 x(n+1)
3	S-函式回報輸出值 y
4	S-函式回報下一個離散改變的時間

　　把自己置身於 SIMULINK 模擬程式中去試想 S-函式，那不同的旗標值就是幫助你去瞭解在模擬執行中，在不同時間所產生的模擬結果。舉例而言，當你在 Simulation 選單內選取 Start 選項後，可能需要知道有多少個狀態變數是能追蹤的，有多少個狀態是連續性的、多少個狀態是離散性的以及狀態初始值情況。為了得到這些答案，可以呼叫旗標值為 0 的 S-函式。S 對於 flag=0 呼叫格式像

$$[sizes, x0] = model([],[],[], 0)$$

　　變數 x0 提供狀態初始值（向量組態），sizes 亦為向量組態的回報值，各列所代表的意義如下所述：

sizes(1)	表示連續狀態的個數
sizes(2)	表示離散狀態的個數
sizes(3)	表示輸出的個數
sizes(4)	表示輸入的個數
sizes(5)	表示不連續根的個數

sizes(6)	直接前饋旗標，用於尋找有無 algebraic loop
sizes(7)	表示取樣時間的個數

如果系統是純連續時間的，那你只需要知道兩件事情以確保模擬的繼續進行：

1. 狀態微分值（可由 flag=1 呼叫得到）、
2. 系統的輸出值（可由 flag=3 呼叫得到）。

相同地，如果系統是純離散時間的，那你只亦要知道：

1. 離散狀態值（可由 flag=2 呼叫得到）、
2. 系統的輸出值（可由 flag=3 呼叫得到）、
3. 下一個離散事件何時發生（可由 flag=4 呼叫得到）。

當然混合式的連續-離散系統需要更多的旗標值來表示。不同於 flag=0 呼叫格式（在模擬過程中一般只執行一次），其它的呼叫格式在模擬執行過程中會經常的被使用。

現在來看一個簡單的 S-函式的例子，它是由 M 檔案格式所撰寫的，由 MATLAB 提供，只要用 MATLAB 的 Edit 到 MATLAB 安裝目錄下的\toolbox\Simulink\blocks 目錄下打開 timestwo 檔案即可，它是一個把輸入訊號乘以 2 倍輸出的功能，程式如下所述：

```
function [sys,x0,str,ts] = timestwo(t,x,u,flag)
%   TIMESTWO S-function whose output is two times its input.
%    This M-file illustrates how to construct an M-file S-function that
%   computes an output value based upon its input.  The output of
%   this S-function is two times the input value:
%
%     y = 2 * u;
%
```

```
%    See sfuntmpl.m for a general S-function template.
%
%    See also SFUNTMPL.


%    Copyright 1990-2001 The MathWorks, Inc.
%    $Revision: 1.6 $
%
% Dispatch the flag. The switch function controls the calls to
% S-function routines at each simulation stage of the S-function.
%
switch flag,
  %%%%%%%%%%%%%%%%%%%%%%%
  %  Initialization              %
  %%%%%%%%%%%%%%%%%%%%%%%
  % Initialize the states, sample times, and state ordering strings.
  case 0
    [sys,x0,str,ts]=mdlInitializeSizes;


    %%%%%%%%%%%%
    % Outputs          %
    %%%%%%%%%%%%
    % Return the outputs of the S-function block.
  case 3
    sys=mdlOutputs(t,x,u);


    %%%%%%%%%%%%%%%%%%%%
    % Unhandled flags              %
    %%%%%%%%%%%%%%%%%%%%%%
    % There are no termination tasks (flag=9) to be handled.
    % Also, there are no continuous or discrete states,
    % so flags 1,2, and 4 are not used, so return an emptyu
    % matrix
  case { 1, 2, 4, 9 }
```

```
    sys=[];

  %%%%%%%%%%%%%%%%%%%%%%%%%%%%%%%%%%%%%
  % Unexpected flags (error handling)                    %
  %%%%%%%%%%%%%%%%%%%%%%%%%%%%%%%%%%%%%
  % Return an error message for unhandled flag values.
  otherwise
    error(['Unhandled flag = ',num2str(flag)]);

end
% end timestwo
%
%===============================================
% mdlInitializeSizes
% Return the sizes, initial conditions, and sample times for the
% S-function.
%===============================================
%
function [sys,x0,str,ts] = mdlInitializeSizes()

sizes = simsizes;
sizes.NumContStates  = 0;
sizes.NumDiscStates  = 0;
sizes.NumOutputs     = -1;  % dynamically sized
sizes.NumInputs      = -1;  % dynamically sized
sizes.DirFeedthrough = 1;   % has direct feedthrough
sizes.NumSampleTimes = 1;

sys = simsizes(sizes);
str = [];
x0  = [];
ts  = [-1 0];   % inherited sample time
```

```
% end mdlInitializeSizes


%
%=================================================
% mdlOutputs
% Return the output vector for the S-function
%=================================================
%
function sys = mdlOutputs(t,x,u)

sys = u * 2;

% end mdlOutputs
```

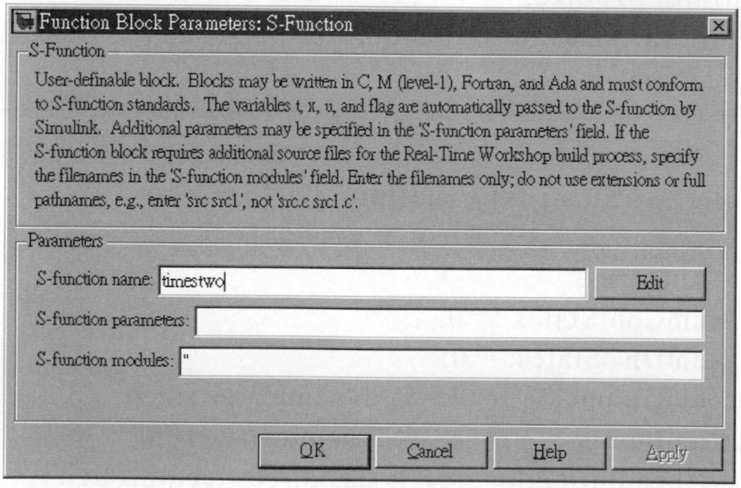

圖 5-19 : *S-function* block 的參數對話盒

　　本書不對如何撰寫 S-函式多做說明，現在來說明 S-函式如何在 Simulink 模型中使用它，打開 Function & Table 方塊函數庫裡的 *S-function* block 的參數對話盒，如圖 5-19 所示，在 S-function name 欄位請輸入 timestwo，然後按 OK 按鈕關閉參數對話盒。

讀者可以建構以下的模型驗證 *S-function* block 的功能。

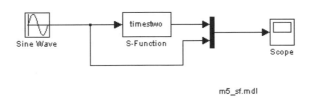

m5_sf.mdl

5-6 一個完整的例子

本節提供一個完整的例子來說明使用 S-函式及 masking 功能來產生一個新的 block 和完整的圖示（icon）。

假設需要設計一個"有條件的"積分器，它的輸出若超過某一個範圍值時，則將抑制（disable）積分器的動作。這個模型可以以下式的一階微分方程式來表示：

$$\frac{dx}{dt} = 0 \qquad if \langle (x \le lb \ and \ u < 0) \ or \ (x \ge ub \ and \ u > 0) \rangle$$

......(5-2)

$$\frac{dx}{dt} = u \qquad otherwise$$

其中 x 表示狀態、u 表示積分器的輸入、lb（lower bound 簡寫）、ub（upper bound）分別表示積分器輸出最低與最高極限值。

在建立新的 block 的工作上有三個基本的步驟：

● 前一節中曾經提過可以利用 M-檔案或 MEX 檔案的方法來建立 S-函式，本例中以 M-檔案格式來建立 S-函式，此 M-檔案檔名為 limintm.m，也是由 MATLAB 提供，存放在 MATLAB 安裝目錄下的\toolbox\Simulink\blocks 目錄下。limintm.m 主要的功能就是在執行式(5-3)：

$$if \ (x \le lb \ and \ u < 0) \ or \ (x \ge ub \ and \ u > 0)$$

$$\frac{dx}{dt} = 0$$

$$else \qquad\qquad ......(5\text{-}3)$$

$$\frac{dx}{dt} = u$$

$$end$$

M-檔案 limintm.m 原始碼列表如下供讀者研究參考。

```
function [sys,x0,str,ts]=limintm(t,x,u,flag,lb,ub,xi)
%LIMINTM Limited integrator implementation.
%   Example M-file S-function implementing a continuous limited
%   integrator where the output is bounded by lower bound (LB)
%   and upper bound (UB)with initial conditions (XI).
%
%   See sfuntmpl.m for a general S-function template.
%
%   See also SFUNTMPL.

%   Copyright 1990-2001 The MathWorks, Inc.
%   $Revision: 1.16 $

switch flag

  %%%%%%%%%%%%%%%%%%%%%%%%%
  % Initialization                %
  %%%%%%%%%%%%%%%%%%%%%%%%%
  case 0
    [sys,x0,str,ts] = mdlInitializeSizes(lb,ub,xi);
```

```
%%%%%%%%%%%%%%%%%
% Derivatives %
%%%%%%%%%%%%%%%%%%
case 1
  sys = mdlDerivatives(t,x,u,lb,ub);

%%%%%%%%%%%%%%%%%%%%%%%%%%%%%%
% Update and Terminate        %
%%%%%%%%%%%%%%%%%%%%%%%%%%%%%%
case {2,9}
  sys = []; % do nothing

%%%%%%%%%%%%
% Output %
%%%%%%%%%%%%
case 3
  sys = mdlOutputs(t,x,u);

  otherwise
    error(['unhandled flag = ',num2str(flag)]);
end

% end limintm

%
%=============================================
% mdlInitializeSizes
% Return the sizes, initial conditions, and sample times for the S-
function.
%=============================================
%
function [sys,x0,str,ts] = mdlInitializeSizes(lb,ub,xi)
```

```matlab
    sizes = simsizes;
    sizes.NumContStates  = 1;
    sizes.NumDiscStates  = 0;
    sizes.NumOutputs     = 1;
    sizes.NumInputs      = 1;
    sizes.DirFeedthrough = 0;
    sizes.NumSampleTimes = 1;

    sys = simsizes(sizes);
    str = [];
    x0  = xi;
    ts  = [0 0];   % sample time: [period, offset]

    % end mdlInitializeSizes

    %
    %===================================================
    % mdlDerivatives
    % Compute derivatives for continuous states.
    %===================================================
    %
    function sys = mdlDerivatives(t,x,u,lb,ub)

    if (x <= lb & u < 0)  | (x>= ub & u>0 )
      sys = 0;
    else
      sys = u;
    end

    % end mdlDerivatives

    %
```

```
%===============================================
% mdlOutputs
% Return the output vector for the S-function
%===============================================
%
function sys = mdlOutputs(t,x,u)

sys = x;

% end mdlOutputs
```

● 其次轉換 S-函式成爲 S-函式 block。

在 SIMULINK 視窗中，在 File 選單內選取 New 選項，會出現新的工作視窗（檔名暫訂爲 Untitled）。在 SIMULINK 視窗中開啓 User-Defined Functions 方塊函數庫，複製 *S-Function* block 至 Untitled 工作視窗中。

開啓 *S-Fucntion* block 的對話盒視窗，在"S-function name:"參數欄輸入『limintm』；在 "S-function parameters:" 參數欄輸入『lb,ub,xi』，如圖 5-20 所示：

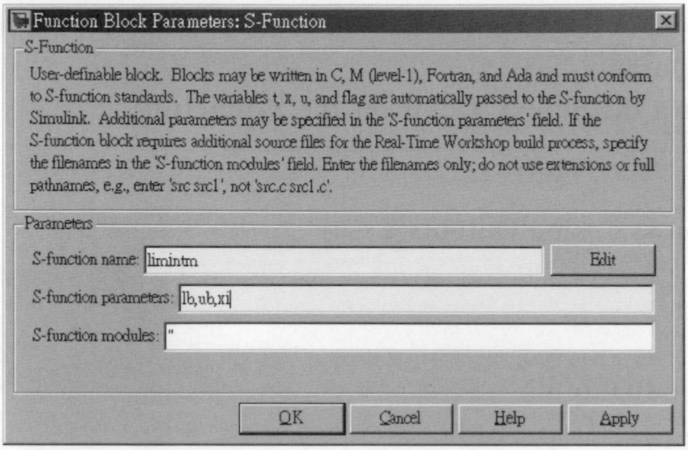

圖 5-20： S-函式的參數對話盒視窗

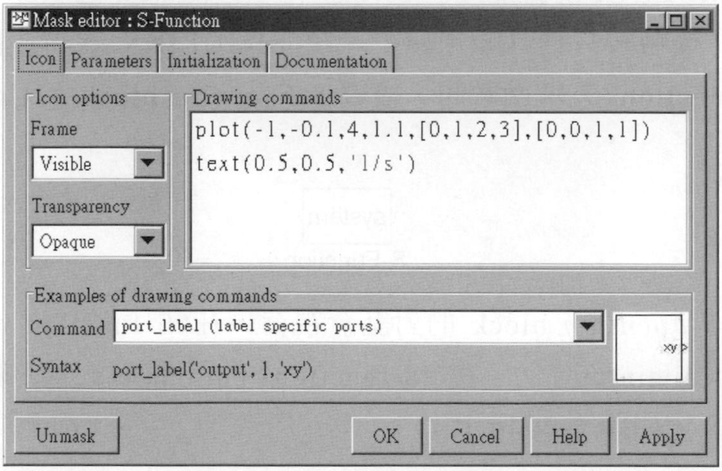

圖 5-21：Icon 輸入視窗

● 最後 Mask 此 *S-Function* block，給定參數值，產生所需新 block 的
  圖示、對話盒視窗等。

  選取此 block 後，在 Edit 選單內，選取 Mask s-function 選項，會
出現 masked block 的對話盒視窗，對話盒視窗內各參數值輸入如下所

述：

1.《Icon 視窗》

　　Icon 視窗用來定義新的圖示樣式，其設定如圖 5-21 所示，此例中是採用在圖示內顯示圖形的方式。

2.《Parameters 視窗》

　　Parameters 視窗的設定如圖 5-22 所示，其中定義的參數有"lower bound (lb)"、"upper bound (ub)"以及"initial value (xi)"。

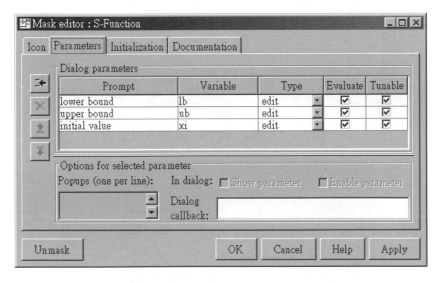

圖 5-22：Parameters 輸入視窗

3.《Documentation 視窗》

　　Documentation 視窗用來設定所產生的 masked block 的功能描述以及按下 Help 按鈕時顯示的求助敘述，而且定義新的 masked block 的 Mask type 稱為"Limited Integrator"，例如本例中我們輸入如圖 5-22 所示。

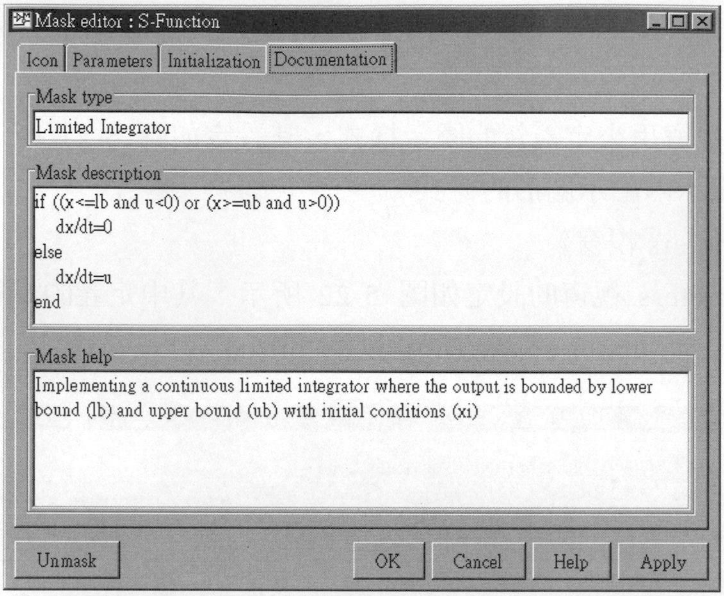

圖 5-23：Documentation 輸入視窗

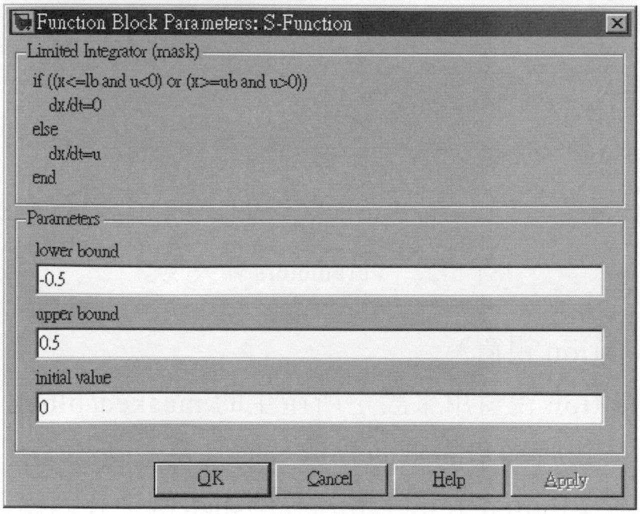

圖 5-24： 開啓 *Limited Integrator* block 的對話盒視窗

　　依據上述所輸入的數值，所得到的新 masked block 參數對話盒視窗如圖 5-24 所示。

　　參數設定好後，按 OK 按鈕回到 Untitled 工作視窗中，*S-Function* block 變成如下圖所示：

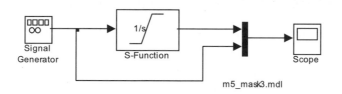

　　現舉一簡單模型說明此 block 的功能，建構的模型如下圖 5-25 所示：

現舉一簡單模型說明此 block 的功能，建構的模型如下圖 5-25 所示：

圖 5-25：應用 *limited integrator* block 的簡單模型

　　Signal Generator block 輸出設定爲方波；其頻率爲 0.25Hz、峰值爲 1 V。*limited integrator* block 內參數 lower bound（lb）設定爲-0.5，upper bound（ub）設定爲 0.5，initial value (xi)設定爲 0。在 Simulation 選單內選取 Configuration Parameters...選項，設定好相關的參數值後，再選取 Start 選項，啓動模擬的執行可得圖 5-26 的 Scope 視窗的模擬結果。

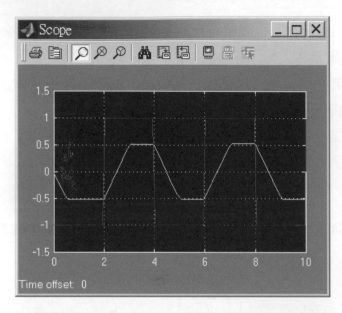

圖 5-26：由 *Scope* block 所觀察的輸出響應曲線

第六章

方塊函數解析

6-1 Sources 方塊函數庫

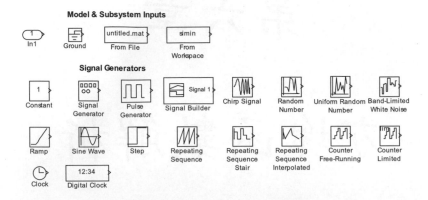

Band-Limited White Noise

描述：

Band-Limited White Noise block 的功能為產生在連續系統或混和系統中使用的常態分佈亂數（normally distributed random numbers），此 block 與 *Random Number* block 基本不同在於 *Band-Limited White Noise* block 以特定的取樣速率來產生輸出，這個取樣速率與雜訊的相關時間（correlation time）有關。

理論上白色雜訊具有 0 相關時間，平坦的功率頻譜密度（power spectral density, PSD），以及無窮大的方差（convariance），但在實際系統中白色雜訊不可能存在的，但是當雜訊分佈存在一個很小的相關時間（與系統的自然頻寬比較而言），那麼白色雜訊即是一個有用的理論近似。

在 simulink 中使用者使用一個相關時間遠小於系統時間常數的隨機序列來模擬白色雜訊所產生的效果，而 *Band-Limited White Noise* block 就是用來產生這樣的序列，而相關時間就是此 block 的取樣時間，為了更精確的模擬，可以把相關時間設定的比系統的最快速率還要小，可參考以下的公式：

$$t_c \approx \frac{1}{100} \frac{2\pi}{f_{max}}$$

其中 f_{max} 是系統的頻寬，以 rad/sec 為單位。

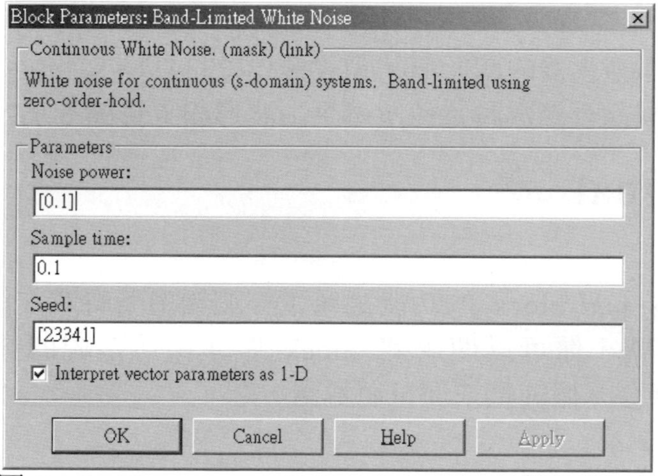

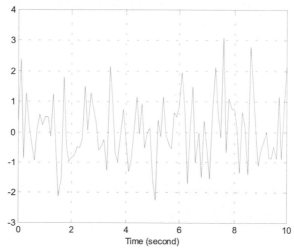

圖 6-1.1：*Band-Limited White Noise* block 對話盒視窗

圖 6-1.2：對話盒參數設定之圖形

對話盒：（圖 6-1.1）

Noise Power

白色雜訊的功率頻譜密度高度，預設值為[0.1]。

Sample Time

雜訊的相關時間（correlation time），預設值為 0.1。

Seed

隨機亂數產生器的起始值，預設值為[23341]。

依上述對話盒參數設定值所產生之波形如上頁圖 6-1.2 所示。

Chip Signal ▥

描述：

Chirp Signal block 的功能是產生一個頻率隨時間作線性增加的正弦波信號，你可以使用此 block 作非線性系統的頻譜分析，此 block 產生一個純量或向量值輸出。

對話盒：（圖 6-1.3）

Initial frequency（Hz）

代表正弦波信號的起始頻率，預設值是 0.1Hz。

Target time（secs）

代表頻率達到 Frequency at target time 參數設定值時的時間，在此時間之後，頻率將以相同的比率連續地改變。預設值為 100 秒。

Frequency at target time（Hz）

代表信號在 Target time 參數設定值下的頻率值，預設值是 1Hz。

Interpret vector parameter as 1-D

如果被打勾選取，向量式的 Initial frequency、Target time 和 Frequency at target time 參數會得到向量式的輸出，參數的維度（dimension）必須相同大小。

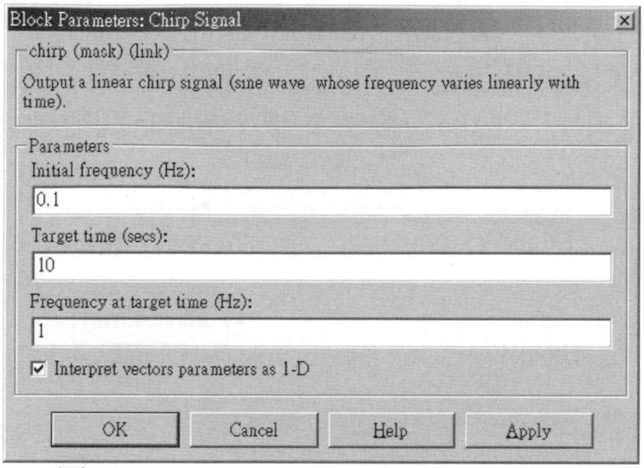

Block Parameters: Chirp Signal
chirp (mask) (link)
Output a linear chirp signal (sine wave whose frequency varies linearly with time).
Parameters
Initial frequency (Hz):
0.1
Target time (secs):
10
Frequency at target time (Hz):
1
Interpret vectors parameters as 1-D
OK
Cancel
Help
Apply

圖 6-1.3：*Chirp Signal* block 對話盒視窗

依上述對話盒參數設定值所產生之波形如下圖 6-1.4 所示。

1.5
1
0.5
0
-0.5
-1
-1.5
0
2
4
6
8
10
Time (second)

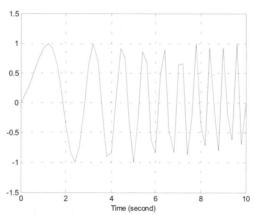

圖 6-1.4：對話盒參數設定之圖形

Clock

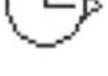

描述：

Clock block 的功能是在每一次模擬步驟（simulation step）中來顯示現今的模擬時間，當此 block 開啓後，模擬進行的時間將會顯示於 clock 視窗中，但也會減緩模擬執行的速度。如果是在離散時間

系統裡，則是使用 *Digital Clock* block。

此 block 通常使用在有些 blocks 需要知道模擬時間值狀況下，在 SIMULINK 中以下圖的連接法來儲存模擬時間變數值。

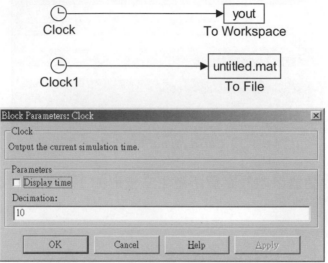

圖 6-1.5：*Clock* block 對話盒視窗

對話盒：（圖 6-1.5）

Display time

打勾選取可在 *clock* block 圖示上顯示當前的模擬時間。

Decimation

此參數設定更新時間所需的步數，可為任意的正整數，如過系統的時間步階為 1ms，當 decimation 值為 1000 時，clock 將每隔 1 秒更新一次。

Constant [1]

描述：

Constant block 的功能為依據 Constant value 參數設定值的大小，產生一個不隨時間改變的定值訊號輸出，可以是實數或者複數值。

此 block 的輸出可以是純量值或向量值,取決於參數 Constant value 的長度。在 block 圖示(icon)上可以顯示設定值的大小。

對話盒:(圖 6-1.6)

Constant value

代表 block 的輸出值,如是向量值則表示 block 輸出和設定值相同的向量信號,預設值為 1。

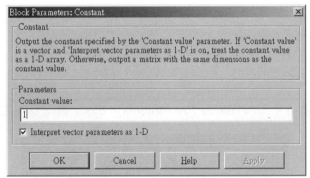

圖 6-1.6:*Constant* block 對話盒視窗

Counter Free-Running

描述:

Counter Free-Running block 的功能為累加計數直到最大值 2^{Nbits} - 1,Nbits 的值依據對話盒參數 Number of bits 來設定,計數到最大植後會自動歸零然後重新計數,例如 Nbits=3 則計數到 7 後歸零重新計數。

對話盒:(圖 6-1.7)

Number of bits
指定計數之位元值。

Sample time
設定取樣值間的時間間隔大小。

依上述對話盒參數設定值所產生之波形如下圖 6-1.8 所示。

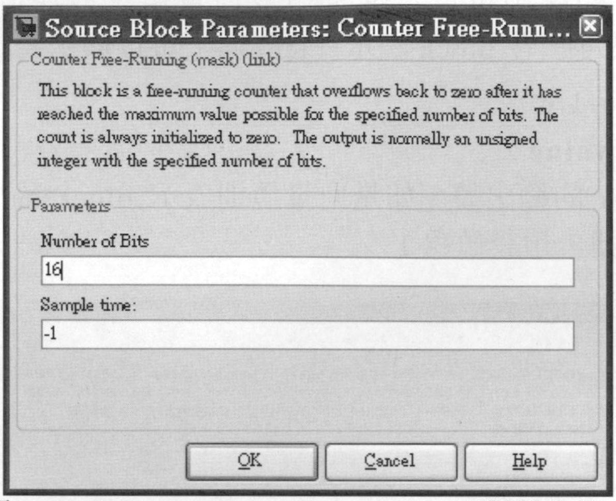

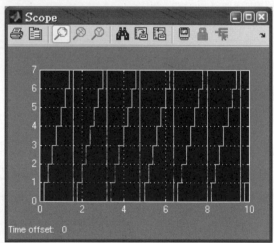

圖 6-1.7：*Counter Free-Running* block 對話盒視窗

圖 6-1.8：對話盒參數設定之圖形

Counter Limited

描述：

> *Counter Limited* block 的功能類似 Counter Free-Running block，
> 不過其累加計數的上限值是由對話盒參數 Upper limit 來設定，當

計數到最大上限植後會自動歸零然後重新計數，例如 Upper limit=7 則計數到 7 後歸零重新計數。

對話盒：（圖 6-1.9）

Upper limit

指定計數之最大上限值。

Sample time

設定取樣值間的時間間隔大小。

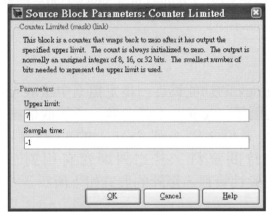

圖 6-1.9：*Counter Limited* block 對話盒視窗

Digital Clock ▭12:34▭

描述：

    Digital Clock block 的功能為只在設定的取樣時間上輸出現今的模擬時間（由 Sample time 參數值設定），在非取樣時間點上將維持前一個取樣的輸出值。它使用在離散時間系統對時間的需求上，相對於此的是 *Clock* block 是使用在連續時間系統對時間的需求上。

對話盒：（圖 6-1.10）

Sample time

代表取樣間隔（sampling interval），預設值是 1 秒。

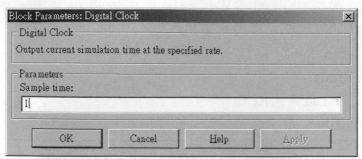

圖 6-1.10：*Digital Clock* block 對話盒視窗

From File

描述：

> *From File* block 的功能為從一指定檔案中讀取資料作為 block 的輸出，block 的圖示（icon）上將會顯示所讀取檔案的名稱。
>
> 此檔案內至少必須含有 2 列（row）的矩陣資料，第一列必須含有單調遞增的時間資料，其它列則含有相對於各時間點（time points）的一般性資料，矩陣的形式如下所示。

$$\begin{bmatrix} t_1 & t_2 & ... & t_{final} \\ u1_1 & u1_2 & ... & u1_{final} \\ ... & ... & ... & ..... \\ un_1 & un_2 & ... & un_{final} \end{bmatrix}$$

> 此 block 是依據相對於各時間點來產生輸出資料，*但並不輸出時間點資料*，亦即此 block 輸出除了第一列（內含時間點資料）以外的檔案資料。
>
> 如果所需的輸出值相對應的時間點值正好座落於檔案中兩個時間點值之間，則 SIMULINK 會在兩個時間點間採用線性內差法來求得輸出值，依據下式來求得所需的輸出值 y：

$$y = y_1 + \frac{\left(y_2 - y_1\right)}{\left(t_2 - t_1\right)}\left(t - t_1\right)$$

其中 (y_1, y_2) 爲檔案中相對於時間點 (t_1, t_2) 的輸出值。

如果所需的時間點不在檔案中時間點範圍中（即小於開始的時間值或大於最終的時間值），則 SIMULINK 會利用最初（或最終）的兩個時間點資料採用外差法來求得輸出值資料（如上式）。

如果矩陣有兩個或兩個以上的行數其時間點相同的話，那麼 Simulink 會輸出首先遇到的第一行的資料，例如對於以下的矩陣資料：

    時間值：　　0 1 2 2
    資料點：　　　2 3 4 5

在時間點 2，輸出資料 4，而不是 5。

Simulink 在模擬開始時就將檔案資料讀入記憶體中，所以使用者不可以在同一個模組中讀取和 *To File* block 相同的檔案名稱。

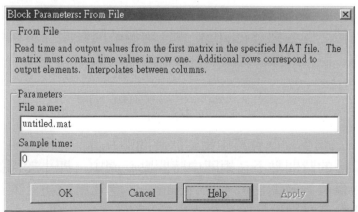

圖 6-1.11：*From File* block 對話盒視窗

對話盒：（圖 6-1.11）

Filename

代表欲輸出資料的檔案名稱，預設檔案名稱爲 untitled.mat。

Sampling time
從檔案讀取資料的取樣時間

From Workspace

simin

描述：

> *From Workspace* block 的功能為從工作平台（workspace：即 MATLAB 所使用的記憶體）中的 *矩陣* 讀取資料作為 block 的輸出，block 的圖示（icon）上將會顯示「矩陣名稱」或「時間及輸入資料的成分」。
>
> 此矩陣內至少必須含有 2 行（column）的資料，第一行必須含有單調遞增的時間資料，其他行則含有相對於各時間點（time points）的一般性資料。
>
> 此 block 是依據相對於各時間點來產生輸出資料，但並不輸出時間點資料，亦即此 block 輸出除了第一行（內含時間點資料）以外的矩陣資料。
>
> 如果所需的輸出值相對應的時間點值正好座落於矩陣資料行中兩個時間點值之間，則 Simulink 會在兩個時間點間採用線性內差法來求得輸出值，依據下式來求得所需的輸出值 y：

$$y = y_1 + \frac{(y_2 - y_1)}{(t_2 - t_1)}(t - t_1)$$

> 其中 (y_1, y_2) 為矩陣資料中相對於時間點 (t_1, t_2) 的輸出值。
>
> 如果所需的時間點不在矩陣中時間點範圍中（即小於開始的時間值或大於最終的時間值），則 Simulink 會利用最初（或最終）的兩個時間點資料採用外差法來求得輸出值資料（如上式）。
>
> 如果打勾選取 Interpolate data 選項即表示對應時間點間的資料輸出是由上述所示的內差法來求出，否則輸出最近時間點所對應的資料。
>
> From output after final data value by 參數決定當資料讀取完後

block 的輸出值，如下表所述：

選項	Interpolate 選項	Block 的最終輸出值
Extrapolate	On	由外差求輸出值
Extrapolate	Off	錯誤
SettingToZero	On	0
SettingToZero	Off	0
HoldingFinalValue	On	終值來自工作平台
HoldingFinalValue	Off	終值來自工作平台
CyclicRepetition	On	錯誤
CyclicRepetition	Off	重複來自工作平台適用於沒有時間結構的資料型態

如果矩陣有兩個或兩個以上的列數其時間點相同的話，那麼 simulink 會輸出最後一列的資料，例如對於以下的矩陣資料：

時間值	資料點
0	2
1	3
2	4
2	5

在時間點 2，輸出資料 5，相同時間值以輸出以最後一列資料為準。

對話盒：（圖 6-1.12）

Data

代表內含有時間和資料的矩陣型式，如果這些值不是定義於同一矩陣內，則以[T,U]表示，其中 T 表時間行向量、U 表資料行矩陣。如果這些值定義於同一矩陣內則以矩陣名稱表示。避免用 ans 表示資料矩陣。

Sample time

從工作平台讀進資料的取樣速率。

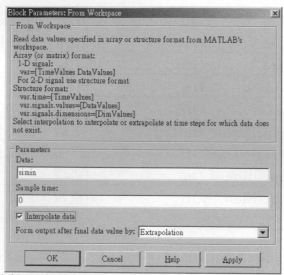

圖 6-1.12：*From Workspace* block 對話盒視窗

【舉例】試分析由下圖 6-1.13 方塊圖所描述的系統行為：

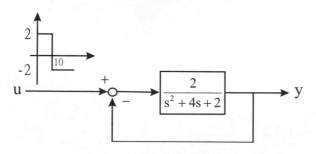

圖 6-1.13：範例系統方塊窗

在 SIMULINK 中模擬所建構的模型如下圖 6-1.14 所示：

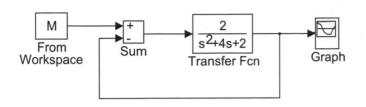

圖 6-1.14：範例 Simulink 模型窗

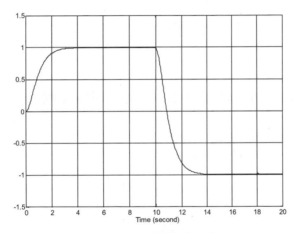

圖 6-1.15：模擬結果窗

在 MATLAB 命令視窗（Command Window）中，先輸入 M 矩陣如下所示，它代表輸入訊號 u 的波形。

M=[0 2;9 2;9.9 2;10.1 -2;11 -2;20 -2]

M=	0	2.0000
	9.0000	2.0000
	9.9000	2.0000
	10.1000	-2.0000
	11.0000	-2.0000
	20.0000	-2.0000

所得的輸出波形如上頁圖 6-1.15 所示。

Ground ⊟

描述：

Ground block 使用於某些 block，它們的輸入埠可能未連接於其它的 block，為了避免在模擬過程中 Simulink 會發出錯誤的訊息，所以將這些 blocks 的輸入埠 "接地"，Ground block 的輸出為零。

Ground block 的輸出具有與所連接的 block 相同的數值類型（實數或者複數），請參考下圖 6-1.16 所示之模型，Ground block 輸出信號的數值類型與加法器的類型相同，而加法器的類型受到 Constant block 的影響，所以 Ground block 輸出 int8 類型的數據。

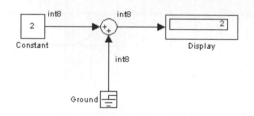

圖 6-1.16：*Ground* block 範例模型圖

對話盒：（圖 6-1.17）

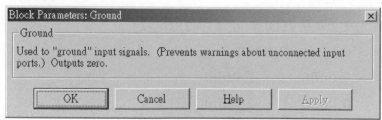

圖 6-1.17：*Ground* block 對話盒視窗

Inport ①

描述：

Inport block 的功能爲提供連接模擬系統之外在環境（outside world）至模擬系統中的功能。

對一個次系統（subsystem）而言，次系統中每一個輸入埠（input port）皆有一個相對應的 *Inport* block 在次系統中，亦即在次系統中抵達至輸入埠的信號將會流經相對應的 *Inport* block 內。SIMULINK 將會從 1 開始自動地依序指定在次系統中的 *Inport* block 編號數目，且增加的編號數目會以第一個可編號的數目起安插，例如如果已存在編號 1,2,4 的 *Inport* block，下一個輸入的 *Inport* block 將會編號爲 3。對如何建構次系統請參考第 3-18 節說明。

對不爲次系統的系統而言，對分析函數（如 linmod,trim）和積分器（integrator）來說，*Inport* block 代表外部的輸入，它們定義信號進入系統的進入點。

對話盒：（圖 6-1.18）

Port number
代表輸入埠之數目，雖然埠號數目是可以改變的，但 SIMULINK 會自動地依序指定埠號數目至 *Inport* block 圖示（icon）上。

Port dimensions
此參數定義 *Inport* block 的輸入維度，-1 (預設值) 表示由 simulink 決定輸入維度。

Sample time
此參數定義 *Inport* block 的取樣時間，-1 (預設值) 表示與驅動 block 的取樣時間相同。

Data type
此參數定義輸入的資料型態，可選擇 auto, double, single, int8, uint8, int16, uint16, int32, uint32, boolean 等資料型態。

Signal type
此參數定義輸入的訊號形式，可選擇 auto, real, complex。

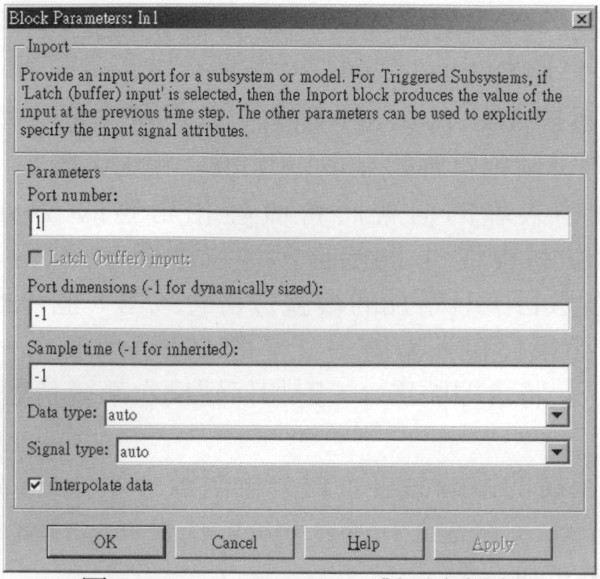

圖 6-1.18：*Inport* block 對話盒視窗

Pulse Generator ⊓

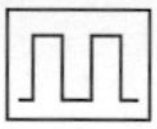

描述：

    Pulse Generator block 的功能為產生連續的一定寬度的脈波（pulse）信號輸出，在連續系統中要產生脈波，對話盒內 Pulse type 要選擇 Time-based 型態，離散系統中要產生脈波，對話盒內 Pulse type 則要選擇 Sample-based 型態，它們在參數的設定上有些許不同。

對話盒：（圖 6-1.19）

【Sample-based】

Amplitude

表示離散脈波的高度值（振幅），預設值為 1。

Period（number of samples）

表示離散脈波的週期大小，以取樣點數來表示，預設值為 2。

Pulse width（number of samples）

表示離散脈波的高度值為 amplitude 的寬度大小，以取樣點數來表示，預設值為 1。

Phase delay（number of samples）
表示離散脈波開始前的延遲值，以取樣點數表示，預設值為 0。

Sample Time
表示離散脈波取樣點為每幾點取樣一次，預設值為 1。

【**Time-based**】

Amplitude
代表脈衝高度大小，如指定為向量值，則 block 產生向量組態的脈衝輸出，預設值為 1。

Period (secs)
代表脈衝週期大小，單位為秒，預設值為 3 秒。

Pulse width (% of period)
代表脈衝寬度大小，單位為秒，預設值為 2 秒。

Pulse delay (secs)
代表脈衝產生前的延遲時間，單位為秒。預設值為 0.5 秒。
注意！Pulse delay 所設定之值須小於 Period 所設定之值與 Pulse width 所設定之值的差值，否則會得到錯誤的脈波波形（讀者自行驗證）。

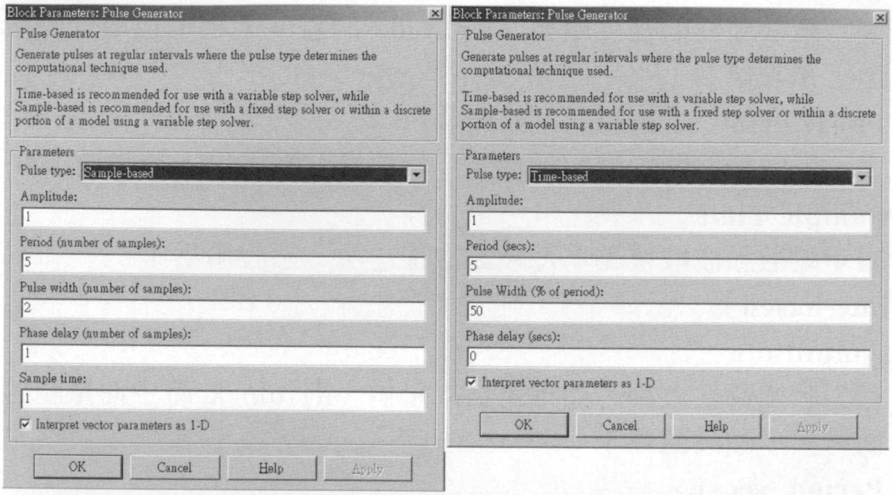

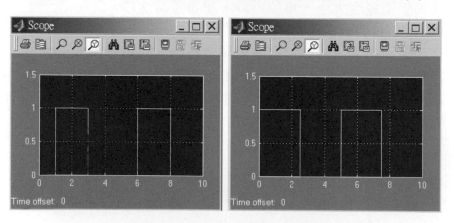

圖 6-1.19：*Pulse Generator* block 對話盒視窗

依上述對話盒參數設定值所產生之波形如下圖 6-1.20 所示。

圖 6-1.20：對話盒視窗設定結果窗

Ramp

描述：

    Ramp block 的功能是產生一個可變斜率的斜波訊號，由對話盒中的參數欄可以可以設定所產生斜波信號的斜率值，以及斜波信號的

起始時間值和輸出初始值。

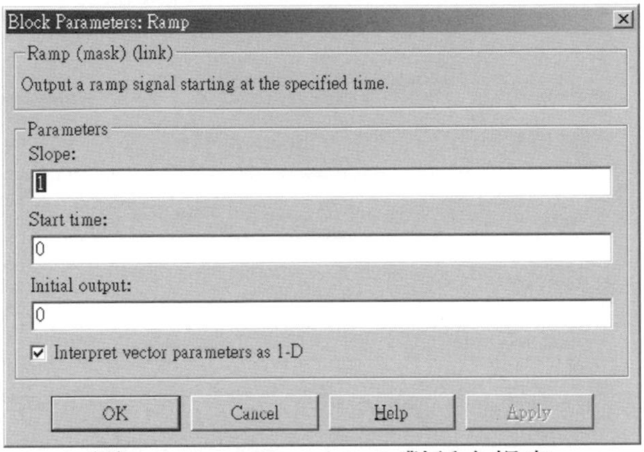

圖 6-1.21：*Ramp* block 對話盒視窗

對話盒：（圖 6-1.21）

Slope
表示所產生斜波信號的斜率值，預設值是 1。

Start time
表示所產生斜波信號的起始時間值，預設值是 0。

Initial output
表示所產生斜波信號的初始值，預設值是 0。

Random Number

描述：

Random Number block 的功能為產生常態分配亂數值（normally distributed random numbers）。對任何給定的起始 seed 值，它與 MATLAB 的 *randn* 函數產生相同的亂數序列。在每一次模擬開始時 seed 值會被重置成指定值。

Random Number block 是一個常態分配假亂數值產生器，產生的序列具有平均數（mean）為 0、變異數（variance）為 1。此序列能由 *Random Number* block 重複產生。指定 Initial Seed 參數設定值

為向量值組態就能產生向量組態的亂數值。

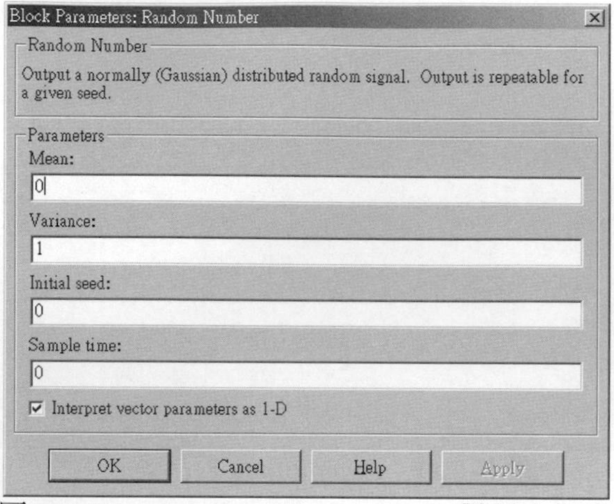

圖 6-1.22：*Random Number* block 對話盒視窗

對話盒：（圖 6-1.22）

Mean

亂數的平均值，預設值為 0。

Variance

亂數的變異數，預設值為 1。

Initial Seed

用來產生亂數值。如果指定為向量值組態，此 block 產生一個隨機
訊號的向量組態，預設值為 0。

Sample time

亂數間的時間間隔，預設值為 0，0 時間間隔使得 block 具有連續
的取樣時間。

Repeating Sequence ∭

描述：

Repeating Sequence block 允許你定義一個隨時間而規律地變化的
任意訊號，SIMULINK 應用一維 *Look-Up Table* block 來實現此

block 的功能。在任兩點間採線性內差法（linear interpolation）求得輸出值，此 block 產生一個純量值輸出。

對話盒：（圖 6-1.23）

Time values

代表一組單調遞增的時間值，預設值為[0 2]。

Output values

代表對應於時間值的輸出向量值，預設值為[0 2]。

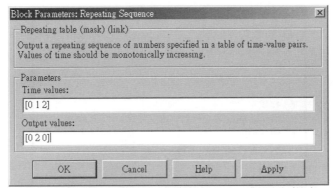

圖 6-1.23：*Repeating Sequence* block 對話盒視窗

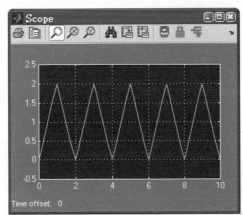

圖 6-1.24：*Repeating Sequence* block 對話盒視窗模擬結果圖

依上述對話盒參數設定值所產生之連續波形如下圖 6-1.24 所示。

Repeating Sequence Interpolated

描述：

> *Repeating Sequence Interpolated* block 允許你定義一個隨時間而重複變化的離散訊號，此 block 使用指定的 Lookup Method 參數來決定輸出。在任兩點間採線性內差法（linear interpolation）求得輸出值。

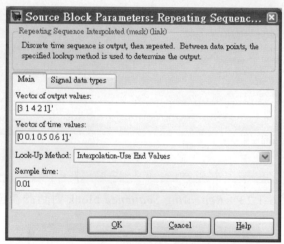

圖 6-1.25：*Repeating Sequence Interpolated* block 對話盒視窗

對話盒：（圖 6-1.25）

Vector of output values

代表離散訊號的輸出值，預設值為[3 1 4 2 1]。

Vector of time values

代表對應離散訊號輸出的離散時間值，預設值為[0 0.1 0.5 0.6 1]。

Lookup Method

代表取樣資料點間決定輸出的查表方式。

Sample time (-1 for inherited)

設定取樣資料值間的時間間隔大小。

依上述對話盒參數設定值所產生之波形如下圖 6-1.26 所示。

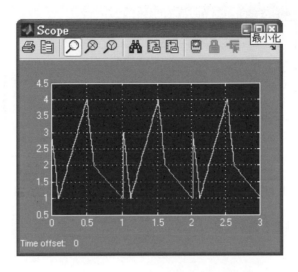

圖 6-1.26：對話盒視窗設定結果窗

Repeating Sequence Stair

描述：

Repeating Sequence Stair block 允許你定義一個隨時間而重複變化的離散訊號，取樣資料間採用零階保持 (zero & hold) 輸出。

對話盒：（圖 6-1.27）

Vector of output values
代表離散訊號的輸出值，預設值為[3 1 4 2 1]。

Sample time (-1 for inherited)
設定取樣資料值間的時間間隔大小。

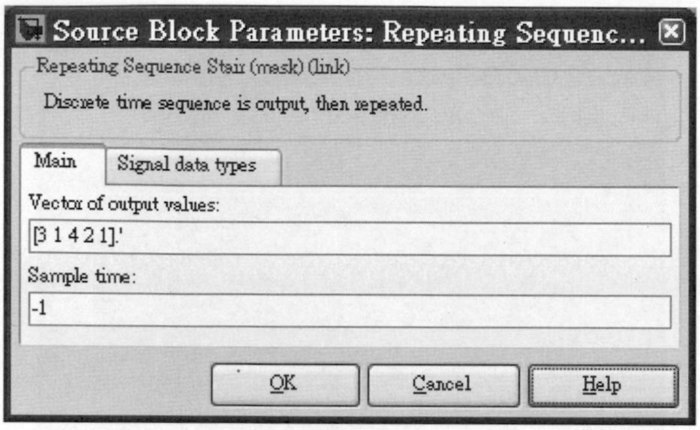

圖 6-1.27：*Repeating Sequence Stair* block 對話盒視窗

Signal Generator

描述：

    Signal Generator block 的功能為能產生計有正弦波（sine）、方波
（square）、鋸齒波（sawtooth）及雜訊波（random）四種不同的
波形輸出，可由對話盒內 Wave form 參數來選擇所要產生的波形種
類。

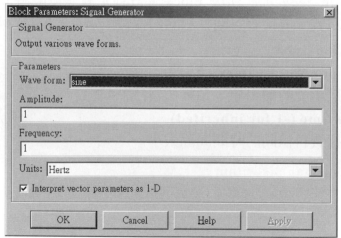

圖 6-1.28：*Signal Generator* block 對話盒視窗

對話盒：（圖 6-1.28）

Amplitude

代表所產生波形的振幅大小，無單位，預設值爲 1。

Frequency

代表所產生波形的頻率值，單位可以由參數 Units 選擇是赫茲（Hz）或是徑度每秒（rad/sec），預設值爲 1 Hz。

Sine Wave 〽

描述：

Sine Wave block 提供一個隨時間而變的正弦波波形，此 block 能操作於連續或離散模式。*Sine Wave* block 的輸出（y）決定於下列式子：

$$y = Amplitude * \sin(frequency * time + phase)$$

此 block 能產生一個純量值或向量值輸出。

● *Sine Wave* block 操作於離散模式：

如果在 Sample Time 參數設定值輸入非零值，此 block 的行爲就如同將 sine wave 經 *Zero-Order Hold* block（其 sample time 參數值相同）後所得的輸出。使用此模式的 *Sine Wave* block 允許你建構完全離散化的系統而不是混合型（連續/離散）系統。

● *Sine Wave* block 操作於連續模式：

當操作於連續模式時，當 t 時間變得越大時 *Sine Wave* block 也就變得越不準確。但是當使用於離散模式時，會利用增量演算法（incremental algorithm）（而不是基於絕對時間）來避開此問題。結果它可以使用於不明確時間的模型中。

增量演算法是基於先前一次取樣時間所計算的 sine wave 值來計算現在的 sine wave 值，此演算法是利用下列恆等式：

$$\sin(t + \Delta t) = \sin(t)\cos(\Delta t) + \sin(\Delta t)\cos(t)$$
$$\cos(t + \Delta t) = \cos(t)\cos(\Delta t) - \sin(t)\sin(\Delta t)$$

上式可重寫爲矩陣形式：

$$\begin{bmatrix} \sin(t + \Delta t) \\ \cos(t + \Delta t) \end{bmatrix} = \begin{bmatrix} \cos(\Delta t) & \sin(\Delta t) \\ -\sin(\Delta t) & \cos(\Delta t) \end{bmatrix} \begin{bmatrix} \sin(t) \\ \cos(t) \end{bmatrix}$$

因爲 Δt 是定值所以下列矩陣值是定值。

$$\begin{bmatrix} \cos(\Delta t) & \sin(\Delta t) \\ -\sin(\Delta t) & \cos(\Delta t) \end{bmatrix}$$

因此問題變成了一個定值矩陣乘以 $\sin(t)$ 而得到 $\sin(t + \Delta t)$，同理乘以 $\cos(t)$ 而得到 $\cos(t + \Delta t)$。

對話盒：（圖 6-1.29）

【Time-based】

Amplitude

信號的振幅值，預設值爲 1。

Bias

信號的偏移植，預設值爲 0。

Frequency（rad/sec）

信號的頻率值，單位爲徑度/秒（rad/sec），預設值爲 1 rad/sec。

Phase（rad）

信號的相移（phase shift）值，單位爲徑度 (rad)，預設值爲 0。

Sample Time

取樣週期，預設值爲 0。

【*Sample-based*】

Amplitude

信號的振幅值，預設值爲 1。

Bias

信號的偏移植,預設值爲 0。

Samples per period

每一週期之取樣點數,預設值爲 10。

Number of offset samples

信號的起始位移(offset)值,預設值爲 0。

Sample Time

信號的取樣時間,預設值爲 0。

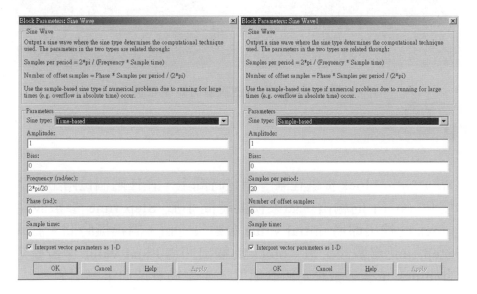

圖 6-1.29:*Sine Wave* block 對話盒視窗

依上述對話盒參數設定值所產生之波形如下圖 6-1.30 所示。

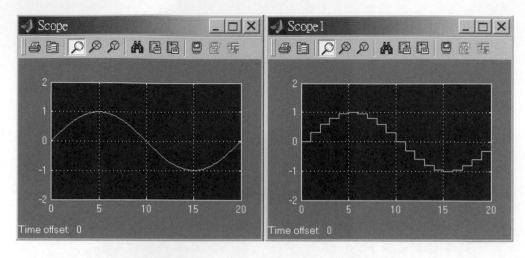

圖 6-1.30：對話盒視窗設定結果窗

Step

描述：

> *Step Input* block 提供在某一指定時間上，在任兩個位階上產生步階變化 (step) 的輸出。如果模擬時間小於 Step time 參數設定值，block 的輸出即為 Initial value 參數設定值。對模擬時間大於或等於 Step time 參數設定值，block 的輸出即為 Final value 參數設定值。此 block 依據參數設定值的組態，產生純量或向量輸出值。

對話盒：（圖 6-1.31）

Step time

當輸出從 Initial value 參數設定值跳至 Final value 參數設定值的時間值，單位為秒（second），預設值為 1 秒。

Initial value

當模擬時間到達 Step time 參數設定值之前的 block 輸出值，預設值為 0。

Final value

當模擬時間到達 Step time 參數設定值之後（含到達時）的 block

輸出值，預設值為 1。

Sample time

步階信號的取樣速率，預設值為 0。

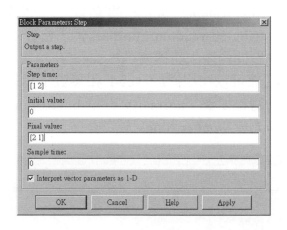

圖 6-1.31：*Step Input* block 對話盒視窗

依上頁對話盒參數設定值所產生之步階波形如下圖 6-1.32 所示。

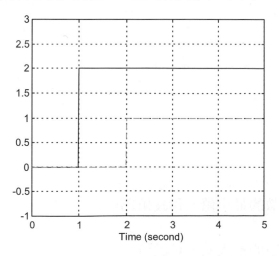

圖 6-1.32：對話盒視窗設定結果窗

Uniform Random Number

描述：

> *Uniform Random Number* block 的功能爲產生均勻分佈亂數值
> （uniform distributed random numbers）。它會依照 Initial seed 參
> 數值在指定的區間內產生隨機變數，seed 在每次模擬開始時會被重
> 置，產生的亂數可以在相同的 seed 和參數下重複產生。如果要產
> 生常態分佈的隨機變數（normally distributed random numbers），
> 可以使用 *Random Number* block。

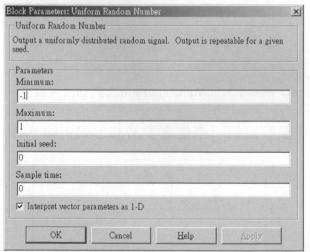

圖 6-1.33：*Uniform Random Number* block 對話盒視窗

對話盒：（圖 6-1.33）

Minimum
設定產生亂數的最小值，預設值爲-1。

Maximum
設定產生亂數的最大值，預設值爲 1。

Initial seed
用來產生亂數的起始值，預設值爲 0。

Sample time
亂數間的時間間隔，預設值為 0。

6-2　Sinks 方塊函數庫

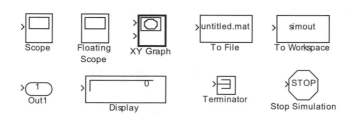

Display

描述：

　　Display block 的功能是顯示輸入埠的數值資料，如果輸入的是向量組態的數值資料，則可調整 block 的大小，以便觀察全數的資料。

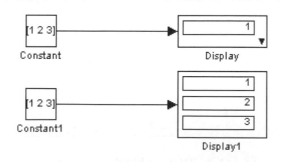

圖 6-2.1：*Display* block 範例說明

　　如上圖 6-2.1 所示 *display* block 內右下角的倒三角形表示還有其它的數值資料，可伸展開 block 如圖 6-2.1 下所示。

對話盒：（圖 6-2.2）

Format

定義所顯示數值資料的格式，有 short，long，short_e，long_e，bank 等格式，格式請參考 1-18 頁「輸出格式」一節之說明。

Floating display

如果打勾選取此 check box 表示 display block 爲浮接式數值顯示器，block 的輸入埠會消失，將顯示由滑鼠所點選的 simulink 模型內的信號線之數值資料。

Decimation

此參數定義每隔 n 個取樣點顯示一次數值資料，預設值 n 爲 1，表示每個時間間隔即顯示一次數值資料。

Sample time

此參數定義顯示資料的取樣時間間隔，預設值爲-1，表示此 display block 將忽略取樣時間間隔的功能。

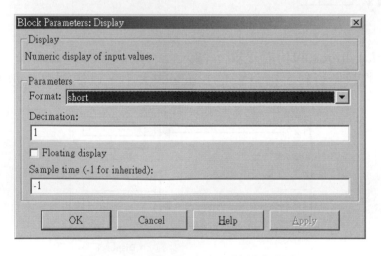

圖 6-2.2：*Display* block 對話盒視窗

Floating Scope

描述：

Floating Scope block 稱為浮接式示波器（floating scope），類似 *Scope* block 的功能，只是它不具有輸入埠，它能顯示模型中任何一條經滑鼠選取的線段，線段上所負載的信號波形變化。所以它的好處是能利用浮接式示波器很快地查（觀）看模型中任一點（線）的波形變化情形。

對話盒：（圖 6-2.3）

　　類似 *Scope* block。

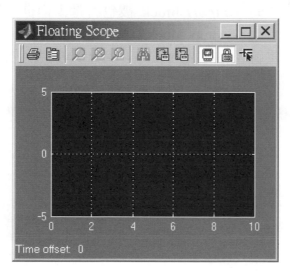

圖 6-2.3：*Floating Scope* block 對話盒視窗

Outport ×①

描述：

　　Outport block 的功能為提供連接模擬系統至模擬系統之外在環境（outside world）中的功能。

　　對一個次系統（subsystem）而言，次系統中每一個輸出埠（output port）皆有一個相對應的 *Outport* block 在次系統中，亦即在次系統中抵達至輸出埠的信號將會流出相對應的 *Outport* block 內。SIMULINK 將會從 1 開始自動地依序指定在次系統中的 *Outport* block 編號數目，且增加的編號數目會以第一個可編號的數目起安插，例如如果已存在編號 1,2,4 的 *Outport* block，下一個輸入的 *Outport* block 將會編號爲 3。對如何建構次系統請參考第 3-18 節說明。

對不爲次系統的系統而言，對分析函數（如 linmod,trim）和積分器（integrator）來說，*Outport* block 代表系統的輸出，它們定義信號由模擬系統輸出之點。

當兩個或更多的 *Outport* block 被包含進去而欲產生一個新的次系統方塊函數（subsystem block）時，*Outport* block 會自動地重新編號，當你重新開啓次系統 block 時，埠號數可能跟原來 *Outport* block 的埠號數有所不同。

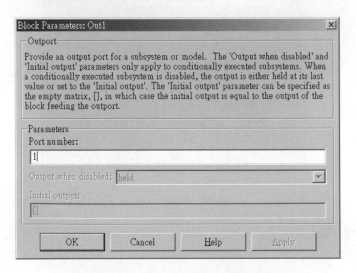

圖 6-2.4：*Display* block 對話盒視窗

對話盒：（圖 6-2.4）

Port number

代表輸出埠之編號，雖然埠號數是可以改變的，但 SIMULINK 會自動地依序指定埠號數至 *Outport* block 圖示（icon）上。

Output when disabled

此參數定義次系統除能時，block 的輸出狀態。

Initial output

此參數定義 block 的初始輸出值。

Scope ⊡

描述：

Scope block 類似示波器的功能（或稱爲軟體示波器），它能顯示相對於模擬時間的輸入波形變化。此 block 能接受一個純量值或向量值輸入。

Scope 允許你改變橫軸時間軸大小和縱軸度量範圍大小，你也可以移動或改變 *Scope* block 視窗的大小。縮小視窗的大小會使得 block 參數設定欄消失，只留下波形螢幕部份。

當你開始執行模擬時，SIMULINK 不會開啓 *Scope* block 視窗，必須自行開啓（用滑鼠在 *Scope* block 上點按兩下）。你可以在模擬執行期間修改 *Scope* block 的參數設定值。

如果訊號是連續的，*Scope* 會顯示平滑的曲線，如果是離散訊號，*Scope* 會顯示階梯狀的圖形。

對話盒：（圖 6-2.5）

Scope 視窗中提供的工具列，有可放大和縮小訊號工具，自動調整座標軸範圍，Parameters 工具可以設定顯示多個座標軸圖形，可以改變時間軸的顯示範圍，以及是否儲存數據資料到 MATLAB 的工作平台中等功能，如下圖 6-2.5 所示。

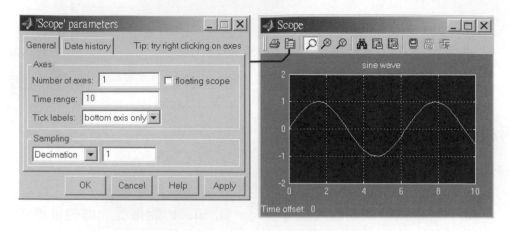

圖 6-2.5：*Display* block 對話盒視窗

在 Scope 圖形視窗座標軸刻度旁，單按滑鼠右鍵選擇 Axes properties...，會開啓如下圖 6-2.6 所示的對話窗可用來改變 Y 軸刻度範圍以及設定圖形標題。

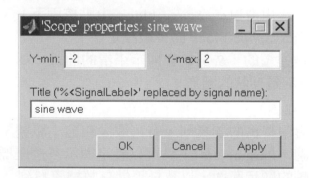

圖 6-2.6：*Display* block 對話盒視窗

Stop Simulation

描述：

　　Stop Simulation block 使用於不管任何時候當 block 輸入非零時，而欲立即停止執行中的模擬程序時。此 block 能接受純量值或向量值輸入。

你可以使用此 block 與 *Relational Operator* block 搭配使用來控制什麼時候該停止模擬的執行。當此 block 與 *Derivative* block 連接使用時，就有可能利用信號的變化率來控制模擬的執行。

對話盒：（圖 6-2.7）

圖 6-2.7：*Stop Simulation* block 對話盒視窗

【舉例】

有一個球由 20 米高的樓頂以初速每秒 10 米的速度垂直往上拋出，試求球何時掉至地面。

球到達地面之前是以重力加速度 g 自由落下，以地面為高度零點，地面之上代表球高度正值，球落下方向代表速度、加速度為負值，反之球上升方向代表速度、加速度為正值。運動方程式可以下式表示：

$$h = 10t - \frac{1}{2}gt^2 + 20$$

h 表示球之高度，地面之上即 h>0，g 為重力加速度，其值為 $9.8\, m^2/\sec$。在 SIMULINK 中模擬此系統所建構的模型如圖 6-2.8 所示。

Fcn block 參數設定值為(u[1]<=0) && (u[2]<0)，*Integrator* block 參數設定值（表速度初始值）為 10，*Integrator1* block 參數設定值（表位置初始值）為 20。位置變化軌跡如圖 6-2.9 所示，*Clock* block 如圖 6-2.10 所示，由此可知球落至地面時間為 3.281 秒。

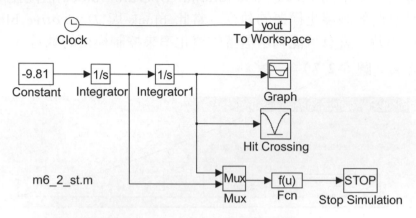

圖 6-2.8：Simulink 模擬方塊圖

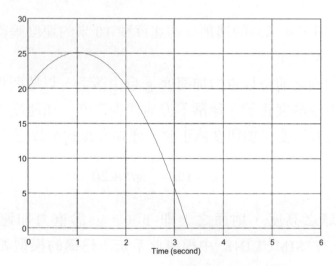

圖 6-2.9：Simulink 模擬結果軌跡圖

圖 6-2.10：Simulink 模擬結果時間圖

Terminator ⊐|

描述：

Terminator block 使用於某些 block，它們的輸出埠可能未連接於其它的 block，爲了避免在模擬過程中 Simulink 會發出錯誤的訊息，所以將這些 blocks 的輸出埠接於 *Terminator* block，請參考 *Width* block 之範例說明。

對話盒：（圖 6-2.11）

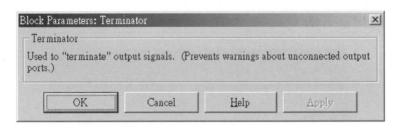

圖 6-2.11：*Terminator* block 對話盒視窗

To File untitled.mat

描述：

To File block 的功能爲將輸入埠的資料寫入.MAT 檔案中（矩陣形式儲存）。此 block 能接受一個純量值或向量值輸入。

寫入程序爲在每一個時間間隔（time step）內寫入一行（column）資料，其中第一列記錄模擬時間，此行其它資料爲輸入資料（一個（純量輸入）或多個（向量輸入）資料），一個資料對純量輸入而言代表一個數值、對向量輸入而言代表向量輸入內每一個元素，如下所示。

$$
\begin{bmatrix}
t_1 & t_2 & \dots & t_{final} \\
u1_1 & u1_2 & \dots & u1_{final} \\
\dots & \dots & & \\
un_1 & un_2 & \dots & un_{final}
\end{bmatrix}
$$

所產生檔案的格式（format）是相同於 *From File* block 所需的檔案格式，如此搭配，所產生的檔案資料可以用在相同或不相同的模型模擬上，不過 *From Workspace* block 輸出的矩陣為 *To File* block 儲存矩陣的轉置矩陣。*To File* block 的圖示上（icon）會顯示所欲儲存的檔案名稱。

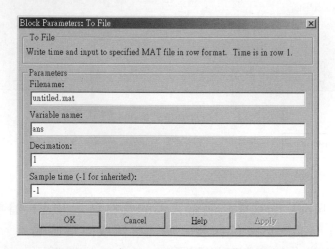

圖 6-2.12：*To File* block 對話盒視窗

對話盒：（圖 6-2.12）

Filename

代表所欲儲存資料的 MAT-檔案名稱，如果此檔案名稱已存在，block 將會覆蓋已存在檔案內容。

Variable name

在指定檔案內所存資料的矩陣名稱。

Decimation

設定每 n 個取樣資料才記錄資料，預設值為 1，表示每一個時間間隔都將記錄資料。

Sample time

用於記錄資料的取樣時間，預設值為-1，表示取樣時間與所連接的 block 取樣時間相同。

To Workspace ▷| simout |

描述：

　　To Workspace block 的功能為將輸入埠的資料寫入到工作平台（workspace，MATLAB 的記憶空間）上指定的矩陣中。此 block 能接受一個純量值或向量值輸入。預設情況下 block 在每一時間間隔（time step）內寫入一列資料（純量資料或向量資料內的每一元素值）。

　　如果所儲存的資料欲使用 *From Workspace* block 讀回至模擬系統中，第一行必須含有模擬時間值，可以使用兩種方法加入這一行的時間值：

● 將 *Clock* block 的輸出 multiplex（用 *Mux* block）至 *To Workspace* block 的輸入埠的第一行資料上。

● 在 Simulation 選單內 parameter 選項對話盒內，設定「時間 t」為回報值（return value），當模擬執行完成後，可以使用下列指令將時間向量值（t）連結於矩陣中。

$$matrix\ name = [t; matrix\ name]$$

To Workspace block 的圖示（icon）上會顯示被寫入資料的矩陣名稱。

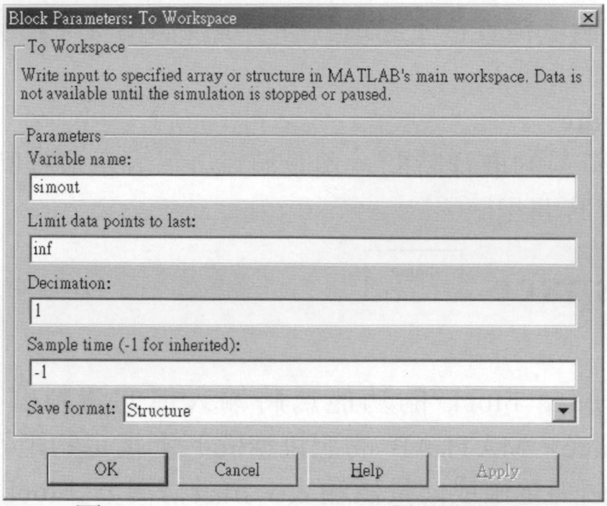

圖 6-2.13：*Display* block 對話盒視窗

對話盒：（圖 6-2.13）

Variable name

代表被寫入資料的矩陣名稱。如果工作平台內已存在指定的矩陣名稱，block 將會覆蓋已儲存的資料。

Limit data points to last

此參數設定要儲存多少個取樣點資料。在模擬執行期間 block 會先將資料寫入內部暫存記憶體中，當模擬完成後資料再寫入至 workspace 中。

Decimation

設定每 n 個取樣資料才記錄資料，預設值為 1，表示每一個時間間隔都將記錄資料。

Sample time

用於記錄資料的取樣時間，預設值為-1，表示取樣時間與所連接的 block 取樣時間相同。

Save format

此參數決定輸出的格式，計可選擇 Array, Structure 和 Structure with Time 三種格式：Array 是以 N 為陣列形式儲存，N 值比輸入訊號的維度大 1。Structure 是以時間、訊號和 block 名稱三種屬性儲存，但時間欄是空的，訊號欄資料則包括數值、維度和標記。Structure with Time 與 Structure 形式相同，但時間欄位儲存模擬時間。

【舉例】

1. 例如指定 Limit data points to last=100, Decimation=1, Sample time=0.5；使得 To Workspace block 將以時間值 0.5,1.0,1.5,...秒寫入最多 100 點資料。第二參數值 1 表示 block 在每一時間間隔（time step）寫入資料，第三參數值 0.5 指定寫入資料的取樣時間為 0.5,1.0,1.5,...秒，以此類推。

2. 又例如指定 Limit data points to last=100, Decimation=5, Sample time=0.5；使得 To Workspace block 將以時間值 2.5,5.0,7.5,...秒寫入最多 100 點資料。第二參數值 5 表示 block 在每隔五個時間間隔寫入資料，第三參數值 0.5 指定寫入資料的取樣時間為 0.5,1.0,1.5,..秒，以此類推。

XY Graph

描述：

XY Graph block 的功能為能在 MATLAB 圖形視窗中（figure window），顯示 block 兩個輸入埠的 X-Y 軸圖形。此 block 有兩個純量輸入埠，以第一個輸入埠資料為 x 軸，以第二個輸入埠資料為 y 軸，繪出 X-Y 軸圖形。

對話盒：（圖 6-2.14）

x-min

代表 x 軸的最低值，預設值為-1。

x-max

代表 x 軸的最高值，預設值為 1。

y-min

代表 y 軸的最低值，預設值為-1。

y-max

代表 y 軸的最高值，預設值為 1。

Sample time

兩資料間的時間間隔，預設值為-1，表示取樣時間與所連接的
block 相同。

若 block 的輸入埠資料超過以上參數設定值範圍時，將不會在圖形
視窗中顯示出來。

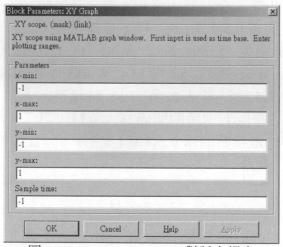

圖 6-2.14：*Display* block 對話盒視窗

【舉例】

　　一個物理系統若其微分方程式不明顯地包含獨立變數（如時間
t），則可稱其為自律（Autonomous）系統。如下列方程式：

$$\ddot{y} + y = 0 \qquad y(0) = 1 \qquad \dot{y}(0) = 0$$

其解答為 y=cos(t)。在 SIMULINK 中所建構的模型如圖 6-2.15 所
示：

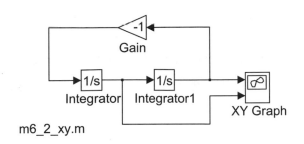

m6_2_xy.m

圖 6-2.15：Simulink 模擬方塊圖

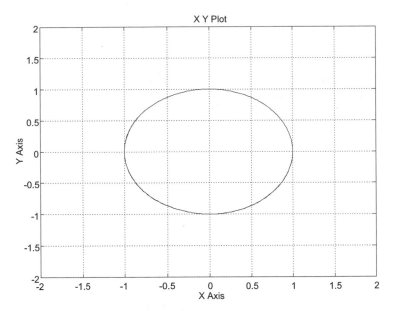

圖 6-2.16：Simulink 模擬結果軌跡圖

若令 $\dot{y} = dy/dt = v$，由鏈鎖規則可得

$$\dot{v} = \frac{dv}{dt} = \frac{dv}{dy}\frac{dy}{dt} = \frac{dv}{dy}v$$

因而可得 v 的一階微分方程式，即

$$\frac{dv}{dy}v + y = 0 \qquad v(0) = 0$$

y 成爲自變數，而 v 成爲 y 的函數，此新的一階微分方程式之解答表示在 y-v 平面上的曲線，此 y-v 平面稱爲相平面（Phase plane），如圖 6-2.16 所示。

6-3 Continuous 方塊函數庫

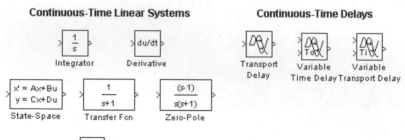

Derivative ![du/dt]

描述：

Derivative block 的功能爲計算

$$\frac{\Delta u}{\Delta t}$$

的值近似地對輸入作微分，其中 Δu 是輸入值的改變量，Δt 是時間步階的改變量。此 block 接受一個輸入產生一個輸出，輸出入可以是純量值或向量值，block 的初始值爲零。

輸出值的準確度與執行模擬所取的時間間隔（Δt；time step）大小有關，愈小的時間間隔愈能得到較平緩與更準確的輸出軌跡。但是不像其它 block 有連續的狀態值，因此若 *Derivative* block 的輸入改變太快的話，疊代演算法則不能應用於較小的時間間隔。

當輸入是一個離散訊號時，對輸入值作連續微分在輸入訊號改變時會得到一個脈衝（impulse），使用者可以利用離散微分來處理離散輸入訊號：

$$y_k = \frac{1}{\Delta t}\big[u(k) - u(k-1)\big]$$

對話盒：（圖 6-3.1）

圖 6-3.1：*Display* block 對話盒視窗

Integrator

描述：

Integrator block 的功能為將 block 的輸入予以積分輸出，對話盒參數可以讓使用者設定：

1.　block 的初始狀態；
2.　輸出 block 狀態；
3.　積分輸出值的上下限；
4.　重置（reset）狀態。

對話盒：（圖 6-3.2）

Initial condition source

此參數用來定義 block 的初始狀態的來源，可選擇 internal 或 external，選擇 internal 時，初始狀態由下一個參數 initial condition 來設定，若選擇 external 時，初始狀態則由外部輸入埠來輸入，如圖 6-3.3(b) 所示。

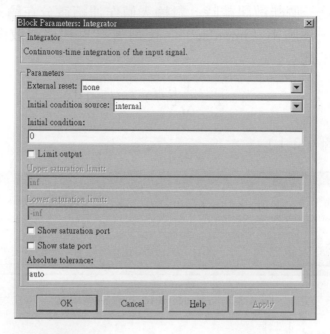

圖 6-3.2：*Integrator* block 對話盒視窗

Initial condition

當 Initial condition source 選擇內部 (internal) 提供時，此參數用來定義初始狀態值。

Limit output

若勾選此項時，表示積分輸出值限制在某上限與下限值之間，而上限與下限值則由下二個參數 Upper saturation limit 與 Lower saturation limit 所設定。

Upper saturation limit

定義積分輸出的上限值，預設值為 inf。

Lower saturation limit

定義積分輸出的下限值，預設值為-inf。

Saturation port

若勾選此項參數時，當積分輸出超過上下限時，會由此輸出埠輸出狀態值，1 表示超過上限值，-1 表示超過下限值，0 表示在上下限值之間。

External reset

此參數定義外部的重置訊號的驅動方式，可選擇 rising, falling, either, level，rising 表示上升緣觸發重置，rising 表示上升緣觸發重置，falling 表示下降緣觸發重置，either 表示兩者皆可，level 表示重置輸入埠非零時觸發重置，如圖 6-3.3(c) 所示。

Show state port

若勾選此項參數時，block 會顯示狀態輸出埠，預設值中狀態輸出埠會出現在 block 的頂端。

若整個參數皆選取則如圖 6-3.3(a) 所示

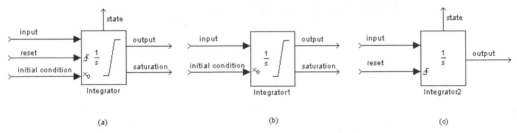

圖 6-3.3：*Integrator* block 範例說明圖

State-Space

描述：

State-Space block 的功能為實現下式狀態方程式所描述（定義）的系統行為：

$$\dot{x} = Ax + Bu$$
$$y = Cx + Du$$

其中 x 是狀態變數、u 為輸入向量、y 為輸出向量。此 block 能接受一個輸入並產生一個輸出，輸出入可為純量值或向量值組態。

輸入向量的長度由 B 和 D 的行（column）數來決定，輸出向量的長度由 C 和 D 的列（row）數來決定。

對話盒：（圖 6-3.4）

A,B,C,D

代表上式狀態方程式之係數矩陣

A 須為 n*n 階矩陣，其中 n 是狀態變數的數目。

B 須為 n*m 階矩陣，其中 m 是輸入之數目。

C 須為 r*n 階矩陣，其中 r 是輸出之數目。

D 須為 r*m 階矩陣，r,m 定義如上述。

Initial condition

代表狀態變數的初始值，如無指定預設值為 0。

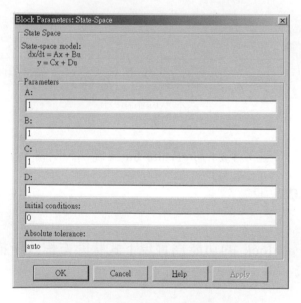

圖 6-3.4：*State-Space* block 對話盒視窗

Transfer Fcn

描述：

Transfer Fcn block 能實現下式轉移函數型式所表現的系統：

$$H(s) = \frac{y(s)}{u(s)} = \frac{num(s)}{den(s)} = \frac{num(1)s^{nn-1} + num(2)s^{nn-2} + \cdots + num(nn)}{den(1)s^{nd-1} + den(2)s^{nd-2} + \cdots + den(nd)}$$

其中 nn 與 nd 分別代表分子與分母方程式係數的個數。

[*num(1) num(2) …num(nn)*]此列向量值代表分子多項式之 s 降階冪次方之係數，同理[*den(1) den(2) … den(nd)*] 此列向量值代表分母多項式之 s 降階冪次方之係數。這些數值以參數值輸入（見對話盒）。分母 s 之最高冪次方之階數必須大於或等於分子最高冪次方之階數。

此 block 輸入與輸出為純量型態，初始值設為 0。如果需要指定初始值，請另選用 *State-Space* block。

分子與分母多項式將顯示於 *Transfer Fcn* block 圖示（icon）上，如下所述：

● 如果參數是以表示式（expression）、向量值或括弧‘()’起來的變數值表示，則圖示上將顯示以 s 冪次及係數所表示的轉移函數。如果以括弧‘()’起來的變數值表示，則變數值會被計算出來。例如你如設定 Numerator 參數設定值為 [3,2,1]，Denominator 參數設定值為（den），den 變數值在 MATLAB 工作平台（workspace）內如為值[8,6,4,2]，所以圖示將顯示如下：

$$\frac{3s^2+2s+1}{8s^3+6s^2+4s+2}$$

Transfer Fcn

● 如果參數是以變數設定，圖示將顯示以『變數名稱(s)』的轉移函數表示式。例如你如設定 Numerator 參數設定值為 num，Denominator 參數設定值為 den，所以圖示將顯示如下：

Transfer Fcn

對話盒：（圖 6-3.5）

Numerator

代表分子多項式係數的列向量值，預設值是[1]。

Denominator

代表分母多項式係數的列向量值，預設值是[1 1]。

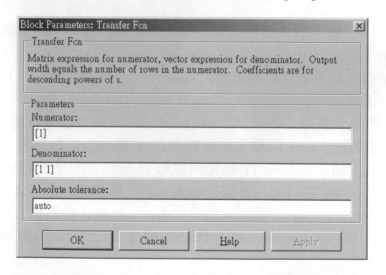

圖 6-3.5：*Transfer Fcn* block 對話盒視窗

Transfer Delay

描述：

> *Transport Delay* block 的功能為模擬時間延遲（time delay），由對話盒內參數設定值指定的時間值來延遲 block 的輸入信號。
>
> 在模擬開始之初，block 輸出 Initial input 參數設定值，一直到模擬時間超過了 Time delay 參數設定值，才開始產生 block 的延遲輸入

信號。block 的儲存點數由 Initial Buffer size 參數設定值所定義。
此 block 的輸入阜可接受純量值或向量值。如果是向量值，則輸出
亦爲相同大小寬度的向量值，且 SIMULINK 會將對話盒內的純量
參數值作純量擴展（scalar expansion）。

對話盒：（圖 6-3.6）

Time delay
代表 block 的輸入信號將被延遲的時間值大小，如爲向量值組態，
則大小寬度須與輸入信號相同，如有需要會執行純量擴展。

Initial Input
代表從開始執行模擬至 Time delay 參數設定值間，這段時間內
block 的輸出值，如爲向量值組態，則大小寬度須與輸入信號相
同，如有需要會執行純量擴展。

Initial Buffer size
代表一定數量儲存點的記憶體空間，對於較長的延遲時間，block
須使用較大的記憶體空間，特別是向量組態的 block 輸入埠。如果
在執行模擬時需要更多的記憶體暫存器，在模擬執行後
SIMULINK 會顯示訊息建議所應增加的記憶體儲存空間。

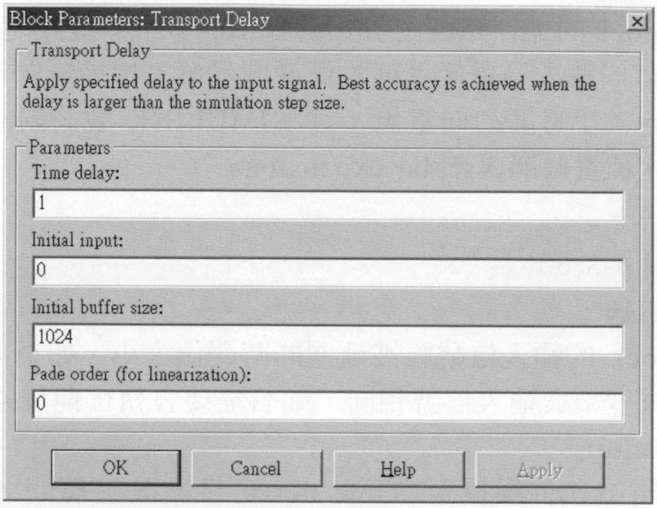

Block Parameters: Transport Delay
Transport Delay
Apply specified delay to the input signal. Best accuracy is achieved when the delay is larger than the simulation step size.
Parameters
Time delay:
1
Initial input:
0
Initial buffer size:
1024
Pade order (for linearization):
0
OK
Cancel
Help
Apply

圖 6-3.6：*Transfer Fcn* block 對話盒視窗

【舉例】

這個例子除了說明 *Transport Delay* block 的功能之外，也比較它與 *Unit Delay* block 的不同處。考慮圖 6-3.7 SIMULINK 所建構的模型：

Sine Wave
1/z
Unit Delay
Transport
Delay
Mux
Mux
Graph
m6_5_tr.m

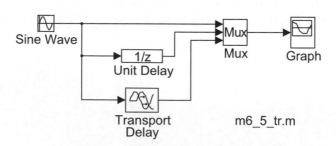

圖 6-3.7：Simulink 模擬方塊圖

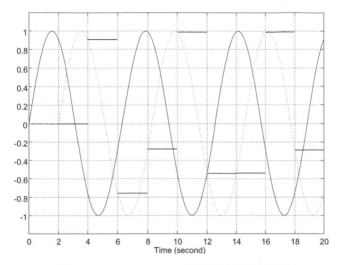

圖 6-3.8：Simulink 模擬結果軌跡圖

在這個模型中，Transport Delay block 的 Initial input 參數值設定為 0 且 Time delay 參數值設定為 2（秒）。而 *Unit Delay* block 的 Initial condition 參數值設定為 0 且 Sample time 參數值設定為 2（秒）。*Unit Delay* block 的功能為在取樣處（sample point）延遲並保持輸出信號，也就相當於 *Transport Delay* block 的輸入埠加上零階保持（zero-order-hold）的功能。從 *Graph* block 觀察的輸出波形如上圖 6-2.8 所示：

Variable Transport Delay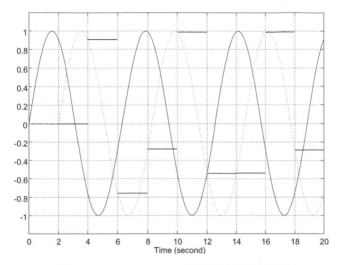

描述：

Variable Transport Delay block 的功能為模擬時間延遲（time delay），由 block 的第二個輸入埠指定的時間值來延遲 block 的輸入信號。

此 block 有二個輸入埠，第一個輸入埠是被控制的信號由此處輸入，第二個輸入埠所輸入的值代表信號延遲的時間，它的值不能超過 Maximum delay 參數所設定的值，否則將以 Maximum delay 參數值爲延遲的時間值。

在模擬開始之初，block 輸出 Initial Input 參數設定值，一直到模擬時間超過了第二個輸入埠指定的時間值，才開始產生 block 的延遲輸入信號。block 的儲存點數由 Buffer size 參數設定值所定義。

此 block 的輸入埠可接受純量值或向量值。如果是向量值，則輸出亦爲相同大小寬度的向量值，且 Simulink 會將對話盒內的純量參數值作純量擴展（scalar expansion）。

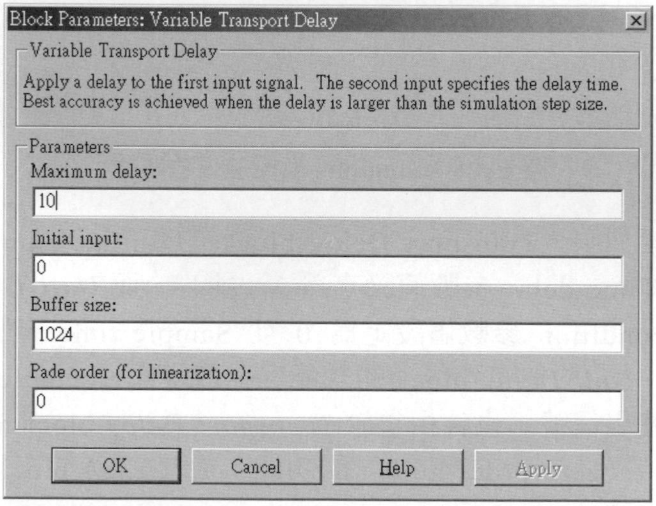

圖 6-3.9：*Variable Transport Delay* block 對話盒視窗

對話盒：（圖 6-3.9）

Maximum delay

代表 block 的輸入信號將被延遲的時間最大值，第二個輸入埠所輸入的值（表信號延遲的時間）不能超過 Maximum delay 參數所設定的值。

Initial Input

代表從開始執行模擬至第二個輸入埠指定的時間值，這段時間內 block 的輸出值，如爲向量值組態，則大小寬度須與輸入信號相同,如有需要會執行純量擴展。

Buffer size

代表一定數量儲存點的記憶體空間,對於較長的延遲時間,block 須使用較大的記憶體空間,特別是向量組態的 block 輸入阜。如果在執行模擬時需要更多的記憶體暫存器,在模擬執行後 SIMULINK 會顯示訊息建議所應增加的記憶體儲存空間。

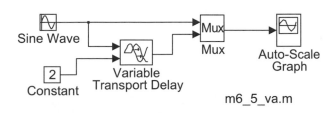

圖 6-3.10:Simulink 模擬方塊圖

【舉例】

說明 Variable Transport Delay block 的功能用法。模擬圖 6-3.10 所示之模型:

Variable Transport Delay block 的對話盒視窗內 Initial Input 設定為 1,故開始時 *Variable Transport Delay* block 的輸出為 1,直到 *Constant* block 設定的延遲時間 2 秒為止,以後即以 2 秒的延遲時間輸出正弦波如圖 6-3.11 所示。

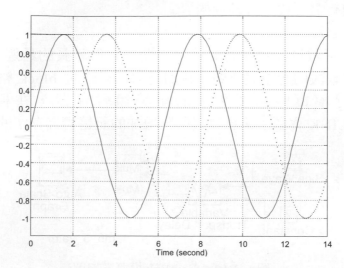

圖 6-3.11：Simulink 模擬結果軌跡圖

Zero-Pole

描述：

Zero-Pole block 是實現以極零點及增益值形式所表現的系統，在 MATLAB 中單一輸入單一輸出的系統，其轉移函數以極零點表示如下式：

$$H(s) = K\frac{Z(s)}{P(s)} = K\frac{(s-Z(1))(s-Z(2))......(s-Z(n))}{(s-P(1))(s-P(2))......(s-P(n))}$$

其中 Z(.)代表零點值，P(.)代表極點值和 K 代表純量增益值。

此 block 可接受一個純量輸入值並產生一個純量輸出值。

Zero-Pole block 在其圖示（icon）上顯示其表示的轉移函數式，敘述如下：

● 如果參數是以表示式（expression)、向量值或括弧'()'起來的變數值表示，則圖示上將顯示以極零點表示的轉移函數。如果以括弧'()'起來的變數值表示，則變數值會被計算出來。例如你如設定 Zeros 參數設定值為[3,2,1]，Poles 參數設定值為（poles），poles 變數值在 MATLAB 工作平台（workspace）內如為值[8,6,4,2]，Gain 參數設定值為 gain 變數，所以圖示將顯示如下：

$$\frac{gain(s-3)(s-2)(s-1)}{(s-8)(s-6)(s-4)(s-2)}$$

Zero-Pole

● 如果參數是以變數設定，圖示將顯示以『變數名稱(s)』的轉移函數表示式。例如你如設定 Zeros 參數設定值為 zero，Poles 參數設定值為 pole，Gain 參數設定值為 gain，所以圖示將顯示如下：

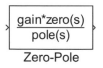

$$\frac{gain*zero(s)}{pole(s)}$$

Zero-Pole

對話盒：（圖 6-3.12）

Zeros

代表零點的向量值，預設值為[1]。

Poles

代表極點的向量值，預設值為[0; -1]。

Gain

純量增益值可為數值或變數值，預設值為[1]。

Block Parameters: Zero-Pole ☒

─Zero-Pole────────────────────────────────

Matrix expression for zeros. Vector expression for poles and gain. Output width
equals the number of columns in zeros matrix, or one if zeros is a vector.

─Parameters────────────────────────────────

Zeros:

[1]

Poles:

[0 -1]

Gain:

[1]

Absolute tolerance:

auto

| OK | Cancel | Help | Apply |

圖 6-3.12：*Zero-Pole* block 對話盒視窗

6-4 Discontinuities 方塊函數庫

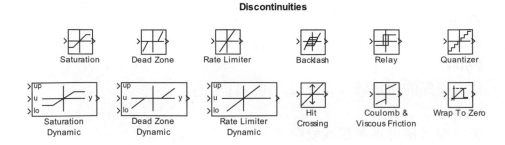

Discontinuities

Saturation　　Dead Zone　　Rate Limiter　　Backlash　　Relay　　Quantizer

Saturation　　Dead Zone　　Rate Limiter　　Hit　　Coulomb &　　Wrap To Zero
Dynamic　　　Dynamic　　　Dynamic　　Crossing　Viscous Friction

Backlash

描述：

> *Backlash* block 的功能為若改變 block 輸入訊號的大小會在輸出得
> 到相同大小的變化量。但在某一個 block 輸入範圍內改變輸入訊號

的大小，卻不會使得輸出值改變，此範圍稱為死區（deadband）。
此 block 能接受一個輸入值並產生一個輸出值，輸出入值可以是純
量值或是向量值。

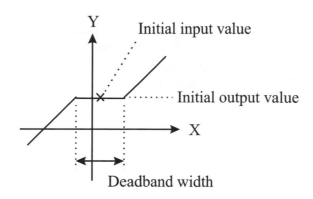

死區範圍內的輸出值大小由 Initial output 參數設定值所指定，死區
的範圍由 Deadband width 參數設定值所指定，Initial input value
參數設定值定義在死區的中間部份（如上圖），輸出值由以下條件
來決定其大小：

● 輸入值大小如座落在死區範圍內，則輸出值將保持定值（大小
由 Initial output 參數設定值所決定）。

● 當輸入值大小超過死區範圍後，此時輸入值改變量會在同方向
的輸出上得到相同大小的改變。

下圖說明在起始狀態下輸入輸出間的關係。

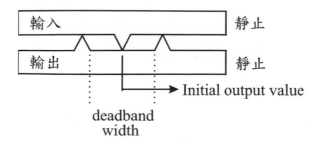

下圖說明當輸入值移至死區邊緣，在此之前輸出值大小維持定值。

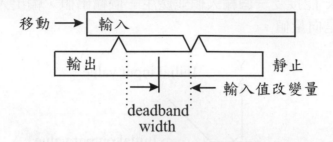

當輸入值大小超過死區的範圍後，輸入值大小的改變將會引起輸出值同樣大小的改變。同裡可推得相反方向移動的輸出入間變化的關係。

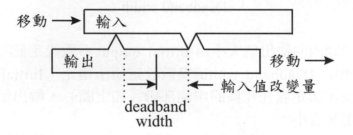

對話盒：（圖 6-4.1）

Deadband width
代表死區範圍寬度，預設值為 1。

Initial output
代表初始狀況下，死區範圍的輸出值，預設值為 0。

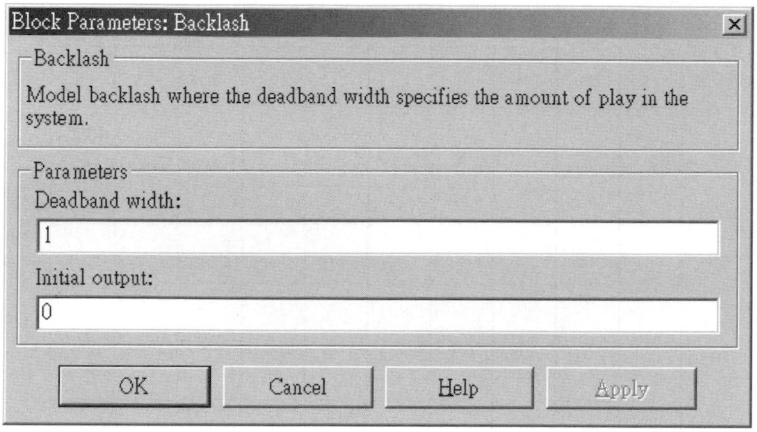

Block Parameters: Backlash
Backlash
Model backlash where the deadband width specifies the amount of play in the system.
Parameters
Deadband width:
1
Initial output:
0
OK
Cancel
Help
Apply

圖 6-4.1：*Backlash* block 對話盒視窗

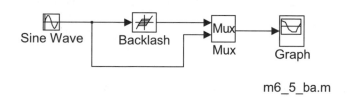

Sine Wave
Backlash
Mux
Mux
Graph
m6_5_ba.m

圖 6-4.2：Simulink 模擬方塊圖

【舉例】

正弦波經過 *Backlash* block 所得到的波形與原正弦波波形之比較，死區範圍為 2 且 Initial output 參數設定值為 1，Initial input value 參數設定值為 1。在 SIMULINK 中建構的模型如圖 6-4.2 所示：

圖 6-4.3 為 Graph block 所觀察的波形。

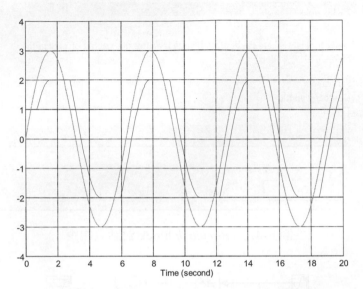

圖 6-4.3：Simulink 模擬結果軌跡圖

Coulombic & Viscous Friction

描述：

Coulombic & Viscous Friction block 提供在零點有一不連續變化，而在非零點有一線性增益值，用數學式表示為：

$$y = sign(u) * (Gain * abs(u) + Offset)$$

其中 y 表輸出值，而 u 為輸入值，Gain 和 Offset 為此 block 的參數值。

此 block 能接受一個輸入值並產生一個輸出值，輸出入值可以是純量值或是向量值。

對話盒：（圖 6-4.4）

Coulomb friction value (Offset)

代表輸入值在 0^+ 時（剛脫離零點時）輸出的大小值，預設值為[1 3

2 0]。

Coefficient viscous friction (Gain)

代表非零點時信號的線性增益值，預設值為 1。

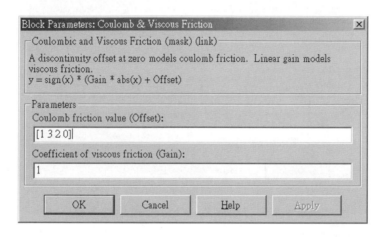

圖 6-4.4：*Coulombic & Viscous Friction* block 對話盒視窗

Dead Zone

描述：

Dead Zone block 提供在某一個特定區域內、叫作死區（dead zone)，輸出將為零，死區的邊界由 Start of dead zone 及 End of dead zone 兩參數所定義。高於和低於死區極限值時，block 的輸出是依據輸入值和死區大小來產生輸出值，敘述如下：

● 如果輸入高於死區極限的最低值或低於死區極限的最大值時，輸出值將為零。

● 如果輸入高於死區極限的最大值時，輸出值將為輸入值減去死區極限的最大值。

● 如果輸入低於死區極限的最小值時，輸出值將為輸入值減去死區極限的最小值。

此 block 能接受一個輸入值並產生一個輸出值，輸出入值可以是純量值或是向量值。

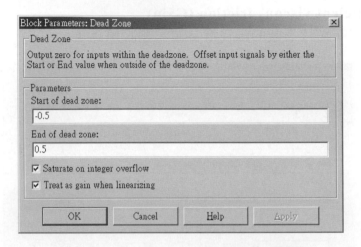

圖 6-4.5：*Dead Zone* block 對話盒視窗

對話盒：（圖 6-4.5）

Start of dead zone
代表死區極限的最小值，預設值為-0.5。

End of dead zone
代表死區極限的最大值，預設值為 0.5。

Dead Zone Dynamic

描述：

Dead Zone Dynamic block 提供在某一個特定區域內、叫作死區（dead zone），其輸出將為零，死區的邊界由上界限值及下界限值所定義，上界限值由輸入埠 up 的值所決定，下界限值由輸入埠 lo 的值所決定。高於和低於死區界限值時，block 的輸出是依據輸入值和死區大小來產生輸出值，敘述如下：

● 如果輸入高於死區下界限值或低於死區上界限值時，輸出值將為零。

● 如果輸入高於死區上界限值時，輸出值將為輸入值減去死區上界限值。

● 如果輸入低於死區下界限值時，輸出值將為輸入值減去死區下界限值。

此 block 能接受一個輸入值並產生一個輸出值，輸出入值可以是純量值或是向量值。

對話盒：（圖 6-4.6）

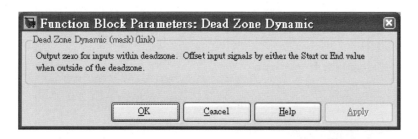

圖 6-4.6：*Dead Zone Dynamic* block 對話盒視窗

Hit Crossing

描述：

>　*Hit Crossing* block 的功能為當輸入值接近 Crossing Value 參數設定值的指定值時，它能增加模擬的次數。此 block 能改善系統模擬在不連續點處的準確度。此 block 使用可重置的積分器並允許你在 Crossing Value 參數設定值鄰近區域上指定公差值（tolerance）。*Hit Crossing* block 通常使用（連接）於發生步階不連續信號處。Euler 迭代法不能檢查到步階不連續處，故避免與 *Hit Crossing* block 同時使用於模擬模型上。

對話盒：（圖 6-4.7）

Hit crossing offset

此參數設定步階不連續發生處的值，預設值是 0。

Hit crossing direction

此參數設定不連續發生處為上緣 (rising)、下緣 (falling) 或上下緣

(either) 偵測。

勾選 Show output port 用以顯示輸出埠。

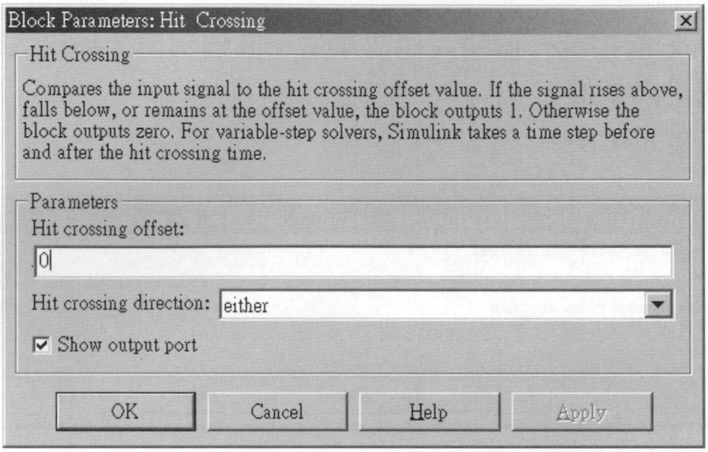

圖 6-4.7：*Hit Crossing* block 對話盒視窗

【舉例】

　　有一個球由 15 米高的樓頂以自由落體方式往下掉，假設與地面接觸屬於彈性碰撞，球反彈的速度減少百分之 20。試求球隨時間的運動軌跡。

　　球到達地面之前是以重力加速度 g 自由落下，到達地面之一瞬間，球將以落下速度的百分之 80 反彈上升。以地面為高度零點，地面之上代表球高度正值，球落下方向代表速度、加速度為負值，反之球上升方向代表速度、加速度為正值。運動方程式可以下式表示：

$$h = -\frac{1}{2}gt^2 + 15$$

h 表示球之高度，地面之上即 h>0，g 為重力加速度，其值為 $9.8\,m^2/\sec$。在 SIMULINK 中模擬此系統所建構的模型如圖 6-4.8 所示：

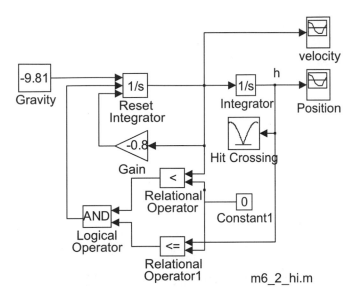

圖 6-4.8：Simulink 模擬方塊圖

模型中，Reset Integrator block 積分第一個輸入埠的值，而在輸出埠產生球的速度值。下一個 Integrator block 則積分輸入（球的速度）以輸出球的位置（h）。邏輯運算的目的是爲了判斷球的速度是否爲負值及球是否到達地面（及穿透地面），如果這兩個條件都符合則重置 Reset Integrator block 後，由第三輸入阜的輸入值作爲 block 的初始值（block 先前的輸出值的-0.8 倍。），這表示球的行進方向改變及損失了一些能量。圖 6-4.9 所示爲球的運動軌跡圖。

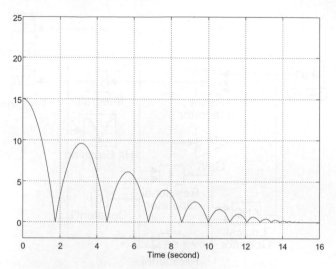

圖 6-4.9：Simulink 模擬結果軌跡圖

Quantizer

描述：

> *Quantizer* block 的功能是將輸入信號經過一個階梯(stair step)函數，所以在輸入軸上(x 軸)許多相鄰的數值在輸出軸上(y 軸)都映射(mapping)在同一點(值)上。因此此 block 的效果即是將平滑的輸入信號加以量化成階梯狀輸出。輸出是依下式計算出來的，它對稱於零點。

$$y=q*round(u/q)$$

其中 y 是輸出，u 是輸入，q 是 Quantization Interval 參數設定值。輸出入可以是純量或向量值。

對話盒：（圖 6-4.10）

Quantization Interval
代表輸出被量化的區間值。對 Quantizer block 而言可允許的輸出值是 n*q，其中 n 是整數、q 是 Quantization Interval 參數設定值。

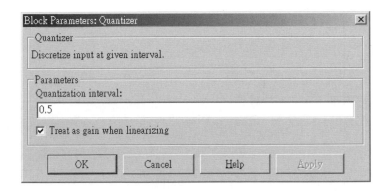

圖 6-4.10：*Quantizer* block 對話盒視窗

【舉例】

將頻率 0.5rad/sec 的 sin 波形經 *Quantizer* block（Quantization Interval=1）後觀察其輸出波形。

在 SIMULINK 中所建構的模型如下圖 6-4.11 所示。

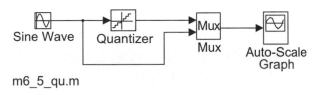

m6_5_qu.m

圖 6-4.11：Simulink 模擬方塊圖

在 Auto-Scale Graph block 所觀察的輸出曲線軌跡如圖 6-4.12 所示。

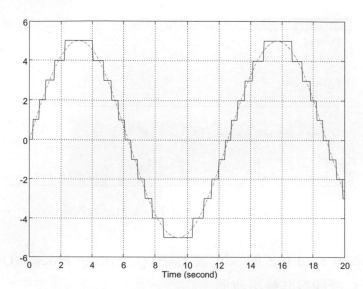

圖 6-4.12：Simulink 模擬結果軌跡圖

Rate Limiter

描述：

Rate Limiter block 的功能為限制經過此 block 信號的一階導數（即斜率或變率）大小。輸出信號的變化率不會比設定值來的快。

一階導數值是依下式所求：

$$rate = \frac{\Delta u}{\Delta t} = \frac{u(i) - y(i-1)}{t(i) - t(i-1)}$$

其中 u(i) 和 t(i) 是現在的輸入值和時間值，y(i-1) 和 t(i-1) 是先前一次運算 block 的輸出值與時間值。block 的輸出值是依據對話盒內 Rising slew rate 和 Falling slew rate 兩參數設定的比率（rate）值來決定的，如下所述：

● 如果比率大於 Rising slew rate 參數設定值的絕對值，輸出是依下式所求：

$$y(i) = \Delta t(abs(R)) + y(i-1)$$

其中 y(i)是 block 現在輸出值，R 是 Rising slew rate 參數設定值。

● 　如果比率小於 Falling slew rate 參數設定值，輸出是依下式所求：

$$y(i) = -\Delta t(abs(F)) + y(i-1)$$

其中 F 是 Falling slew rate 參數設定值。

● 　如果比率值座落在 R 與 F 之間，輸出是依下式所求：

$$y(i) = \Delta t * rate + y(i-1)$$

此 block 能接受一個輸入並產生一個輸出，輸出入可以是純量或向量值。

對話盒：（圖 6-4.13）

Rising slew rate

代表遞增輸入信號之導數上限值，預設值為 1。

Falling slew rate

代表遞減輸入信號之導數下限值，預設值為 -1。

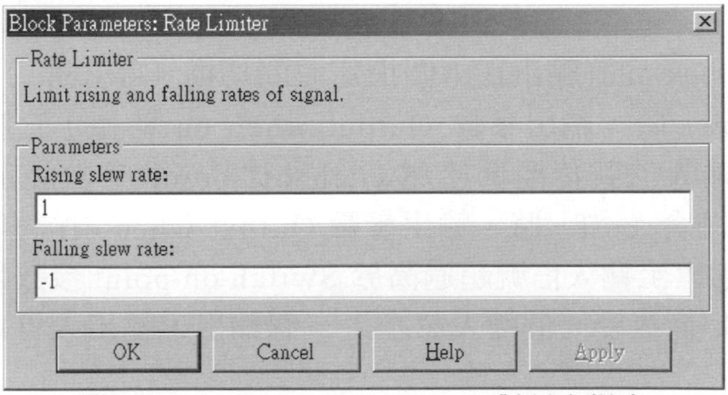

圖 6-4.13：*Rate Limiter* block 對話盒視窗

Rate Limiter Dynamic

描述：

Rate Limiter Dynamic block 的功能為動態限制經過此 block 信號的一階導數（即斜率或變率）大小。輸出信號的變化率不會比界限值來的快。

輸入信號上升率（rising rate）上界限值由輸入埠 up 的值所決定，輸入信號下降率（falling rate）下界限值由輸入埠 lo 的值所決定。

對話盒：（圖 6-4.14）

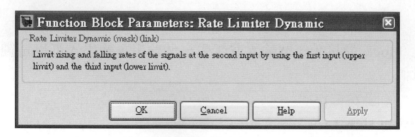

圖 6-4.14：*Rate Limiter Dynamic* block 對話盒視窗

Relay

描述：

Relay block 允許輸出在兩個指定值間切換（switch）。當 relay 在開啓（on）時，輸出參數 Output when on 的值，它將保持開啓狀態直至輸入信號掉至低於 Switch off point 參數設定值之下。當 relay 在閉合（off）時，輸出參數 Output when off 的值，它將保持閉合狀態直至輸入信號超過高於 Switch on point 參數設定值之上。此 block 能接受一個輸入並產生一個輸出，輸出入可以是純量值或向量值。

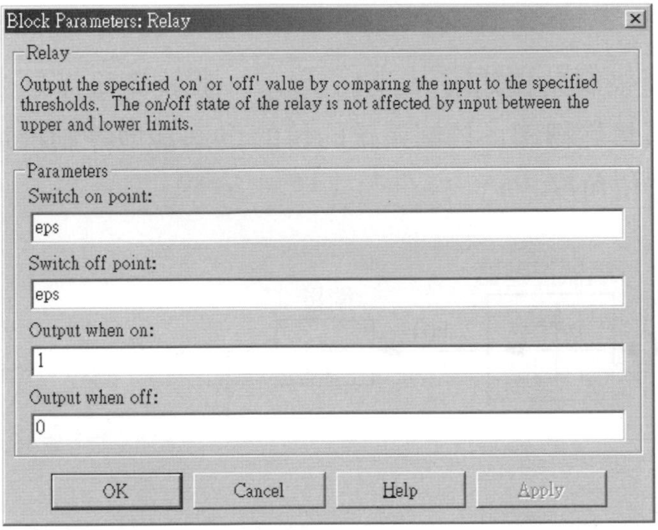

Block Parameters: Relay   ✕

┌ Relay ──
Output the specified 'on' or 'off' value by comparing the input to the specified thresholds. The on/off state of the relay is not affected by input between the upper and lower limits.

┌ Parameters ──
Switch on point:

| eps |

Switch off point:

| eps |

Output when on:

| 1 |

Output when off:

| 0 |

[OK]   [Cancel]   [Help]   [Apply]

圖 6-4.15：*Relay* block 對話盒視窗

對話盒：（圖 6-4.15）

Switch on point

當 block 的輸入超過此參數設定值時，relay 開啓。若 Switch on point 參數設定值大於 Switch off point 參數設定值時，將會產生磁滯（hysteresis）動作，若此兩參數設定值相等將會模擬開關（switch）動作，預設值爲 epe。

Switch off point

當 block 的輸入低於此參數設定值時，relay 閉合。若 Switch off point 大於 Switch on point 時，是一種不明確、未定義的情況。當輸入值介於 Switch off point 與 Switch on point 參數設定值之間時，會使得 relay 的輸出隨系統模擬的時間變率產生跳躍（chatter，在兩輸出值間）的變化，預設值爲 eps。

Output when on

代表當 relay 開啓時的輸出值，預設值爲 1。

Output when off

代表當 relay 閉合時的輸出值，預設值爲 0。

【舉例】

一個衛星控制系統如圖 6-4.16 所示。假設衛星僅是由一對推進器控制的單位慣量旋轉體，控制系統的目的為適當地控制推進器來維持衛星天線處於零位角度。

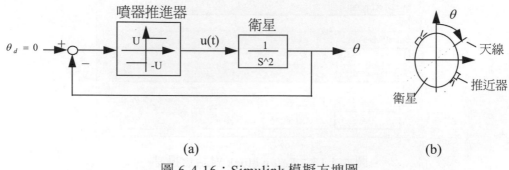

(a)   (b)

圖 6-4.16：Simulink 模擬方塊圖

衛星的數學模型為

$$\ddot{\theta} = u(t)$$

其中推進器按控制律

$$u(t) = \begin{cases} -U & if \ \theta > 0 \\ U & if \ \theta < 0 \end{cases}$$

發動時，檢查衛星控制系統在時間域及相平面上的特性。U 代表正恆定力矩（正向發動），而 -U 代表負恆定力矩（反向發動）。在 SIMULINK 中模擬建構此衛星控制系統如圖 6-4.17 所示：

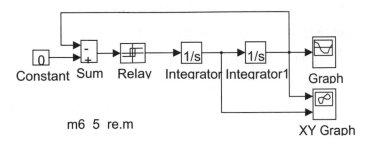

m6 5 re.m

圖 6-4.17：Simulink 模擬方塊圖

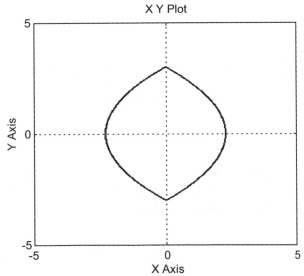

圖 6-4.18：Simulink 模擬結果軌跡圖

θ 的初始值設定為 2， $\dot{\theta}$ 的初始值則設定為 1， Relay block 的 Input for on 及 Input for off 兩參數設定值皆設定為 2（即 U=2）。在 Simulation 選單的 Parameter 選項內的 Stop time 設定為 30 秒，Max Step Size 設定為 0.01（太大值會造成解答的不準確），及採用 Runge-Kutta 5 數值法解析此問題。

　　圖 6-4.18 所顯示爲在相平面的運動軌跡，橫軸座標爲衛星天線角度（θ），縱軸座標爲衛星運動角速度（$\dot{\theta}$），此運動軌跡顯示爲 U=2 的軌跡。不同的 U 值會得不同的運動軌跡。

　　圖 6-4.19 所顯示爲在時間域的運動軌跡，橫軸座標爲時間秒（sec），縱軸座標爲衛星天線角度（θ）。由本例可知衛星將在噴氣推進器作用下產生周期性振盪運動，所以是臨界穩定的系統。

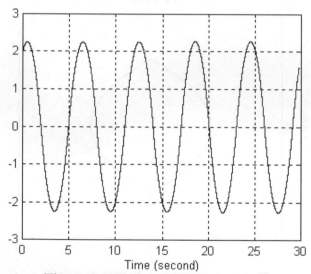

圖 6-4.19：Simulink 模擬結果軌跡圖

Saturation

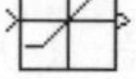

描述：

　　Saturation block 的功能爲強使 block 的輸出信號在兩個界限值（bound）之間，如果輸入信號在 Lower limit 和 Upper limit 兩參數設定值之間，那麼輸入信號等於輸出信號。若輸入信號超越過此界限值之外，輸入信號將被截斷（clip）而在最大或最小界限值

上。

當 Lower limit 和 Upper limit 參數值設定成相同值，block 將定值
地輸出該設定值。當 Upper limit 參數設定值小於 Lower limit 參數
設定值，block 輸出較低的設定值。

此 block 能接受一個輸入並產生一個輸出，輸出入可以是純量值或
向量值。

對話盒：（圖 6-4.20）

Upper limit

代表輸入信號最高界限值，當輸入信號大於此值時，輸出將被限制
於此值上。

Lower limit

代表輸入信號最低界限值，當輸入信號小於此值時，輸出將被限制
於此值上。

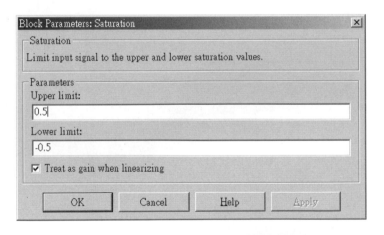

圖 6-4.20：*Saturation* block 對話盒視窗

【舉例】

有一質量-彈簧（mass-spring）系統，可由下式二階常微分方程式
來表示：

$$m\ddot{y} + c\dot{y} + ky = f$$

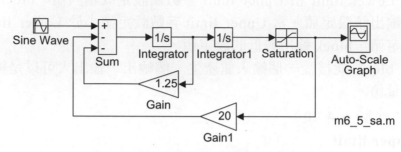

圖 6-4.21：Simulink 模擬方塊圖

其中 m=1Kg、c=1.25Kg/s 及 k=20N/m，驅動力 f 為正弦波，其峰值為 6V、頻率為 1rad/sec。限制條件為當彈簧伸縮量超過 30 公分後，為不可壓縮的（incompressible）。在 SIMULINK 中所建構的模型如圖 6-4.21 所示：

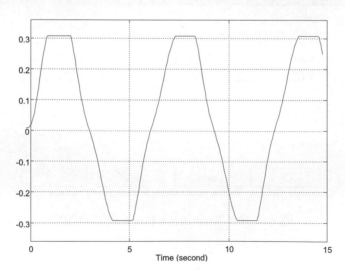

圖 6-4.22：Simulink 模擬結果軌跡圖

Gain block 參數設定值為 1.25，*Gain1* block 參數設定值為 20，

Saturation block 的 Lower output limit 參數設定值爲-0.3，Upper output limit 參數設定值爲 0.3。在 Simulation 選單的 Parameter 選項內的 Stop time 設定爲 10 秒。

　　Auto-Scale Graph block 所顯示的彈簧伸縮量如圖 6-4.22 所示。

Saturation Dynamic

描述：

> *Saturation Dynamic* block 的功能爲強使 block 的輸出信號在兩個界限值（bound）之間，如果輸入信號在上界限值和下界限值之間，那麼輸入信號等於輸出信號。若輸入信號超越過此上下界限值之外，輸入信號將被截斷（clip）而在最大或最小界限值上，上界限值由輸入埠 up 所決定，下界限值由輸入埠 lo 所決定。
>
> 此 block 能接受一個輸入並產生一個輸出，輸出入可以是純量值或向量值。

對話盒：（圖 6-4.23）

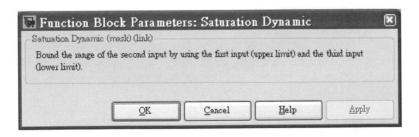

圖 6-4.23：*Saturation Dynamic* block 對話盒視窗

Wrap To Zero

描述：

> *Wrap To Zero* block 的功能爲如果輸入信號大於 Threshold 參數所設定值的話，輸出即爲 0，若輸入信號小於或等於 Threshold 參數

所設定值的話，輸出即為輸入的值。

對話盒：（圖 6-4.24）

Threshold

代表輸入信號若超過此設定值，輸出將被設定為 0。

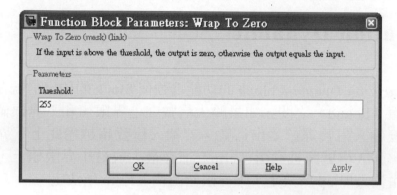

圖 6-4.24：*Wrap To Zero* block 對話盒視窗

6-5 Discrete 方塊函數庫

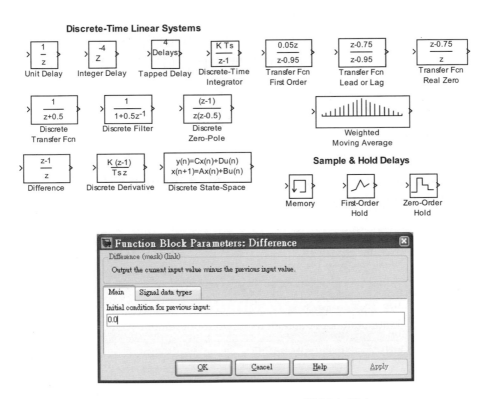

圖 6-5.1：*Difference* block 對話盒視窗

Difference

描述：

> *Difference* block 用於將現今的輸入信號減去前一個輸入信號值作為輸出。

對話盒：（圖 6-5.1）

Initial condition for previous output

此參數設定前次輸出的初始值。

Discrete Derivative

描述：

> *Discrete Derivative* block 用於計算離散時間微分值，它是將現今的輸入信號值減去前一個取樣時間的輸入信號值，再除以取樣週期 T。

對話盒：（圖 6-5.2）

> **Gain value**
> 此參數設定乘以取樣時間的加權值。
> **Initial condition for previous weighted input K*u/Ts**
> 此參數設定前次輸入的初始值。

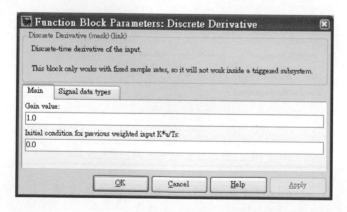

圖 6-5.2：*Discrete Derivative* block 對話盒視窗

Discrete Filter

描述：

> *Discrete Filter* block 的功能是實現有限脈衝響應（IIR）和無限脈衝響應（FIR），此 block 能接受一個純量輸入並產生一個純量輸出。

使用 Numerator 和 Denominator 參數設定值來定義分子與分母多項式中 z^{-1} 冪次方之係數，分母之階數必須大於或等於分子之階數，進一步請參考 *Discrete Transfer* block 之敘述說明。

基本上 *Filter* block 的表示式為信號處理工程師所慣用，它以 z^{-1}（延遲運算子）為冪次的多項式來描述欲處理的系統。相對地 *Discrete Transfer Fcn* block 的表示式為控制工程師所慣用，它以 z 或 s 為冪次的多項式來描述系統方程式。但如分子分母最高階數相同時這兩種表示式是相同的，n 個元素（多項式之係數）意謂著最高階為 n-1 階。

Filter block 的圖示（icon）上將會顯示分子分母型式，如下所述：

● 如果參數是以表示式（expression）、向量值或括弧 '()' 起來的變數值表示，則圖示上將顯示以 z^{-1} 冪次及係數所表示的轉移函數。如果以括弧 '()' 起來的變數值表示，則變數值會被計算出來。例如你如設定 Numerator 參數設定值為 [3,2,1]，Denominator 參數設定值為（den）， den 變數值在 MATLAB 工作平台（workspace）內如為值 [8,6,4,2]，所以圖示將顯示如下：

$$\frac{3+2z^{-1}+z^{-2}}{8+6z^{-1}+4z^{-2}+2z^{-3}}$$
Filter

● 如果參數是以變數設定，圖示將顯示以『變數名稱(z)』的轉移函數表示式。例如你如設定 Numerator 參數設定值為 num，Denominator 參數設定值為 den，所以圖示將顯示如下：

$$\frac{num(z)}{den(z)}$$
Filter

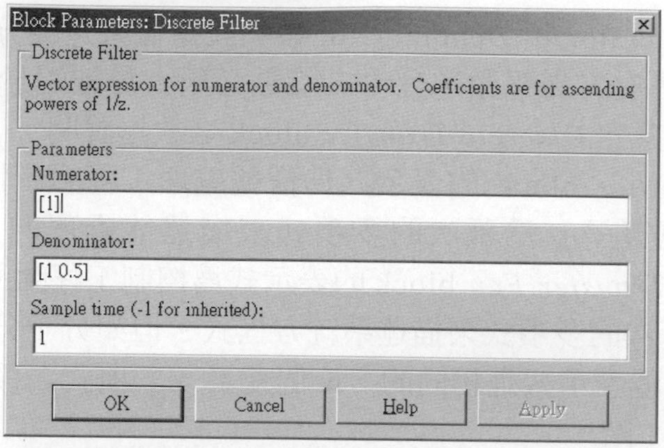

Block Parameters: Discrete Filter ×

┌─ Discrete Filter ───┐
│ Vector expression for numerator and denominator. Coefficients are for ascending │
│ powers of 1/z. │
└──┘
┌─ Parameters ──┐
│ Numerator: │
│ [1] │
│ Denominator: │
│ [1 0.5] │
│ Sample time (-1 for inherited): │
│ 1 │
└──┘

[OK] [Cancel] [Help] [Apply]

圖 6-5.3：*Discrete Derivative* block 對話盒視窗

對話盒：（圖 6-5.3）

Numerator

分子多項式係數的向量表示式，預設值為[1]。

Denominator

分母多項式係數的向量表示式，預設值為[1 2]。

Sample time

代表取樣的時間間隔（time interval），sample time 參數設定值以純量值或含兩元素的向量值（[Ts,offset]）來表示，若以向量值表示，第一個元素代表 sample time，第二個元素代表 offset time，它表示這一個離散時間系統只在

$$t = n * Ts + offset$$

時系統才有反應，正的 offset 值表落後（lag），負的 offset 值表超前（lead）。若以純量值表示，只代表 sample time，而 offset time 為 0。

Discrete State-Space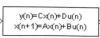

描述：

Discrete State-Space block 的功能能夠完成下列方程式所描述的離散時間系統：

$$x(n+1) = Ax(n) + Bu(n)$$
$$y(n) = Cx(n) + Du(n)$$

其中 u 表示輸入，x 爲狀態變數，y 是輸出。

此 block 能接受一個輸入值並產生一個輸出值，輸出入值可以是純量值或是向量值。輸入向量值大小寬度由 B、D 矩陣大小寬度來決定，輸出向量值大小寬度由 A、C 矩陣大小寬度來決定。

對話盒：（圖 6-5.4）

A、B、C、D 代表上述方程式的係數矩陣。

A 須爲 n*n 爲矩陣，n 爲狀態變數之數目。

B 須爲 n*m 爲矩陣，m 爲輸入變數之數目。

C 須爲 q*n 爲矩陣，q 爲輸出變數之數目。

D 須爲 q*m 爲矩陣，q、m 定義如上述。

Initial conditions

代表狀態變數的初始值，預設值爲 0。

Sample time

代表取樣的時間間隔（time interval），sample time 參數設定值以純量值或含兩元素的向量值（[Ts,offset]）來表示，若以向量值表示，第一個元素代表 sample time，第二個元素代表 offset time，它表示這一個離散時間系統只在

$$t = n * Ts + offset$$

時系統才有反應，正的 offset 值表落後（lag），負的 offset 值表超前（lead）。若以純量值表示，只代表 sample time，而 offset time 爲 0。

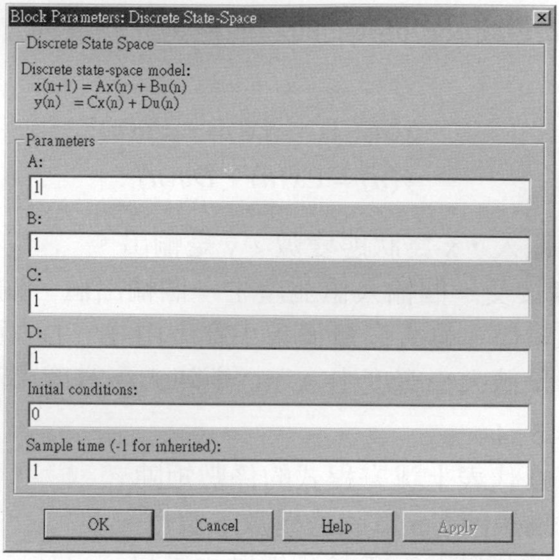

圖 6-5.4：*Discrete State-Space* block 對話盒視窗

Discrete-Time Integrator

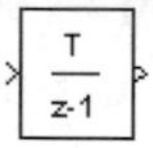

描述：

Discrete-Time Integrator block 的功能為完成下式 z 轉換函數域所表示的離散 Euler 疊代演算法：

$$y = \frac{T_s}{z-1}u$$

其中 y 表輸出，T_s 為取樣時間，u 為輸入。

此 block 能取代連續積分運算子（1/s），而使用在完全的離散系統中。此 block 能接受一個輸入和產生一個輸出，輸出入可為純量值或向量值。

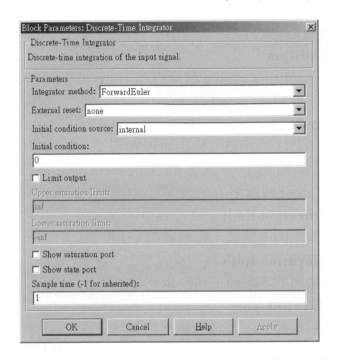

圖 6-5.5：*Discrete-Time Integrator* block 對話盒視窗

對話盒：（圖 6-5.5）

Integrator method

此參數用來定義積分方法，可選擇 ForwardEuler, BackwardEuler 和 trapezoidal， 預設值爲 ForwardEuler。

External reset

此參數定義外部的重置訊號的驅動方式，可選擇 rising, falling, either, level，rising 表示上升緣觸發重置，rising 表示上升緣觸發重置，falling 表示下降緣觸發重置，either 表示兩者皆可，level 表示重置輸入埠非零時觸發重置，如圖 6-5.6(c) 所示。

Initial condition source

此參數用來定義 block 的初始狀態的來源，可選擇 internal 或 external， 選擇 internal 時， 初始狀態由下一個參數 initial condition 來設定，若選擇 external 時，初始狀態則由外部輸入埠來輸入，如圖 6-5.6(b) 所示。

Initial condition

當 Initial condition source 選擇內部 (internal) 提供時，此參數用來定義初始狀態值。

Limit output

若勾選此項時，表示積分輸出值限制在某上限與下限值之間，而上限與下限值則由下二個參數 Upper saturation limit 與 Lower saturation limit 所設定。

Upper saturation limit

定義積分輸出的上限值，預設值為 inf。

Lower saturation limit

定義積分輸出的下限值，預設值為-inf。

Show Saturation port

若勾選此項參數時，當積分輸出超過上下限時，會由此輸出埠輸出狀態值，1 表示超過上限值，-1 表示超過下限值，0 表示在上下限值之間。

Show state port

若勾選此項參數時，block 會顯示狀態輸出埠，預設值中狀態輸出埠會出現在 block 的頂端。

若整個參數皆選取則如圖 6-5.6(a) 所示。

sample time

代表取樣的時間間隔（time interval），預設值為 1。

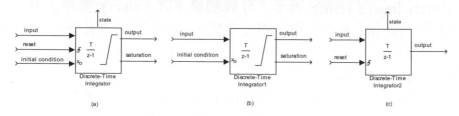

圖 6-5.6：*Discrete-Time Integrator* block 範例說明

Discrete Transfer Fcn

描述：

 Discrete Transfer Fcn block 的功能為能夠完成下式方程式所描述的 z 轉換轉移函數：

$$H(z) = \frac{num(z)}{den(z)} = \frac{num(1)z^{nn-1} + num(2)z^{nn-2} + \ldots\ldots + num(nn)}{den(1)z^{nd-1} + den(2)z^{nd-2} + \ldots\ldots + den(nd)}$$

nn 與 nd 個別表示分子與分母的多項式係數數目，num(z)和 den(z) 為列向量值（即為欲輸入的參數值），表示分子與分母方程式中 z 幕次方之係數，分母之最高階次數需大於或等於分子最高階次數。此 block 能接受一個純量輸入並產生一個純量之輸出。

 Discrete Transfer Fcn block 通常為控制工程師所使用的系統多項式表示法，多以 s 或 z 表示。而 *Filter* block 通常為信號處理工程師所使用的系統多項式表示法，多以 z^{-1}（延遲運算子）表示。若分子與分母多項式之長度相同，則兩者表示式是相同的。

 分子與分母多項式將顯示於 *Discrete Transfer Fcn* block 圖示（icon）上，如下所述：

- 如果參數是以表示式（expression）、向量值或括弧 '()' 起來的變數值表示，則圖示上將顯示以 z 幕次及係數所表示的轉移函數。如果以括弧 '()' 起來的變數值表示，則變數值會被計算出來。例如你如設定 Numerator 參數設定值為 [3,2,1]，Denominator 參數設定值為（den），den 變數值在 MATLAB 工作平台（workspace）內如為值[8,6,4,2]，所以圖示將顯示如下：

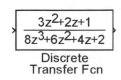
Discrete
Transfer Fcn

● 如果參數是以變數設定，圖示將顯示以『變數名稱(z)』的轉移函數表示式。例如你如設定 Numerator 參數設定值為 num，Denominator 參數設定值為 den，所以圖示將顯示如下：

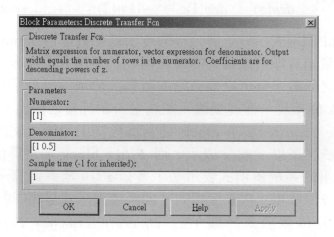

圖 6-5.7：*Discrete Transfer Fcn* block 對話盒視窗

對話盒：（圖 6-5.7）

Numerator
代表分子多項式之係數，以向量表示，預設值為[1]。

Denominator
代表分母多項式之係數，以向量表示，預設值為[1 0.5]。

Sample time
代表取樣的時間間隔（time interval），sample time 參數設定值以純量值或含兩元素的向量值（[Ts,offset]）來表示，若以向量值表示，第一個元素代表 sample time，第二個元素代表 offset time，它表示這一個離散時間系統只在

$$t = n * Ts + offset$$

時系統才有反應，正的 offset 值表落後（lag），負的 offset 值表超前（lead）。若以純量值表示，只代表 sample time，而 offset time 為 0。

Discrete Zero-Pole

描述：

Discrete Zero-Pole block 的功能是實現由零點與極點等所描述的離散時間系統，此 block 能接受一個純量輸入值產生一個純量輸出值。

轉移函數可以以分式或極零點形式來表示，單一輸入單一輸出系統可表示如下式：

$$H(z) = K\frac{Z(z)}{P(z)} = K\frac{(z - Z(1))(z - Z(2))......(z - Z(n))}{(z - P(1))(z - P(2))......(z - P(n))}$$

其中 Z(.)代表零點之組合，P(.)代表極點之組合，而 K 表示純量增益值。

Zero-Pole block 在其圖示（icon）上顯示其表示的轉移函數式，敘述如下：

● 如果參數是以表示式（expression)、向量值或括弧'()'起來的變數值表示，則圖示上將顯示以極零點表示的轉移函數。如果以括弧'()'起來的變數值表示，則變數值會被計算出來。例如你如設定 Zeros 參數設定值為 [3,2,1]，Poles 參數設定值為（poles），poles 變數值在 MATLAB 工作平台（workspace）內如為值[8,6,4,2]，Gain 參數設定值為 gain 變數，所以圖示將顯示如下：

$$\frac{gain(z-3)(z-2)(z-1)}{(z-8)(z-6)(z-4)(z-2)}$$

Discrete
Zero-Pole

● 如果參數是以變數設定，圖示將顯示以『變數名稱(z)』的轉移
函數表示式。例如你如設定 Zeros 參數設定值爲 zero，Poles 參
數設定值爲 pole，Gain 參數設定值爲 gain，所以圖示將顯示如
下：

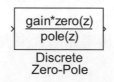

$$\frac{gain*zero(z)}{pole(z)}$$

Discrete
Zero-Pole

對話盒：（圖 6-5.8）

Zeros

代表零點值，以向量表示，預設值爲[1]。

Poles

代表極點值，以向量表示，預設值爲[0 0.5]。

Gain

代表增益值，可爲數值或變數值，預設值爲 1。

Sample time

代表取樣的時間間隔（time interval），sample time 參數設定值以
純量值或含兩元素的向量值（[Ts,offset]）來表示，若以向量值表
示，第一個元素代表 sample time，第二個元素代表 offset time，
它表示這一個離散時間系統只在

$$t = n * Ts + offset$$

時系統才有反應，正的 offset 值表落後（lag），負的 offset 值表超

前（lead）。若以純量值表示，只代表 sample time，而 offset time
為 0。

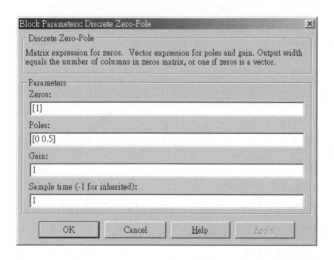

圖 6-5.8：*Discrete Zero-Pole* block 對話盒視窗

First-Order Hold

描述：

> *First-Order Hold* block 的功能為實現在某一取樣時間間隔下的一
> 階取樣保持電路，此 block 能接受一個輸入且產生一個輸出，輸出
> 入可為純量值或向量值。
>
> 在 MATLAB 命令視窗下鍵入執行 m6_3_fo.mdl 可以顯示零階保持
> 與一階保持兩者間的差異性。下頁例題將從 *Sine Wave* block 和經
> 零階/一階保持後兩者間的輸出比較。

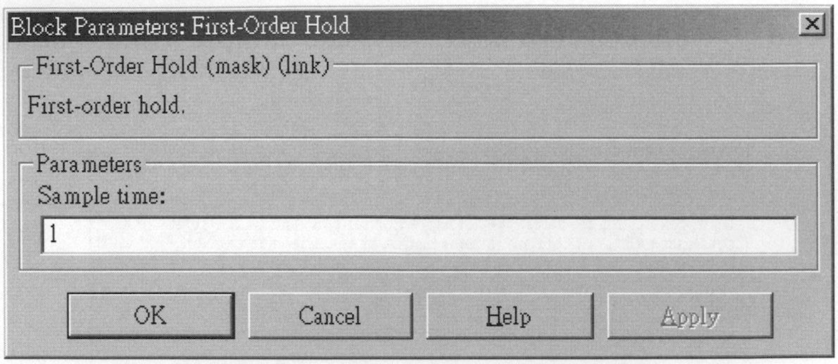

圖 6-5.9：*First-Order Hold* block 對話盒視窗

對話盒：（圖 6-5.9）

Sample time

代表取樣的時間間隔（time interval），sample time 參數設定值以純量值或含兩元素的向量值（[Ts,offset]）來表示，若以向量值表示，第一個元素代表 sample time，第二個元素代表 offset time，它表示這一個離散時間系統只在

$$t = n * Ts + offset$$

時系統才有反應，正的 offset 值表落後（lag），負的 offset 值表超前（lead）。若以純量值表示，只代表 sample time，而 offset time 為 0。

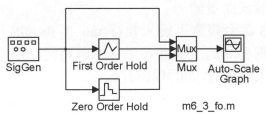

圖 6-5.10：範例 Simulink 模型窗

【舉例】上頁圖 6-5.10 模型模擬結果如圖 6-5.11 所示。

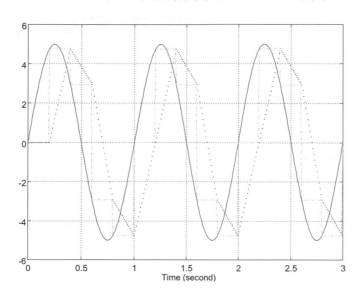

圖 6-5.11：模擬結果窗

Integer Delay

描述：

Integer Delay block 用於將輸入信號延遲 N 個取樣週期，輸入和輸出信號可以是純量或是向量型態，如果輸入是向量型態，向量內所有的元件都延遲相同的取樣週期。

對話盒：（圖 6-5.12）

Initial condition
此參數定義模擬的初始輸出值。

Sample time (-1 for inherited)
此參數定義取樣點間的時間間隔。

Number of delays

此參數定義輸入信號的延遲取樣點數。

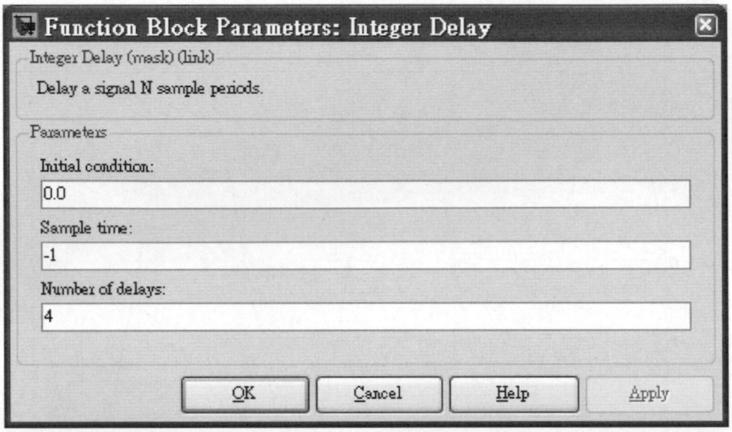

圖 6-5.12：*Integer Delay* block 對話盒視窗

Memory ⊐⌐

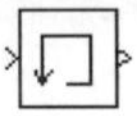

描述：

    Memory block 的功能為把輸入值延遲一個 integration step size（即第 4-2.1 節之 Min/Max Step Size 的值）後再輸出，也就是說 *Memory* block 的輸出值是先前一個 integration step size 時的 block 輸入值。

對話盒：（圖 6-5.13）

    Initial condition

    在 integration step 開始時的 *Memory* block 輸出值。

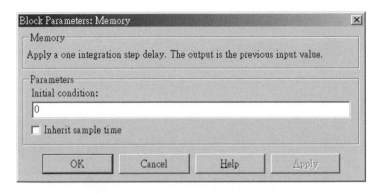

圖 6-5.13：*Memory* block 對話盒視窗

【舉例】

　　說明 *Memory* block 的作動方法。參考圖 6-5.14 之模型，所得模擬結果如圖 6-5.15 所示。

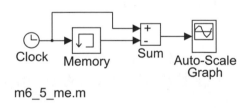

m6_5_me.m

圖 6-5.14：Simulink 模擬方塊圖

Memory block 的 Initial condition 設爲 2，SIMULINK Control Panel 對話盒內的 Min/Max Step Size 皆設定爲 3，剛開始時，*Clock* block 輸出爲 0，*Memory* block 輸出爲 Initial condition 值爲 2，故 *Sum* block 相減爲-2。下一個 integration step 時，*Clock* block 輸出爲 3，而 *Memory* block 輸出爲前一個 integration step 時的值即 0，故 *Sum* block 相減爲 3。再下一個 integration step 時，*Clock* block 輸出爲 6，而 *Memory* block 輸出爲 3，故 *Sum* block 相減爲 3，以此類推，因爲執行時間限制在 20 秒，故最後值爲 20-18=2。

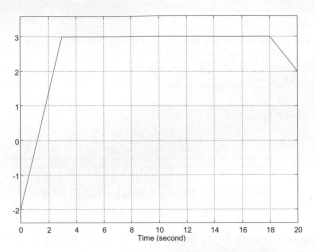

圖 6-5.15：Simulink 模擬結果軌跡圖

Transfer Fcn First Order

描述：

    Transfer Fcn First Order block 用於完成輸入信號的離散時間一階轉移函數，此轉移函數具有單位大小的 DC 增益值。

對話盒：（圖 6-5.16）

    Pole (in Z plane)
    此參數設定極點值。

    Initial condition for previous output
    此參數設定前次輸出的初始值。

    Round toward
    此參數定義對定點輸出的捨入模式極點值。

    Saturate to max or min when overflows occur
    此參數定義當產生溢位時是否飽和最大或最小值。

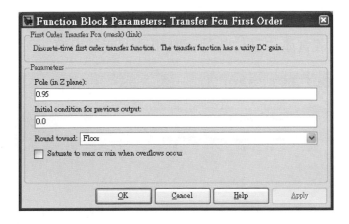

圖 6-5.16：*Transfer Fcn First Order* block 對話盒視窗

Transfer Fcn Lead or Lag

描述：

　　Transfer Fcn Lead or Lag block 用於完成離散時間之落後或領先補償器，其直流 (DC) 增益為 (1-z)/(1-p)，其中 z 為零點值，p 為極點值。若 0<z<p<1，則此 block 實現的功能為領先補償器，又若 0<p<z<1，則此 block 實現的功能為落後補償器。

對話盒：（圖 6-5.17）

　　Pole of compensator (in Z plane)
　　此參數設定極點值。

　　Zero of compensator (in Z plane)
　　此參數設定零點值。

　　Initial condition for previous output
　　此參數設定前次輸出的初始值。

　　Initial condition for previous input
　　此參數設定前次輸入的初始值。

　　Round toward
　　此參數定義對定點輸出的捨入模式極點值。

Saturate to max or min when overflows occur
此參數定義當產生溢位時是否飽和最大或最小值。

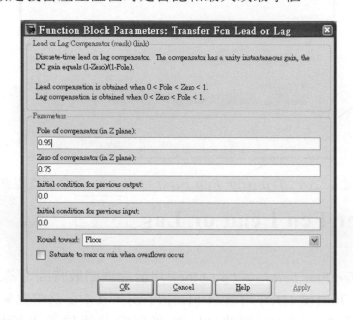

圖 6-5.17：*Transfer Fcn Lead or Lag* block 對話盒視窗

Transfer Fcn Real Zero

描述：

　　Transfer Fcn Real Zero block 用於完成具有實數零點及無極點之離散時間轉移函數。

對話盒：（圖 6-5.18）

Zero (in Z plane)
此參數設定零點值。

Initial condition for previous output
此參數設定前次輸出的初始值。

Round toward
此參數定義對定點輸出的捨入模式極點值。

Saturate to max or min when overflows occur

此參數定義當產生溢位時是否飽和最大或最小值。

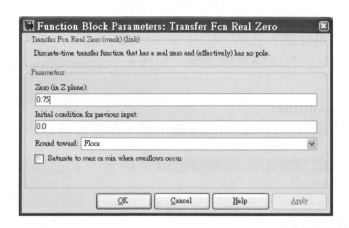

圖 6-5.18：*Transfer Fcn Real Zero* block 對話盒視窗

Unit Delay

描述：

　　Unit Delay block 的功能為能夠將輸入信號延遲並保持一個取樣間隔（sampling interval）的時間。如果輸入信號為一個向量值組態，則此向量值內每一個元素都將延遲一個取樣間隔。此 block 的動作是與離散時間運算子 z^{-1} 同義的。

　　如果需要一個不具延遲的取樣與保持功能的函數 block，可使用 *Zero-Order Hold* block。或者需要一個延遲時間大於一個取樣間隔的 block 時，可以使用 *Discrete Transfer Fcn* block。

對話盒：（圖 6-5.19）

Sample time

代表取樣的時間間隔（time interval），sample time 參數設定值以純量值或含兩元素的向量值（[Ts,offset]）來表示，若以向量值表示，第一個元素代表 sample time，第二個元素代表 offset time，

它表示這一個離散時間系統只在

$$t = n * Ts + offset$$

時系統才有反應，正的 offset 值表落後（lag），負的 offset 值表超前（lead）。若以純量值表示，只代表 sample time，而 offset time 為 0。

Initial condition

代表第一個模擬週期的 block 輸出值，預設值為 0。

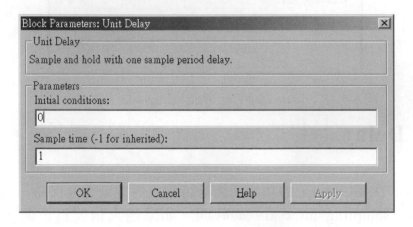

圖 6-5.19：*Unit Delay* block 對話盒視窗

舉例部份請參考 *Transport Delay* block 的舉例說明。

Zero-Order Hold

描述：

Zero-Order Hold block 的功能為在指定的取樣頻率下，實現取樣與保持（sample and hold）的函數功能。此 block 能接受一個輸入且產生一個輸出，輸出入可為純量值或向量值。

此 block 能提供將一或多個信號離散化的機構（mechanism）。當手邊沒有所需要具有離散功能的 block 時，而又需要用在離散系統時，可以使用此 block。例如你可以用此 *Zero-Order Hold* block 和 *Gain* block 合（連）用來模擬 A/D 轉換器與輸入放大器的組合線路。

對話盒：（圖 6-5.20）

Sample time

代表取樣的時間間隔（time interval），sample time 參數設定值以純量值或含兩元素的向量值（[Ts,offset]）來表示，若以向量值表示，第一個元素代表 sample time，第二個元素代表 offset time，它表示這一個離散時間系統只在

$$t = n * Ts + offset$$

時系統才有反應，正的 offset 值表落後（lag），負的 offset 值表超前（lead）。若以純量值表示，只代表 sample time，而 offset time 為 0。

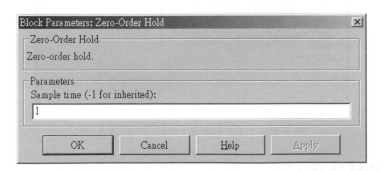

圖 6-5.20：*Zero-Order Hold* block 對話盒視窗

6-6 Logic and Bit Operations 方塊函數庫

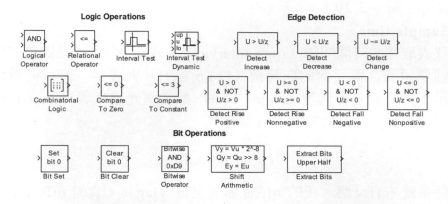

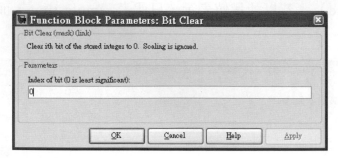

圖 6-6.1：*Bit Clear* block 對話盒視窗

Bit Clear

描述：

    Bit Clear block 用於清除某數值指定位置的位元為 0，其指定的位元位置是由對話盒內參數 Index of bit 值來設定，Index of bit 值為 0 表示的是最低有效位元 (LSB)。

對話盒：（圖 6-6.1）

Index of bit

此參數定義清除位元的位置，0 表示最低有效位元 (LSB)。

Bit Set

描述：

Bit Set block 用於設定某數值指定位置的位元為 1，其指定的位元位置是由對話盒內參數 Index of bit 值來設定，Index of bit 值為 0 表示的是最低有效位元 (LSB)。

對話盒：（圖 6-6.2）

Index of bit

此參數定義設定位元的位置，0 表示最低有效位元 (LSB)。

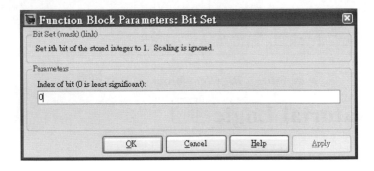

圖 6-6.2：*Bit Set* block 對話盒視窗

Bitwise Logical Operator

描述：

Bitwise Logical Operator block 的功能為對一個不帶符號的 8/16/32 整數位元與對話盒內所設參數 Second operand 作邏輯運算、位元反向（inverter）或平移（shift）等運算。

對話盒：（圖 6-6.3）

Bitwise operator

設定所欲執行的位元運算，計有 AND, OR, XOR, SHIFT_LEFT, SHIFT_RIGHT 和 NOT 運算。

Second operand

設定與輸入值執行位元運算 (AND,OR,XOR,SHIFT_LEFT 或 NOT 等) 的第二運算元值，預設值為'FFFF'。

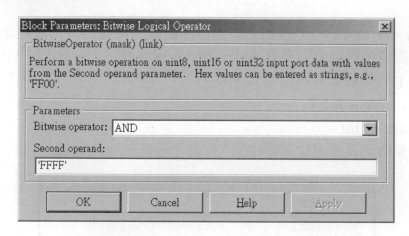

圖 6-6.3：*Bit Clear* block 對話盒視窗

Combinatorial Logic

描述：

Combinatorial Logic block 對於數位方面的模型建立諸如可程式邏輯閘（PLAs）、邏輯電路、布林表示式等，能以標準的眞值表來建立，此 block 與 *Memory* block 一起使用可完成正反器的功能。

在 Truth table 參數設定值（見對話盒）輸入可能的眞值表輸出值矩陣，其中矩陣的每一行（column）代表不同輸出值組合，每一列（row）代表不同輸入組合的輸出值，總列數爲 2^n，n 代表輸入 bit 數。輸入矩陣不必輸入，軟體會自動地從[0 0 0...0],[0 0 0...1],[0 0...1 0],......排列至[1 1 1...1]，你只要設定相對於每一輸入的輸出矩陣即可。注意！輸出也可以是由數字組合的輸出矩陣，矩陣元素未必限制一定要 1 和 0。

【舉例 1】模擬兩輸入的 OR 閘函數

真值表爲

a	b	c
0	0	0
0	1	1
1	0	1
1	1	1

依上式眞值表，a,b 代表輸入 bit 數，c 代表輸出 bit。在 Truth table 參數設定值輸入爲[0;1;1;1]，當此 block 的輸入值爲[1 0]，block 的輸出即爲 1。

【舉例 2】模擬二進位加法器

真值表爲

a	b	c	c'	s
0	0	0	0	0
0	0	1	0	1
0	1	0	0	1
0	1	1	1	0
1	0	0	0	1
1	0	1	1	0
1	1	0	1	0
1	1	1	1	1

a,b,c 代表輸入 bit 數，軟體會自動地由[0 0 0],[0 0 1],[0 1 0]...[1 1 1]組合爲輸入矩陣，只要在 Truth table 參數設定值設定相對應於每一輸入組合的輸出值矩陣即可。二進位加法器有二個輸出 bit 數，一個代表進位數(c')另一個代表餘數(s)，3 個輸入 bits 有 8 種輸入組合($2^3 = 8$)，故輸出矩陣應爲 8*2 階（即 8 列 2 行）。下頁對話

盒預設值即爲此二進位加法器的輸出值矩陣。

對話盒：（圖 6-6.4）

Truth table

代表眞值表輸出值矩陣，其中矩陣的每一行（column)代表不同輸出值組合，每一列（row)代表不同輸入組合的輸出值。預設值爲上例二進位加法器的輸出值矩陣[0 0;0 1;0 1;1 0;0 1;1 0;1 0;1 1]。

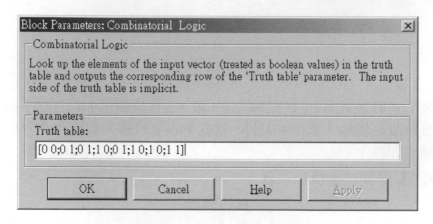

圖 6-6.4：*Combinatorial Logic* block 對話盒視窗

Compare To Constant

描述：

Compare To Constant block 用於將輸入信號與一個常數值作比較，常數值是由對話盒內參數 Constant value 定義，若比較結果爲眞，則輸出是 1，反之若比較結果爲僞，則輸出是 0，比較運算子由對話盒內參數 Operator 定義，計有等於 (==)、不等於 (~=)、小於 (<)、小於等於 (<=)、大於 (>) 和大於等於 (>=) 六種比較運算子。

對話盒：（圖 6-6.5）

Operator

此參數定義比較運算子，請參考描述之說明。

Constant value

此參數設定用於比較運算的常數值。

Output data type mode

此參數定義輸出的資料型態是 uint8 或 boolean。

Enable zero crossing detection

選擇是否致能零交錯點偵測，請參考 Zero-Crossing Detection block。

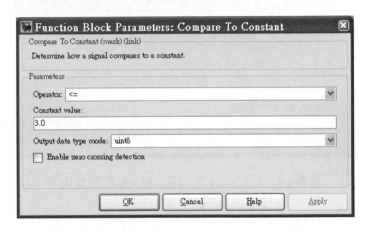

圖 6-6.5：*Compare To Constant* block 對話盒視窗

Compare To Zero

描述：

Compare To Zero block 用於將輸入信號與零值作比較，若比較結果為真，則輸出是 1，反之若比較結果為偽，則輸出是 0，比較運算子由對話盒內參數 Operator 定義，計有等於 (==)、不等於 (~=)、小於 (<)、小於等於 (<=)、大於 (>) 和大於等於 (>=) 六種比較運算子。

對話盒：（圖 6-6.6）

Operator

此參數定義比較運算子，請參考描述之說明。

Output data type mode
此參數定義輸出的資料型態是 uint8 或 boolean。

Enable zero crossing detection
選擇是否致能零交錯點偵測,請參考 Zero-Crossing Detection block。

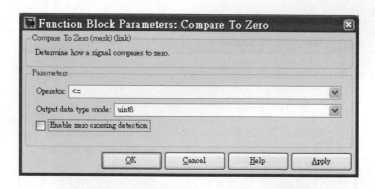

圖 6-6.6:*Compare To Zero* block 對話盒視窗

Detect Change

描述:

 Detect Change block 用於決定二進位數輸入是否相同於先前的設定值,如果輸入信號不同於先前的設定值,則輸出是 TRUE (非 0 值),如果輸入信號相同於先前的設定值,則輸出是 FALSE (0 值),先前值之初始值是由對話盒參數 Initial condition 所設定。

對話盒:(圖 6-6.7)

 Initial condition
此參數設定先前值之初始條件。

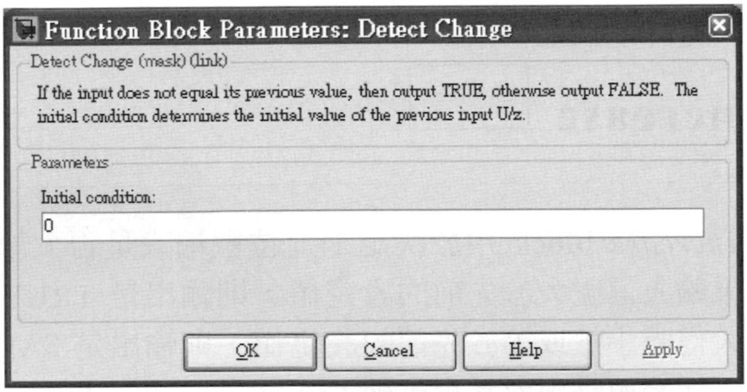

Function Block Parameters: Detect Change

Detect Change (mask) (link)

If the input does not equal its previous value, then output TRUE, otherwise output FALSE. The initial condition determines the initial value of the previous input U/z.

Parameters

Initial condition:

| 0 |

| OK | Cancel | Help | Apply |

圖 6-6.7：*Detect Change* block 對話盒視窗

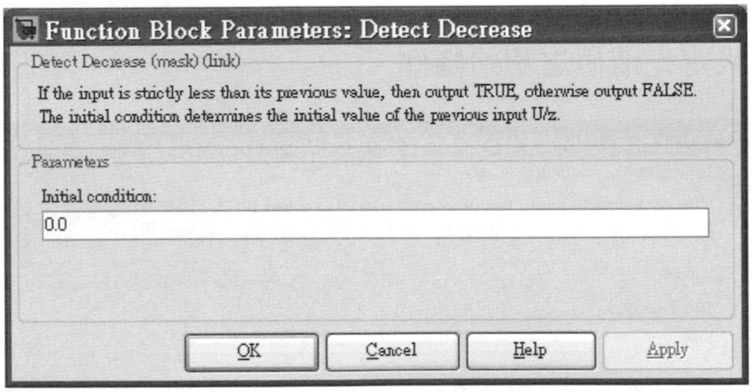

Function Block Parameters: Detect Decrease

Detect Decrease (mask) (link)

If the input is strictly less than its previous value, then output TRUE, otherwise output FALSE. The initial condition determines the initial value of the previous input U/z.

Parameters

Initial condition:

| 0.0 |

| OK | Cancel | Help | Apply |

圖 6-6.8：*Detect Decrease* block 對話盒視窗

Detect Decrease

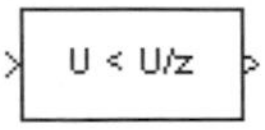

描述：

　　Detect Decrease block 用於決定二進位數輸入是否小於先前的設定值，如果輸入信號小於先前的設定值，則輸出是 TRUE (非 0 值)，如果輸入信號大於或等於先前的設定值，則輸出是 FALSE (0 值)，先前值之初始值是由對話盒參數 Initial condition 所設定。

對話盒：（圖 6-6.8）

Initial condition

此參數設定先前值之初始條件。

Detect Increase

描述：

> *Detect Increase* block 用於決定二進位數輸入是否大於先前的設定
> 值，如果輸入信號大於先前的設定值，則輸出是 TRUE (非 0 值)，
> 如果輸入信號小於或等於先前的設定值，則輸出是 FALSE (0 值)，
> 先前值之初始值是由對話盒參數 Initial condition 所設定。

對話盒：（圖 6-6.9）

Initial condition

此參數設定先前值之初始條件。

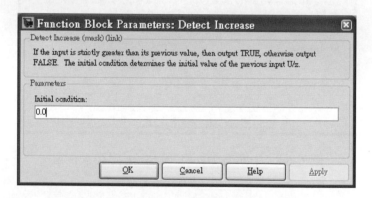

圖 6-6.9：*Bit Clear* block 對話盒視窗

Detect Fall Negative

描述：

> *Detect Fall Negative* block 用於決定二進位數輸入是否小於 0，而
> 且它前次的值是否大於或等於 0，若是則輸出是 TRUE (非 0 值)，
> 如果輸入大於或等於 0，前次的值是正數或是 0，則輸出是 FALSE
> (0 值)。

對話盒：（圖 6-6.10）

Initial condition

此參數設定布林表示式 U/z<0 之初始條件。

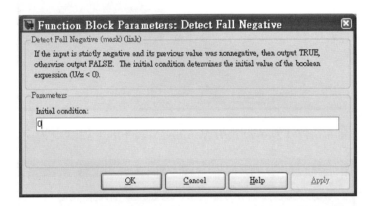

圖 6-6.10：*Detect Fall Negative* block 對話盒視窗

Detect Fall Nonpositive

描述：

> *Detect Fall Nonpositivee* block 用於決定二進位數輸入是否小於或等於 0，而且它前次的值是否大於 0，若是則輸出是 TRUE (非 0 值)，如果輸入大於 0，前次的值是非正數，則輸出是 FALSE (0 值)。

對話盒：（圖 6-6.11）

Initial condition

此參數設定布林表示式 U/z<=0 之初始條件。

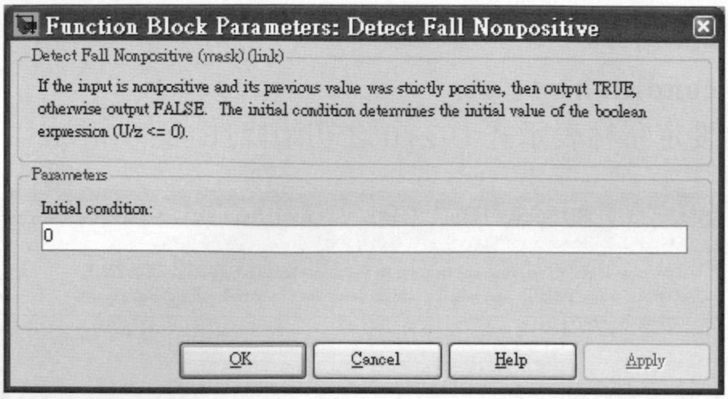

圖 6-6.11：*Detect Fall Nonpositivee* block 對話盒視窗

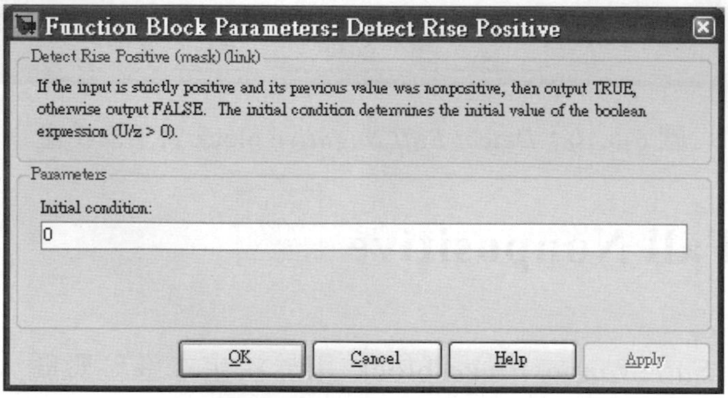

圖 6-6.12：*Detect Rise Positivee* block 對話盒視窗

Detect Rise Positive

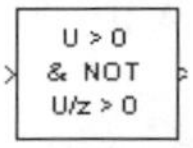

描述：

    Detect Rise Positivee block 用於決定二進位數輸入是否大於 0，而且它前次的值是否小於 0，若是則輸出是 TRUE (非 0 值)，如果輸入是負數或是 0，前次的值是正數，則輸出是 FALSE (0 值)。

對話盒：（圖 6-6.12）

Initial condition

此參數設定布林表示式 U/z>0 之初始條件。

Detect Rise Nonnegative

描述：

Detect Rise Nonnegative block 用於決定二進位數輸入是否大於或等於 0，而且它前次的值是否小於 0，若是則輸出是 TRUE (非 0 值)，如果輸入是小於 0，前次的值是大於或等於 0，則輸出是 FALSE (0 值)。

對話盒：（圖 6-6.13）

Initial condition

此參數設定布林表示式 U/z>=0 之初始條件。

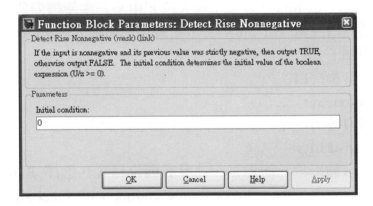

圖 6-6.13：*Detect Rise Nonnegative* block 對話盒視窗

Extract Bits

描述：

Extract Bits block 用於將輸入位元信號擷取某些連續的位元作為輸出，對話盒內參數 Bits to extract 用來定義哪些位元將被擷取出來作為輸出。

選擇 Upper half 將會輸出最高有效位元 (MSB) 一半的輸入位元，如果輸入位元數為基數，那麼輸出位元數由下式所決定

number of output bits = ceil(number of output bits/2)

選擇 Lower half 將會輸出最低有效位元 (LSB) 一半的輸入位元，如果輸入位元數為基數，那麼輸出位元數由下式所決定

number of output bits = ceil(number of output bits/2)

選擇 Range starting with most significant bit 將會輸出由最高有效位元 (MSB) 起始的某些輸入位元，其個數由參數 Number of bits 定義；

選擇 Range ending with least significant bit 將會輸出由最低有效位元 (LSB) 起始的某些輸入位元，其個數由參數 Number of bits 定義；

選擇 Range of bits 將會輸出輸入位元中某一些連續的位元，其範圍由對話盒內參數 Bit indices 來定義，例如輸入[start end]來標示其輸出範圍。

對話盒：（圖 6-6.14）

Bits to extract

選擇擷取輸出位元的方式，請參考描述之說明。

Number of bits

選擇擷取輸出位元的數目，此參數欄位只有在選擇 Range starting with most significant bit 或 Range ending with least significant bit 方式時才會出現。

Bit indices

選擇擷取輸出位元的範圍，此參數欄位只有在選擇 Range of bits 方式時才會出現。

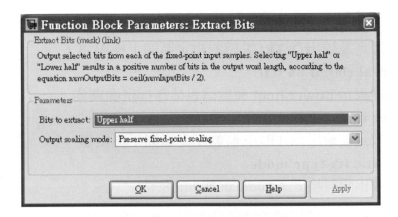

圖 6-6.14：*Extract Bits* block 對話盒視窗

範例：

　　考慮一個二進位輸入信號 110101101

　　若選擇 Upper half 方式將會輸出 11010，若選擇 Lower half 方式將會輸出 01101，若選擇 Range starting with most significant bit 方式，而且設定 Number of bits=3 將會輸出 110，若選擇 Range ending with least significant bit 方式，而且設定 Number of bits=3 將會輸出 101，若選擇 Range of bits 方式，而且設定範圍為[3 6]將會輸出 0101。

Interval Test

描述：

　　Interval Test block 用於決定輸入信號是否座落在某一指定的區間內，如果輸入座落在由參數 Lower limit 和 Upper limit 決定的區間內則輸出 TRUE，反之若輸入座落在指定的區間外則輸出 FALSE。若輸入正好在 Lower limit 和 Upper limit 參數值上，則由對話盒內的 Interval closed on right/left 是否勾選來決定。

對話盒：（圖 6-6.15）

Interval closed on right
若勾選表示 Upper limit 參數值包括在指定範圍內。

Upper limit

此參數定義輸出為 TRUE 時的指定區間上極限值。

Interval closed on left

若勾選表示 Lower limit 參數值包括在指定範圍內。

Lower limit

此參數定義輸出為 TRUE 時的指定區間下極限值。

Output data type mode

選擇輸出資料格式；boolean 或 uint8。

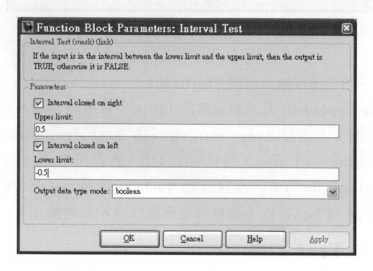

圖 6-6.15：*Interval Test* block 對話盒視窗

Interval Test Dynamic

描述：

> *Interval Test Dynamic* block 用於決定輸入信號是否座落在某一指定的區間內，指定區間是由輸入埠 up 和 lo 的輸入值來決定，如果輸入座落在由輸入 up 和 lo 決定的區間內則輸出 TRUE，反之若輸入座落在由輸入 up 和 lo 決定的區間外則輸出 FALSE。若輸入正好在 up 和 lo 輸入值上，則由對話盒內的 Interval closed on right/left

是否勾選來決定。

對話盒：（圖 6-6.16）

Interval closed on right

若勾選表示 Upper limit 參數值包括在指定範圍內。

Interval closed on left

若勾選表示 Lower limit 參數值包括在指定範圍內。

Output data type mode

選擇輸出資料格式；boolean 或 uint8。

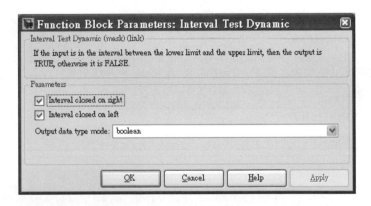

圖 6-6.16：*Interval Test Dynamic* block 對話盒視窗

Logical Operator

描述：

Logical Operator block 的功能為對 block 的輸入執行 AND,NAND, OR,NOR,NOT 和 XOR 中任一種的邏輯運算。block 的任一輸入可以是純量或向量值，輸出是依據輸入數目、輸入的向量長度及邏輯運算子而定。運算子將會顯示於 block 的圖示上。

● 對於兩個或更多的輸入而言，block 完成所有輸入的邏輯運算。如果輸入是向量值，將會在各輸入向量中相對應的元素完成（執行）邏輯運算，並產生輸出向量值。

● 對單一向量輸入而言，block 將會對此向量中每一個元素完成
  邏輯運算。但對 NOT 邏輯運算子為例外，對 NOT 運算子而
  言，可接受一個純量或向量值的輸入。如果輸入是向量值，則
  分別取每一元素的補數（complements）為輸出向量值。

非零的輸入視為 TRUE(1)，零值輸入視為 FALSE(0)。輸出為 1 表
TRUE，為 0 表 FALSE。

對多輸入 XOR(>2)邏輯閘而言，此 block 採用先將各輸入相對應之
元素相加後在取 2 之餘數兩階段步驟完成 XOR 邏輯閘的動作。

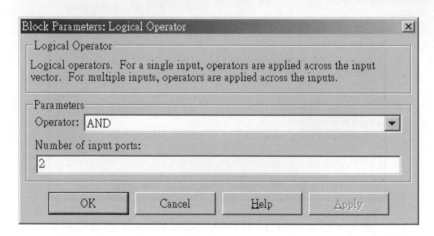

圖 6-6.17：*Logical Operator* block 對話盒視窗

對話盒：（圖 6-6.17）

Operator

代表此 block 輸入所欲執行的邏輯運算子，計有 AND,NAND,
OR,NOR,NOT 和 XOR 等。

Number of Input Ports

代表 block 的輸入埠數目。

Relational Operator

描述：

Relational Operator block 能夠在兩輸入埠間完成關係式運算，並依照下面表格所述產生輸出。

==	第一個輸入值等於第二個輸入值時為 TRUE
!=	第一個輸入值不等於第二個輸入值時為 TRUE
<	第一個輸入值小於第二個輸入值時為 TRUE
<=	第一個輸入值小於等於第二個輸入值時為 TRUE
>=	第一個輸入值大於等於第二個輸入值時為 TRUE
>	第一個輸入值大於第二個輸入值時為 TRUE

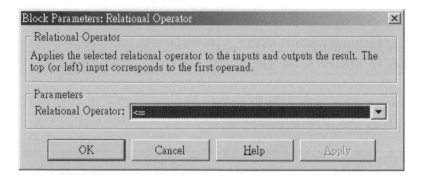

圖 6-6.18：*Relational Operator* block 對話盒視窗

如果運算結果為 TRUE 則輸出為 1，如為 FALSE 輸出為 0。可以指定輸入埠為純量輸入、向量輸入、純量與向量組合輸入。

● 對純量輸入而言，輸出為純量值（1 或 0）。

● 對向量輸入而言，在相對應元素間作關係式運算來產生向量輸出（0 與 1 的組合）。

● 對純量/向量組合輸入而言，輸出亦為向量值。它的每一個元素是由純量值與相對應的向量值元素關係運算結果而得。

被指定的關係運算子將顯示於 block 圖示（icon）上。

對話盒：（圖 6-6.18）

Operator

代表 block 輸入阜上引用的關係運算子，只能指定『== |= < <= >= >』中的任一個為關係運算子。

Shift Arithmetic

```
Vy = Vu * 2^8
Qy = Qu >> 8
Ey = Eu
```

描述：

Shift Arithmetic block 用於處理信號的 bit 或 binary point 移位，例如下表所示為對輸入左移和右移兩位 binary point 的結果。

移位操作	二進位值	十進位值
原始數值	11001.001	-6.625
右移 binary point 兩位	1100101.1	-26.5
左移 binary point 兩位	110.01011	-1.65625

此 block 能完成對有號數的 bit 移位，例如下表所示為對輸入左移和右移兩位 bit 移位後的結果。

移位操作	二進位值	十進位值
原始數值	11001.001	-6.625
右移 bit 兩位	11110.010	-1.75
左移 bit 兩位	00101.100	5.5

對話盒：（圖 6-6.19）

Shift bits right how many places (negative is shift left)
此參數表示輸入信號移位的 bit 數，正數代表右移位，負數代表左移位。

Shift binary point right how many places (negative is shift left)
此參數表示輸入信號移位的 binary point 數，正數代表右移位，負數代表左移位。

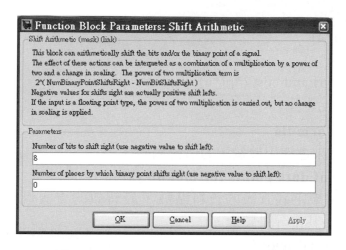

圖 6-6.19：*Bit Clear* block 對話盒視窗

6-7 Lookup Tables 方塊函數庫

Lookup Tables

Lookup Table

Lookup Table (2-D)

Lookup Table (n-D)

Sine

Cosine

PreLookup Index Search

Interpolation (n-D) using PreLookup

Direct Lookup Table (n-D)

Lookup Table Dynamic

Cosine & Sine

描述：

　　Cosine/Sine block 用於完成使用查表之定點 sine 或 cosine 波形，此 block 能夠根據所選取的 Output formula 參數輸出下列的函數：

sin(2*pi*u)

cos(2*pi*u)

exp(*i*2*pi*u)

sin(2*pi*u) and cos(2*pi*u)

對話盒：（圖 6-7.1）

Oupput formula

此參數用來選擇用於輸出的信號函數。

Number of data points for lookup table

此參數用來定義查表的資料點數，最有效的查表資料點數是輸入 (2^n)+1，其中 n 是整數。

Output word length

此參數用來定義輸出信號定點資料格式的字元長度。

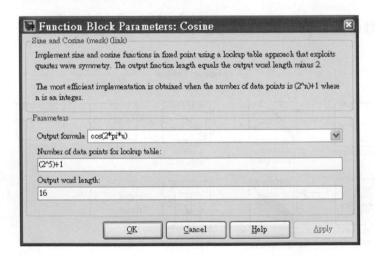

圖 6-7.1：*Cosine/Sine* block 對話盒視窗

Direct Look-Up Table (n-D)

描述：

Direct Look-Up Table (n-D) block 類似 *n-D Look-Up Table* block

的功能，都是用來完成輸入至輸出的片段線性映射（piecewise linear mapping），只不過是 *Direct Look-Up Table (n-D)* block 所使用的不論在列或行或第三,四,…,n 維索引值，都是從 0,1,2,…,n 算起，不需要在對話盒中設定。

對話盒：（圖 6-7.2）

Number of table dimensions

此參數用來定義 table 的維數。

Table data

定義對應於 n-維索引值的輸出值向量表示式。

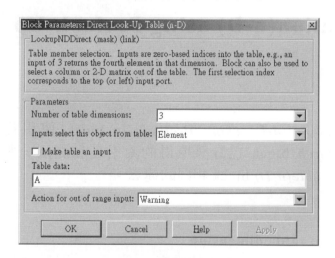

圖 6-7.2：*Direct Look-Up Table (n-D)* block 對話盒視窗

【舉例】

圖 6-7.3 所示模型其對話盒視窗參數設定如圖 6-7.2 所示，其中參數 Table data 設定為多維陣列 A，先在 MATLAB 命令視窗中建立其值，如圖 6-7.3 所示。

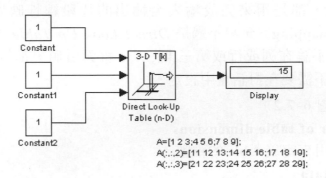

圖 6-7.3：範例 Simulink 模型窗

Interpolation(n-D) using Prelook-Up

描述：

    Interpolation (n-D) using Prelook-Up block 使 用 從 *Prelook-up index search* block 已計算所得的索引值和間隔分數值來執行和 *Look-up table(n-D)* block 相同的運算。

對話盒：（圖 6-7.4）

    Number of table dimension

    此參數定義表格 (table) 中的維度。

    Table data

    此參數定義表格的輸出值，此 table 維度必須與 Breakpoint data 參 數或 Explicit number of dimensions 參數所定義的維度相符 。

Block Parameters: Interpolation (n-D) using PreLook-Up

LookupNDInterpIdx (mask) (link)

Perform n-dimensional (n-D) interpolated table lookup using precalculated indices and distance fractions. An n-D Table is a sampled representation of a function in N variables. This block is fed with the output of a PreLook-Up Index Search block. The first dimension corresponds to the top (or left) input port.

Parameters

Number of table dimensions: 2

Table data:

sqrt([1:10]'*[1:10])

Interpolation method: Linear

Extrapolation method: Linear

Action for out of range input: None

| OK | Cancel | Help | Apply |

圖 6-7.4：*Interpolation (n-D) using Prelook-Up* block 對話盒視窗

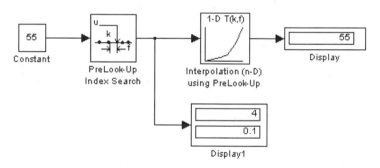

圖 6-7.5：範例 Simulink 模型窗

【舉例】

圖 6-7.5 模型中參數 Number of table dimension 設定為 1，Table data 設定與 *Prelook-up index search* block 的參數 Breakpoint data 相同，即[0 5 10 20 50 100]，有關參數 Breakpoint data，請參考 *Prelook-up index search* block 之說明，*Display1* block 所得的值 4 即為索引值，0.1 即為間隔分數值。讀者也可修改 Table data 之內容，再觀察執行結果。

本範例是簡單的一維例子，讀者也可嘗試更多維的範例。

Look-Up Table

描述：

Look-Up Table block 的功能為依據 block 參數設定值完成輸入至輸出的片段線性映射（piecewise linear mapping）。

由設定 Vector of input value 及 Vector of output value 兩參數設定值來定義查表格式（table），此 block 藉由比較 block 的輸入值和 Vector of input value 參數設定值來產生 block 的輸出值。敘述如下：

- 如果 block 的輸入值吻合於 Vector of input value 參數設定值內某一值，則輸出為 Vector of output value 參數設定值內相對應之元素值。

- 如無吻合之值，則在 block 的輸入值座落之適當兩元素間採線性內差法求取輸出值。但如果座落於最低或最高的 Vector of input value 參數設定值之外，則採取最初或最終兩點作外差求取 block 的輸出值。

例如如要產生一個步階變化值，必須重複輸入值兩次，每一次對應一個輸出值。如

    Vector of input value   [0 1 1 2]

    Vector of output value [-1 -1 1 1]

輸出入之間關係如下圖所示，block 的輸入小於 1 會產生-1 的輸出，大於 1 會產生+1 的輸出。

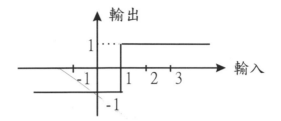

Look-Up Table block 會在其圖示（icon）上顯示輸入對輸出的關係圖形，當對話盒內參數設定值修改後，按 OK 按鈕離開對話盒視窗，圖示上的輸出入圖形會自動更新重繪。

對話盒：（圖 6-7.6）

Vector of input value

代表 *Look-Up Table* block 的輸入值向量表示式，大小長度須與輸出向量相同。輸入向量值必須是單調遞增的（monotonically increasing）。

Vector of output value

代表對應於 *Look-Up Table* block 的輸出值向量表示式。

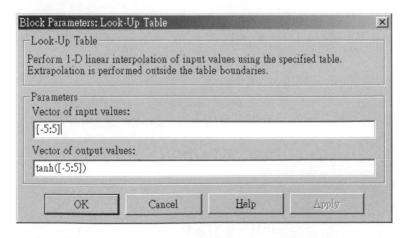

圖 6-7.6：*Look-Up Table* block 對話盒視窗

【舉例】

考慮圖 6-7.7(a)之 RLC 電路圖，其中驅動電壓爲直流 10V、R=1 Ohm、L=2H 及 C=5F。網路 N 之電流-電壓關係如圖 6-7.7(b)所示。試求電流 i 之響應圖。

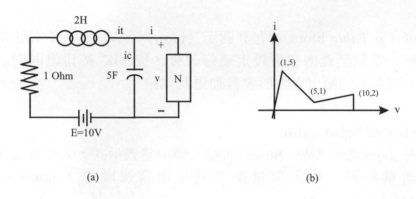

(a)   (b)

圖 6-7.7：RLC 電路圖

寫出迴路方程式

$$E = Ri_t + L\frac{di_t}{dt} + \frac{1}{C}\int i_c dt = Ri_t + L\frac{di_t}{dt} + \frac{1}{C}\int (i_t - i)dt$$

對上式微分，可得（將 R,L,C 值代入）

$$0 = \dot{i}_t + 2\ddot{i}_t + 0.2i_t - 0.2i = \dot{i}_t + 2\ddot{i}_t + 0.2i_t - 0.2f(v)$$
$$= \dot{i}_t + 2\ddot{i}_t + 0.2i_t - 0.2f(10 - i_t - 2\dot{i}_t)$$

即

$$\ddot{i}_t = -0.1i_t - 0.5\dot{i}_t + 0.1f(10 - i_t - 2\dot{i}_t)$$

在 SIMULINK 中模擬建構的模型如圖 6-7.8 所示：

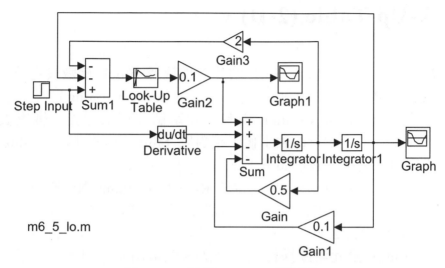

m6_5_lo.m

圖 6-7.8：範例 Simulink 模型窗

所得 i_t 電流波形如圖 6-7.9 所示：

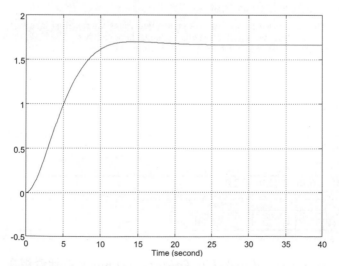

圖 6-7.9：模擬結果窗

Look-Up Table (2-D)

描述：

> *Look-Up Table(2-D)* block 的功能為依據 block 參數設定值完成輸入至輸出的片段線性映射（piecewise linear mapping）。
>
> 由設定 Row 及 Column 兩參數設定值分別來定義二維查表格式（table）的列與行的索引值，相對應 table 的輸出值由 Table 參數設定值來輸出。敘述如下：
>
> ● 如果 block 的輸入值吻合於 Row 及 Column 兩參數設定值內某一值，則輸出為 Table 參數設定值內相對應之元素值。
>
> ● 如無吻合之值，則在 block 的輸入值座落之適當的 X 及/或 Y Index 兩元素間採線性內差法求取輸出值。但如果座落於最低或最高的 Row 及 Column 參數設定值之外，則採取最初或最終兩點作外差求取 block 的輸出值。

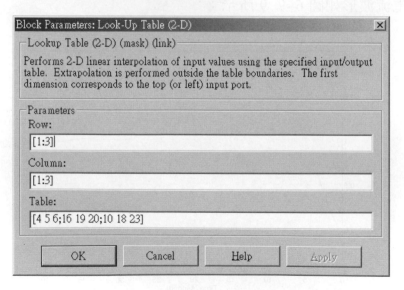

圖 6-7.10：*Look-Up Table(2-D)* block 對話盒視窗

對話盒：（圖 6-7.10）

Row

代表 table 的列（row）索引值，可以以列或行向量來輸入。此向量值必須是單調遞增的（monotonically increasing）。

Column

代表 table 的行（column）索引值，可以以列或行向量來輸入。此向量值必須是單調遞增的（monotonically increasing）。

Table

代表對應於 Row 及 Column 索引值的輸出值向量表示式。長度相同於 Row 及 Column 向量長度值。

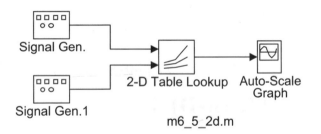

圖 6-7.11：範例 Simulink 模型窗

【舉例】

　　說明 *Look-Up Table* block(*2-D*)的功能用法，模擬圖 6-7.11 之模型：

　　可得圖 6-7.12 所示之結果，注意每次執行所得結果可能都不同，因為亂序產生的 Row 及 Column 值不同之故。

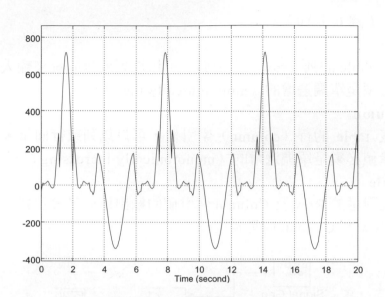

圖 6-7.12：模擬結果窗

Look-Up Table (n-D)

描述：

　　Look-Up Table(n-D) block 的功能爲依據 block 參數設定值完成輸入至輸出的片段線性映射（piecewise linear mapping）。由設定 Row 及 Column 兩參數設定值以及第三 (第四,...,第 n) 輸入參數設定值共同來定義三 (四,...,n) 維查表格式（table）的列與行的索引值，相對應 table 的輸出值由 Table 參數設定值來輸出。

對話盒：（圖 6-7.13）

Number of table dimensions

此參數用來定義 table 的維數。

First input (row) breakpoint set

定義 table 的列（row）索引值，此向量值必須是單調遞增的。

Second input (column) breakpoint set

定義 table 的行（column）索引值，此向量值必須是單調遞增的。

Third input breakpoint set

定義 table 的第三維索引值，此向量值必須是單調遞增的。

Table data

定義對應於 n-維索引值的輸出值向量表示式。

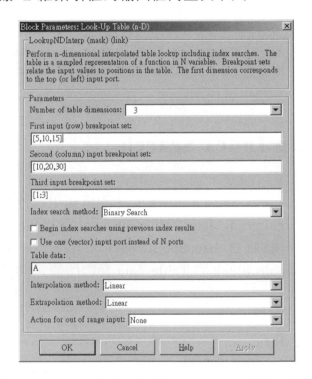

圖 6-7.13：*Look-Up Table(n-D)* block 對話盒視窗

【舉例】

　　圖 6-7.14 所示模型其對話盒視窗參數設定如圖 6-7.13 所示，其中參數 Table data 設定為多維陣列 A，先在 MATLAB 命令視窗中建立其值，如圖 6-7.14 所示。

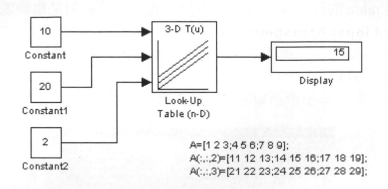

A=[1 2 3;4 5 6;7 8 9];
A(:,:,2)=[11 12 13;14 15 16;17 18 19];
A(:,:,3)=[21 22 23;24 25 26;27 28 29];

圖 6-7.14：範例 Simulink 模型窗

PreLook-Up Index Search

描述：

　　PreLook-Up Index Search block 的功能為利用線性內插找尋輸入值在由參數 Breakpoint data 所設定的索引值和間隔分數值 (interval fraction)，一般而言 Breakpoint data 對應於 *Interpolation(n -D) using prelook-up* block 的 Table data 參數所設定的資料，此資料維度為一維。

對話盒：（圖 6-7.15）

Breakpoint data

定義欲搜尋的一組數值資料。

Index search method

定義搜尋的方法，可選擇 Binary search, Every space point, Linear search 等方法。

若勾選 **Begin index search using previous index result** 則每一次起始搜尋的索引值，為上一次的搜尋結果。

若勾選 **Output only the index** 則只輸出索引值，沒有輸出間隔分數值。

Process out of range input

定義輸入超出 Breakpoint data 的處理方式，可選擇 clip to range 或 Linear extrapolation 兩種方式。

Action for out of range input

定義輸入超出 Breakpoint data 的動作方式，可選擇 None, Warning, Error。

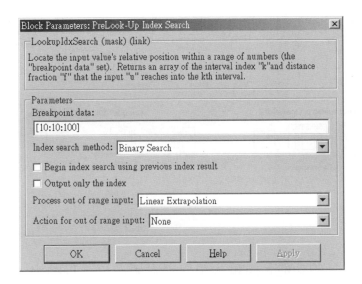

圖 6-7.15：*PreLook-Up Index Search* block 對話盒視窗

【舉例】

　　圖 6-7.16 Breakpoint data 設定為[0 5 10 20 50 100]，所的索引值 =4，間隔分數值=0.1 (55-50/100-50)。

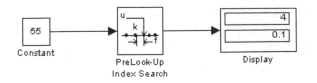

圖 6-7.16：範例 Simulink 模型窗

6-8 Math 方塊函數庫

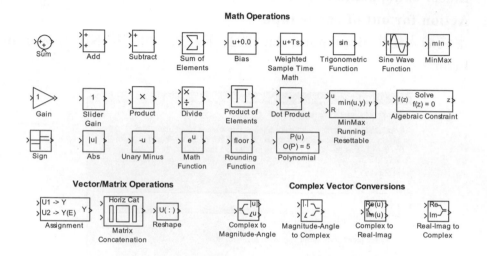

Abs

描述：

> *Abs* block 的功能是將輸入值取絕對值後再予以輸出，此 block 有一個輸入埠及一個輸出埠。

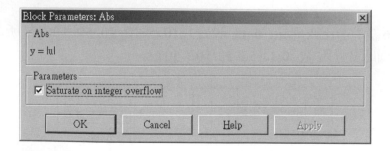

圖 6-8.1：Abs block 對話盒視窗

對話盒：（圖 6-8.1）

若打勾選取 Saturate on integer overflow (預設值)，那麼輸出值會受到溢位限制，例如：

1. 8 位元整數輸出受限於最大 127，故 u=-128 輸出 y=127

2. 16 位元整數輸出受限於最大 32767，故 u=-32768 輸出 y=32767

3. 32 位元整數輸出受限於最大 2147483647，故 u=-2147483648 輸出 y=2147483647

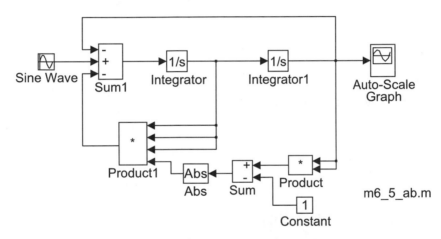

圖 6-8.2：範例 Simulink 模型圖

【舉例】分析下列方程式所示的系統行為：

$$\ddot{x} + \left| x^2 - 1 \right| \dot{x}^3 + x = \sin\left(\frac{\pi t}{2} \right)$$

初始值條件為 $x(0) = 1$, $\dot{x}(0) = 0.5$。在 SIMULINK 中所建構的模型如圖 6-8.2 所示：

在 Simulation 選單的 Parameter 選項內的 Stop time 設定為 20 秒。

輸出 x 的波形由 *Auto-Scale Graph* block 觀察如圖 6-8.3 所示：

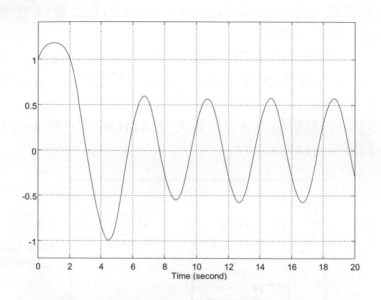

圖 6-8.3：模擬結果圖

Add

請參考 *Sum* block 之說明。

Algebraic Constraint

描述：

Algebraic Constraint block 的功能是限制輸入 f(z)為 0，而且輸出 z 值，此 block 輸出的 z 值必須能使輸入的 f(z)為 0。

對話盒：（圖 6-8.4）

Initial guess

輸出 z 值的猜測值，此猜測值越接近解答值，將會增加 algebraic loop solver 的執行效率，預設值為 0。

Block Parameters: Algebraic Constraint ☒

─Algebraic Constraint (mask) (link)──────────────

Constrains input signal f(z) to zero and outputs an algebraic state z. This block outputs the value necessary to produce a zero at the input. The output must affect the input through some feedback path. Provide an initial guess of the output to improve algebraic loop solver efficiency.

─Parameters────────────────────────────────
Initial guess:

0

OK	Cancel	Help	Apply

圖 6-8.4：*Algebraic Constraint* block 對話盒視窗

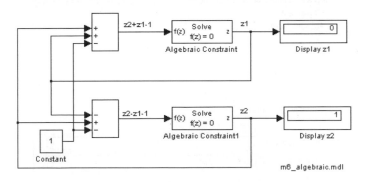

圖 6-8.5：範例 Simulink 模型圖

【舉例】解答下列聯立方程式的解

$$Z2 + Z1 = 1$$
$$Z2 - Z1 = 1$$

由圖 6-8.5 所示可知 z1 的值為 0 而 z2 的值為 1。

Assignment

描述：

Assignment block 的功能為 Y 輸出第一輸入埠 U1 的值，但其中某些元素由第二輸入埠的值所取代。

對話盒：（圖 6-8.6）

Input Type

此參數定義輸入埠 U1 的形式，可選擇 Vector 或 Matrix 形式。

Source of element indices

此參數設定元素的索引，可選擇 Internal 或 External 形式。

Elements (-1 for all elements)

此參數定義輸入埠 U2 的值。

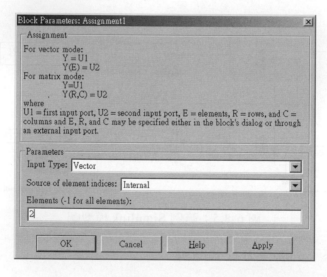

圖 6-8.6：*Assignment* block 對話盒視窗

【舉例 1】

圖 6-8.7 是設定 Input Type 為 Vector 形式，Elements 等於 2 的結果，輸入[1 2 3]第二個元素被 10 所取代。

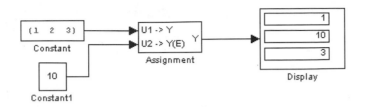

圖 6-8.7：範例 Simulink 模型圖

【舉例 2】

圖 6-8.8 是設定 Input Type 為 Matrix 形式，Rows 設定為 2,
Columns 設定為 3 的結果，輸入矩陣第二列第三行元素 6 被 10 所
取代。

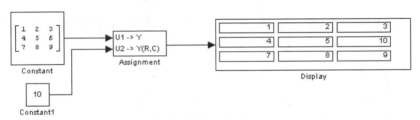

圖 6-8.8：範例 Simulink 模型圖

Bias u+0.0

描述：

　　Bias block 用來將輸入信號加上一個偏壓值 (bias)，偏壓值是由對
　　話盒內參數 Bias 定義，此 block 的輸出即為輸入值加上 bias 的設
　　定值。

對話盒：（圖 6-8.9）

　　Bias

　　此參數定義加於輸入信號上的偏壓值大小。

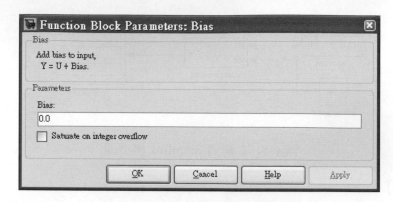

圖 6-8.9：*Bias* block 對話盒視窗

Complex to Magnitude-Angle

描述：

> *Complex to Magnitude-Angle* block 的功能為計算輸入埠複數值的大小 (Magnitude) 與相角 (phase angle) 值。

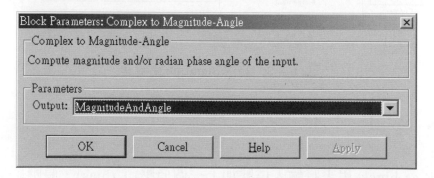

圖 6-8.10：*Complex to Magnitude-Angle* block 對話盒視窗

對話盒：（圖 6-8.10）

Output

設定輸出的形式，可以選擇只輸出大小或相角 (Magnitude 或 Angle) 或同時輸出大小與相角 (MagnitudeAndAngle)。

Complex to Real-Imag

描述：

Complex toReal-Imag block 的功能為計算輸入埠複數值的實數 (Real) 與虛數 (Image) 部分。

對話盒：（圖 6-8.11）

Output

設定輸出的形式，可以選擇只輸出實數或虛數部分 (Real 或 Imag) 或同時輸出實數與虛數部分 (RealAndImag)。

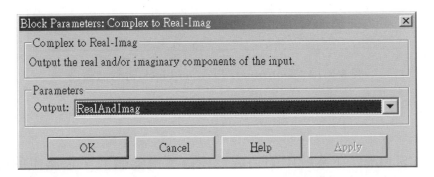

圖 6-8.11：*Difference* block 對話盒視窗

Divide

請參考 *Product* block 之說明。

Dot Product

描述：

Dot(Inner) Product block 的功能為對兩個輸入向量值作點積（dot product）運算，產生一個純量的輸出值。如下式：

$$y = \sum (conj(u1) \ .* \ u2)$$

其中 u1 和 u2 代表向量輸入值，如果 *Inner Product* block 有一輸入為純量值，則會先純量擴展（scale expansion）成向量值後再執行點積運算。

如果要執行兩向量間元素與元素間相乘而不相加，須使用 *Product* block。

對話盒：（圖 6-8.12）

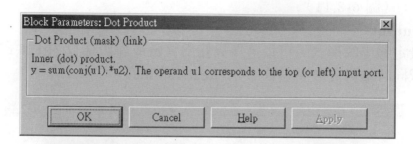

圖 6-8.12：*Dot(Inner) Product* block 對話盒視窗

Gain

描述：

> *Gain* block 在系統中的功能為模擬「增益值」，它產生的輸出為 *Gain* block 的輸入乘以對話盒內的 Gain 參數設定常數值（constant）或變數值（variable）或表示式（expression）。如果 *Gain* block 的輸入是純量值，則 Gain 參數設定值亦須為純量值，輸出自然亦是純量值。如果 *Gain* block 的輸入是向量值，輸出亦將是相同長度的向量值，此時 Gain 參數設定可為純量值或向量值，如下述：

- 如果 Gain 參數設定值為純量值，則 *Gain* block 的輸出向量值為輸入向量值內每一個元素乘以 Gain 參數設定值（純量值）所得。

- 如果 Gain 參數設定值為向量值，則 *Gain* block 的輸出向量值為 *Gain* block 的輸入向量值內每一個元素乘以 Gain 參數設定值（向量值）相對應的元素所得。此種情形 gain 和輸入向量值必須有相同大小長度。

Gain block 的圖示（icon）上會顯示由 Gain 參數設定欄所輸入的數值，（如果 *Gain* block 圖示夠大的話），如果設定成變數型態，則 block 圖示會顯示變數名稱。如果 Gain 參數設定值太長而不能顯示於圖示上，則會以-k-顯示代替。

對話盒：（圖 6-8.13）

Gain

代表增益值大小，可為純量值、向量值、變數名稱或表示式，預設值為 1。

Multiplication

指定相乘的方式，可以選擇 K.*u（element-wise 相乘）、K*u（矩陣相乘，K 為左運算元）、u*K（矩陣相乘，K 為右運算元）。

若打勾選取 Saturate on integer overflow (預設值)，那麼輸出值會受到溢位限制，例如 8 位元整數輸出受限於最大 127。

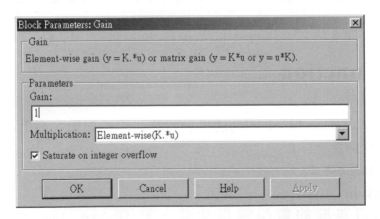

圖 6-8.13：*Gain* block 對話盒視窗

Magnitude-Angle to Complex

描述：

Magnitude-Angle to Complex block 的功能為將以大小 (Magnitude)

與相角 (phase angle) 所表示的複數值以 a+jb 來表示。

對話盒：（圖 6-8.14）

Input

設定輸入的形式，可以選擇只有大小或相角 (Magnitude 或 Angle) 輸入或同時輸入大小與相角 (MagnitudeAndAngle)，若是只有輸入大小，那麼須先指定相角值（爲常數），同理若是只有相角大小，那麼須先指定大小值。

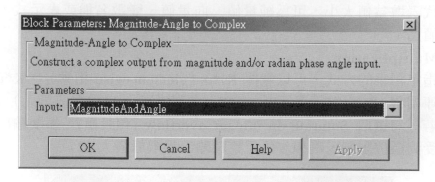

圖 6-8.14：*Magnitude-Angle to Complex* block 對話盒視窗

Math Function

描述：

Math Function block 的功能爲執行輸入埠的對數、指數及冪次的數學運算功能。

對話盒：（圖 6-8.15）

Function

表示可選取的數學運算功能，計有 exp, log, 10^u, log10, magnitude^2, square, sqrt, pow, conj, reciprocal, hypot, rem, mod, transpose, hermitian 等數學運算。

Output signal type

定義輸出訊號的形式，可選擇 auto (預設值), real, complex。

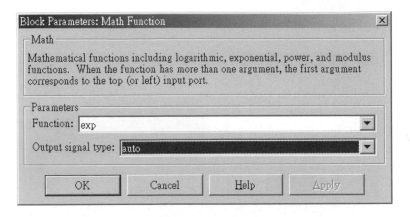

圖 6-8.15：*Math Function* block 對話盒視窗

【舉例】圖 6-8.15 所示參數之模擬結果如圖 6-8.16 所示。

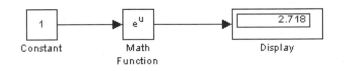

圖 6-8.16：範例 Simulink 模型圖

Matrix Concatenation

描述：

    Matrix Concatenation block 的功能為將矩陣的輸入 u1,u2,…,un 依列或行的方向連接成一個矩陣，其中 n 由對話盒中 Number of inputs 參數所設定。。

對話盒：（圖 6-8.17）

Number of inputs

此參數設定連接的矩陣個數，預設值為 2。

Concatenation method

此參數設定連接的方向，可選擇 Horizontal (水平) 或 Vertical (垂直) 方向連結。

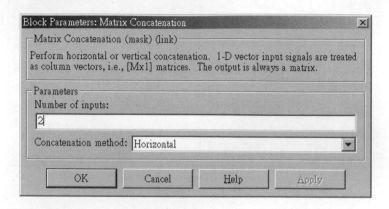

圖 6-8.17：*Matrix Concatenation* block 對話盒視窗

【舉例】如圖 6-8.18 所示。

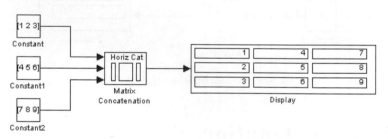

圖 6-8.18：範例 Simulink 模型圖

MinMax

描述：

　　MinMax block 的功能為執行輸入埠數值的最大值（或最小值）的運算，若為單一輸入埠而且為向量組態資料，則為求取每一元素的最大值（或最小值）的運算。

若輸入埠不只一個,則為求取每一輸入埠元素的最大值(或最小值)。

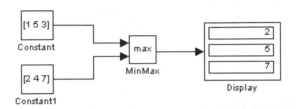

但若輸入埠中一為純量值輸入,另一為向量值輸入,則純量值會先執行純量展開成與向量值相同大小的資料組態,再求取每一輸入埠元素對元素的最大值(或最小值)。

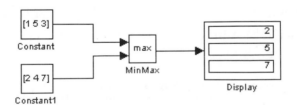

對話盒:(圖 6-8.19)

Function

定義最大值(max)或最小值(min)運算。

Number of Input Ports

定義輸入埠的數目,預設值為 1。

Block Parameters: MinMax

─ MinMax ──────────────────────────────────
Output min or max of input. For a single input, operators are applied across the input vector. For multiple inputs, operators are applied across the inputs.

─ Parameters ──────────────────────────────
Function: min ▼

Number of input ports:

1

| OK | Cancel | Help | Apply |

圖 6-8.19：*MinMax* block 對話盒視窗

MinMax Running Resettable

描述：

> *MinMax Running Resettable* block 的功能為執行輸入埠數值 u 的最大值或最小值的運算，由對話盒視窗參數 Function 去設定最大值或最小值的運算，此 block 可由輸入埠 R 去重置其輸出值，當重置信號 R 為 TRUE 時，block 輸出由參數 Initial condition 所設定之初始值。

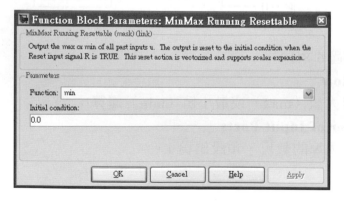

圖 6-8.20：*MinMax Running Resettable* block 對話盒視窗

對話盒：（圖 6-8.20）

Function

定義最大值（max）或最小值（min）運算。

Initial condition

定義重置後之輸出值。

Polynomial

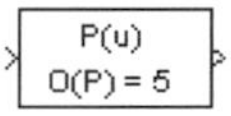

描述：

Polynomial block 使用參數 Polynomial coefficients 所設定的值來計算輸入值的多項式的值。

對話盒：（圖 6-8.21）

Polynomial coefficients

定義多項式的係數，由最高項次往最低項次排列，最後一個係數表示多項式的常數。

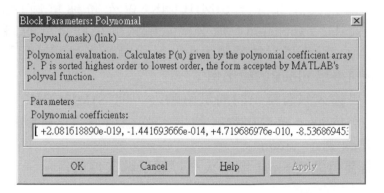

圖 6-8.21：*Polynomial* block 對話盒視窗

【舉例】

圖 6-8.22 中參數 Polynomial coefficients 設定為[1 2 1]，表示多項式為 $s^2 + 2s + 1$，輸入值 2 所得結果為 9。

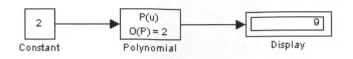

圖 6-8.22：範例 Simulink 模型圖

Product

描述：

Product block 的功能為提供乘法或除法運算。輸入可以是純量或向量值。你可以使用此 block 作純量相乘、向量相乘或純量與向量相乘。

● 純量相乘－純量輸入，block 的輸出即為輸入純量值相乘。

● 向量相乘－向量輸入，輸出則為輸入向量值內相對應的元素相乘積，輸出入向量值大小寬度（維數）須相同。

● 純量與向量相乘－SIMULINK 會先將純量值作純量擴展（scalar expansion）成與向量輸入值相同寬度的向量值輸入（每一元素皆為純量值大小），再執行向量間的相對應元素相乘積得出 block 的輸出值。

● 如果輸入只有單一的向量值輸入，則 SIMULINK 會將向量輸入值內每一元素相乘後輸出。此種情形 Π 符號將會顯示於 block 圖示（icon）上。

如有需要可調整 block 圖示大小以顯示輸入埠數目。

對話盒：（圖 6-8.23）

Number of Inputs

代表 block 輸入埠的數目。可以用數字或乘除符號輸入，如果是用乘除符號(*/)來表示的話，block 的輸入埠數目就等於符號數目，例如*/*表示輸入埠有三個，輸出為第一輸入埠元素除以第二輸入埠元素的商再乘以第三輸入埠元素，如圖 6-8.24 所示。

Multiplication

定義相乘的方式，可以選擇 element-wise(.*)、Matrix (*)。

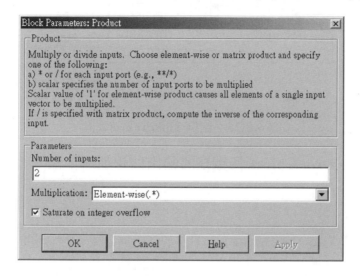

圖 6-8.23：*Product* block 對話盒視窗

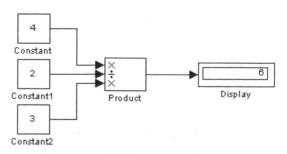

圖 6-8.24：範例 Simulink 模型圖

【舉例】求解下列方程式 x 之輸出曲線軌跡，假設 x(0)=0.2。

$$\dot{x} = -x + x^2$$

在 SIMULINK 中所建構的模型如圖 6-8.25 所示。

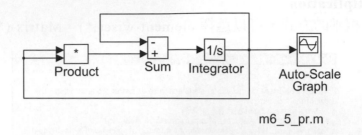

m6_5_pr.m

圖 6-8.25:範例 Simulink 模型圖

在 *Auto-Scale Graph* block 所觀察的輸出曲線軌跡如圖 6-8.26 所示。

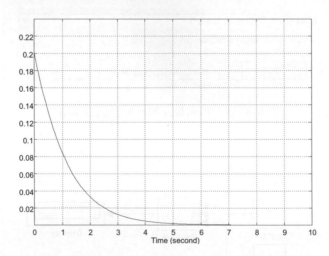

圖 6-8.26:模擬結果圖

Proudct of Element

請參考 *Product* block 之說明。

Real-Imag to Complex

描述:

Real-Imag to Complex block 的功能為將以實數 (Real) 與虛數 (Image) 所表示的複數值以 a+jb 來表示。。

對話盒：（圖 6-8.27）

Input

設定輸入的形式，可以選擇只有實數或虛數 (Real 或 Imag) 輸入或同時輸入實數與虛數 (RealAndImag)，若是只有輸入實數，那麼須先指定虛數值（為常數），同理若是只有虛數大小，那麼須先指定實數值。

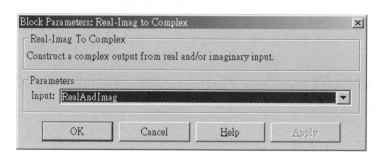

圖 6-8.27：*Real-Imag to Complex* block 對話盒視窗

Reshape >U(:)>

描述：

Reshape block 的功能是用來改變輸入訊號的維度 (dimensionality)。

對話盒：（圖 6-8.28）

Output dimensionality

此參數定義輸入的訊號的維度，可選擇為 1-D array、Column vector、Row vector、Customize (使用者自訂)，預設值為 1-D array。

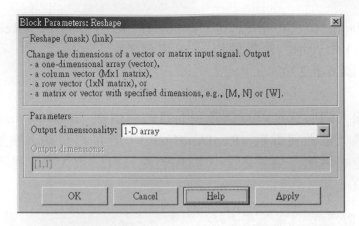

圖 6-8.28：*Reshape* block 對話盒視窗

【舉例】

圖 6-8.29*Reshape* block 的 Output dimensionality 參數設定為 Row vector。

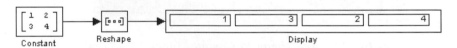

圖 6-8.29：範例 Simulink 模型圖

Rounding Function

描述：

Rounding Function block 的功能為執行輸入埠的數值捨去小數的運算。

對話盒：（圖 6-8.30）

Function

表示可執行的捨去小數的運算函數種類，計有 round，fix，floor，ceil 等函數，功能略述如下。

Round：四捨五入求最接近的整數；

Fix：去小數的整數；

Floor(x)：求不大於 x 的最大整數；

Ceil(x)：求不小於 x 的最小整數。

圖 6-8.30：*Rounding Function* block 對話盒視窗

【舉例】如圖 6-8.31 所示。

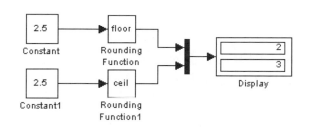

圖 6-8.31：範例 Simulink 模型圖

Sign ⊞

描述：

Sign block 的功能為依據輸入值的正負來決定輸出的大小，敘述如下：

● 如果 block 的輸入大於零，則輸出為 1。

● 如果 block 的輸入等於零，則輸出為 0。

● 如果 block 的輸入小於零，則輸出為 -1。

block 的輸出及輸入可為純量值或向量值。

對話盒：（圖 6-8.32）

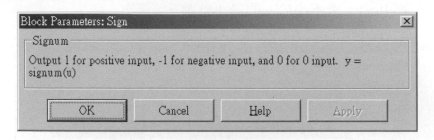

圖 6-8.32：*Sign* block 對話盒視窗

Slider Gain

描述：

> *Slider Gain* block 的功能爲允許你在模擬執行期間使用滑動軸（slider）改變一個純量增益值。此 block 能接受一個輸入並產生一個輸出，輸出入可以是純量值或向量值。如果輸入爲向量值，而增益爲純量值，則增益值會先作純量擴展（scalar expansion）後，作用於輸入向量內每一元素。

對話盒：（圖 6-8.33）

> 內含有滑動軸（slider）、文字欄（text）及 Close 按鈕。文字欄可設定最低界限值（Low）、最高界限值（High）及一個可改變的增益值欄位。增益值欄位的值可使用（1）滑動軸或（2）直接輸入數值來改變。關閉此視窗請按 Close 按鈕。
>
> 如果你在滑動軸上的 arrow（➡）上點（click）一下，則增益值改變量爲範圍值（Low-High）的 1%。但若你在滑動軸上的 trough 上點一下，則增益值改變量爲範圍值（Lo-Hi）的 10%。

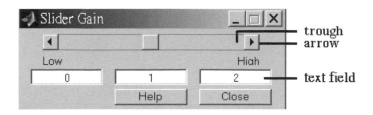

圖 6-8.33：*Slider Gain* block 對話盒視窗

Subtract

請參考 *Sum* block 之說明。

Sum

描述：

　　Sum block 的功能為把每一個輸入埠的值相加減後至輸出埠輸出。利用此 block 能做純量值相加、向量值相加、純量值與向量值相加及單一向量值相加，如下所述：

● 純量值相加－輸入皆為純量值，輸出為各輸入埠之代數和。

● 向量值相加－輸入皆為向量值，輸出向量值為各輸入埠相對應的元素值相加所得。

● 純量值與向量值相加－block 會先將純量值做純量展開（scalar expansion），自動地將純量值展開成與向量值相同長度的向量值組態（內每一元素皆為純量值大小），再作向量值相加。

● 單一向量值相加－若僅一向量值輸入，則將此輸入向量組態內每一元素相加後做純量輸出，此種情況 block 圖示（icon）會改變成「Σ」符號。

　　此 block 會依 List of sign 參數設定值，在圖示上來顯示「＋」或「－」符號，如有需要可改變圖示的大小來顯示所有的輸入埠。

對話盒：（圖 6-8.34）

　　Icon shape

設定 block 的形狀,可選擇圓形 (round) 或方形 (rectangular) 顯示。

List of signs

可設定爲常數值或「＋」、「－」符號的組合。若指定爲常數值,表示 *Sum* block 有相同數目的輸入埠而且都是「＋」符號。若指定爲「＋」、「－」符號的組合,即表示各輸入埠的加減極性,輸入埠數即爲「＋」、「－」符號數目的數目。除了「＋」符號外,所有其它的字元,包括空白鍵都被視爲「－」符號。

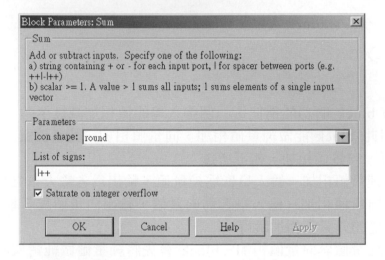

圖 6-8.34 : *Sum* block 對話盒視窗

Sum of Elements

請參考 *Sum* block 之說明。

Trigonometric Function

描述 :

Trigonometric Function block 的功能爲執行輸入埠的三角或雙曲線函數的運算。

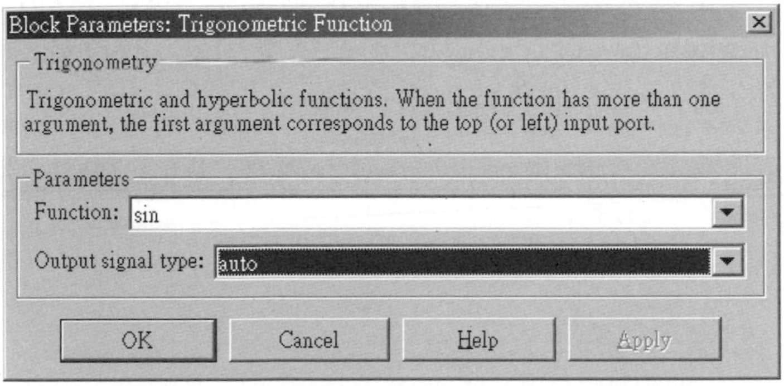

Block Parameters: Trigonometric Function ⊠

Trigonometry

Trigonometric and hyperbolic functions. When the function has more than one argument, the first argument corresponds to the top (or left) input port.

Parameters

Function: sin ▼

Output signal type: auto ▼

| OK | Cancel | Help | Apply |

圖 6-8.35：*Trigonometric Function* block 對話盒視窗

對話盒：（圖 6-8.35）

Function

表示可選取的函數種類，計有 sin, cos, tan, asin, acos, atan, atan2, sinh, cosh, tanh, asinh, acosh, atanh 等三角函數。

Output signal type

定義輸出訊號的形式，可選擇 auto (預設值), real, complex。

【舉例】如圖 6-8.36 所示。

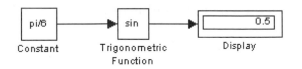

pi/8 → sin → 0.5

Constant　Trigonometric　Display
　　　　　Function

圖 6-8.36：範例 Simulink 模型圖

Unary Minus 　-u

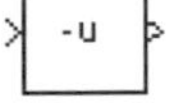

描述：

Unary Minus block 用來將輸入取負號 (-)，只用於有號數的資料型態。對於有號數其最大負數取負號會有問題，例如 8 位元有號數其表示的最小負數為 -128 最大正數為 127，-128 取負號為 128，無

法由最大正數來表示，故可以勾選對話盒參數 Saturate to max or min when overflows occur，那麼-128 取負號即爲 127，若不勾選的話，-128 取負號仍爲-128。

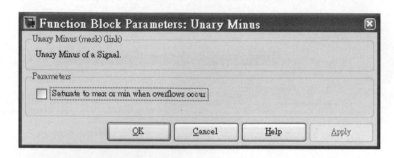

圖 6-8.37：*Unary Minus*block 對話盒視窗

對話盒：（圖 6-8.37）

Saturate to max or min when overflows occur
表示取負號時若發生溢位時會取最大正數來表示。

Weighted Sample Time Math

描述：

Weighted Sample Time Math block 用來將輸入 u 加, 減, 乘或除上可加權的取樣時間 Ts。

對話盒：（圖 6-8.38）

Operation
此參數用來指定運算元：+, -, *, /, Ts only, 1/Ts only。
Weight value
此參數表示設定取樣時間的加權值。

Function Block Parameters: Weighted Sample Time Math

Sample Time Math (mask) (link)

Add, subtract, multiply, or divide the input signal by weighted sample time, or just output weighted sample time or weighted sample rate.

Main　Signal data types

Operation: +

Weight value:

1.0

OK　Cancel　Help　Apply

圖 6-8.38：*Weighted Sample Time Math* block 對話盒視窗

對話盒：（圖 6-8.38）

Operation

此參數用來指定運算元：+, -, *, /, Ts only, 1/Ts only。

Weight value

此參數表示設定取樣時間的加權值。

6-9 Signal Routing 方塊函數庫

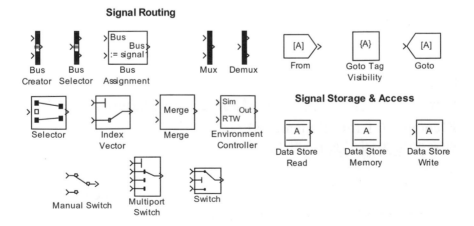

Bus Assignment

描述：

  Bus Assignment block 的功能為 Y 輸出第一輸入埠 U1 的值，但其中某些元素由第二輸入埠的值所取代。

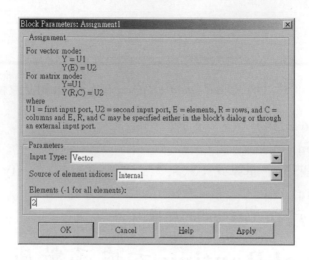

圖 6-9.1：*Bus Assignment* block 對話盒視窗

對話盒：（圖 6-9.1）

  Input Type

  此參數定義輸入埠 U1 的形式，可選擇 Vector 或 Matrix 形式。

  Source of element indices

  此參數設定元素的索引，可選擇 Internal 或 External 形式。

  Elements (-1 for all elements)

  此參數定義輸入埠 U2 的值。

【舉例 1】

  圖 6-9.2 是設定 Input Type 為 Vector 形式，Elements 等於 2 的結果，輸入[1 2 3]第二個元素被 10 所取代。

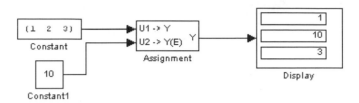

圖 6-9.2：範例 Simulink 模型圖

【舉例 2】

圖 6-9.3 是設定 Input Type 為 Matrix 形式，Rows 設定為 2, Columns 設定為 3 的結果，輸入矩陣第二列第三行元素 6 被 10 所取代。

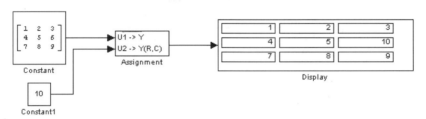

圖 6-9.3：範例 Simulink 模型圖

Bus Creator

描述：

Bus Creator block 的功能為將多個訊號匯流成單一匯流排訊號，匯流排是用較粗的線條表示。

對話盒：（圖 6-9.4）

Number of inputs

此參數定義輸入埠的數目，預設值為 2。

Signals in bus

此欄位顯示此 block 所有的輸入訊號，可以用滑鼠點選任一個訊號，然後點選 Find 按鈕，即會在模型中顯示是由哪一個 block 輸出的訊號。

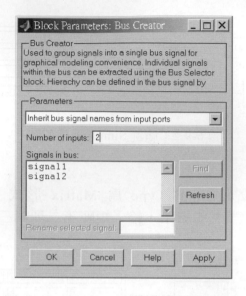

圖 6-9.4：*Bus Creator* block 對話盒視窗

範例如圖 6-9.5 所示。

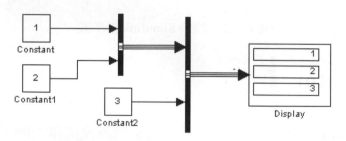

圖 6-9.5：範例 Simulink 模型圖

Bus Selector

描述：

> *Bus Selector* block 的功能與 *Bus creator* block 的功能正好相反，它是將匯流排訊號中選擇訊號輸出。

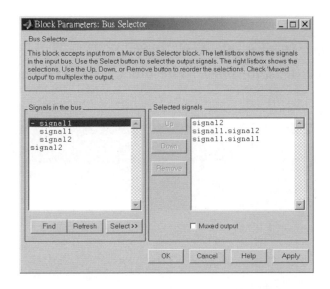

圖 6-9.6：*Bus Selector* block 對話盒視窗

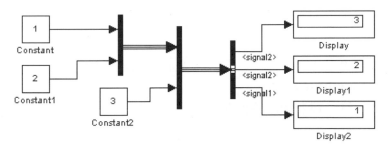

圖 6-9.7：範例 Simulink 模型圖

對話盒：（圖 6-9.6）

    Bus Selector block 能接受 *Mux* block 或其它 *Bus Selector* block 傳來的輸入值，它會自動地在對話盒中的 Signals in the bus 顯示輸入埠的訊號，如上圖所示。如果勾選 Muxed output，那麼訊號都被結合起來成為一個輸出埠。

    範例如圖 6-9.7 所示。

Data Store Memory

描述：

Data Store Memory block 的功能是定義一個可用於 Data Store Read block 和 Data Store Write block 的資料櫃（data store；一個記憶空間）。

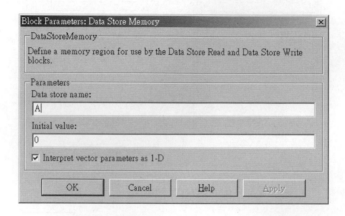

圖 6-9.8：Data Store Memory block 對話盒視窗

對話盒：（圖 6-9.8）

Data store name
此參數定義資料櫃的名稱，預設值為 A。

Initial value
此參數設定資料櫃的初始值，所設定值的大小寬度即為資料櫃的大小。

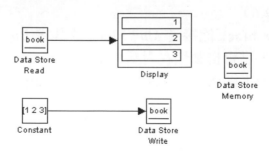

圖 6-9.9：範例 Simulink 模型圖

例如圖 6-9.9 顯示所定義的資料櫃名稱為 book，資料大小為含有三元素的向量值。

Data Store Read

描述：

Data Store Read block 的功能是從資料櫃中讀出資料，可以使用多個 *Data Store Read* block 從同一個資料櫃中讀出資料，請參考 *Data Store Memory* block 的舉例說明。

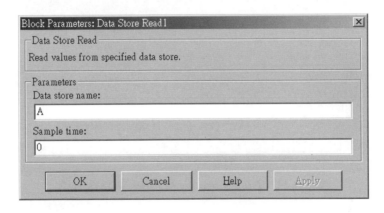

圖 6-9.10：*Data Store Read* block 對話盒視窗

對話盒：（圖 6-9.10）

Data store name
此參數定義資料櫃的名稱，預設值為 A。

Sample time
此參數設定從資料櫃讀取資料的時間間隔，預設值為-1 ，表示取樣間隔繼承先前的取樣時間間隔值。

Data Store Write

描述：

Data Store Write block 的功能是寫入資料到資料櫃中，請參考

Data Store Memory block 的舉例說明。

對話盒：（圖 6-9.11）

Data store name

此參數定義資料櫃的名稱，預設值為 A。

Sample time

此參數設定從資料櫃讀取資料的時間間隔，預設值為-1 ，表示取樣間隔繼承先前的取樣時間間隔值。

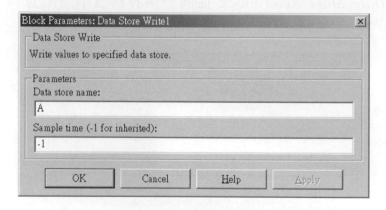

圖 6-9.11：*Data Store Write* block 對話盒視窗

Demux

描述：

　　Demux block 的功能為將輸入埠的單一輸入向量線分解為多個輸出埠，此 *Demux* block 的輸入是任何寬度（表信號線的數目）的向量組態，輸出為產生多個特定數目的輸出埠，可以是純量和/或向量值組合。如有需要改變 block 圖示（icon）的形狀大小以顯示 block 全部輸出阜數目。

對話盒：（圖 6-9.12）

Number of outputs

代表輸出阜的數目及大小寬度，各輸出阜的總和寬度必須與輸入線的寬度相符合。

Bus selection mode

若勾選 Bus selection mode，則屬於 Bus 模式，Bus 模式只能接受 *Mux* block 的輸出或是另一個 *Demux* block 的輸出。

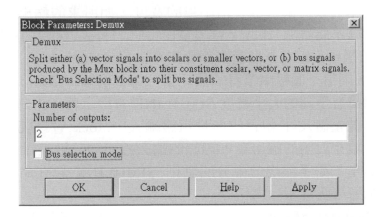

圖 6-9.12：*Demux* block 對話盒視窗

　　對純量輸出而言（即每一輸出阜只有一個純量值），相對於輸入線（內為向量值為一組純量組合）內每一元素（即信號線），block 相對應產生一個輸出阜（內只有一個純量值），亦即第 m 個輸出阜即為輸入線中第 m 個元素。

　　對於各輸出阜如有相同寬度（即相同數目的信號線），則只要定義輸出阜的數目即可。例如輸入線內含有 9 個元素，吾人希望產生的輸出阜內皆含有 3 個元素，則只要在 Number of outputs 參數設定值（見對話盒）輸入 3 即可。

　　對於不同寬度的各輸出阜而言（包含一個或多個信號線），如何設定 Number of outputs 參數設定值呢？方法如下所述：

● 直接設定每一個輸出阜的寬度以向量組態輸入，例如[3 1 4]代表由一條向量輸入線（內含有 8 條信號線）產生 3 個輸出阜，第一個輸出阜內含有最先的 3 個信號線（u[1]~u[3]），第二個輸出阜內含有第四個輸入信號線（u[4]），第三個輸出阜內含有最後 4 個輸入信號線（u[5]~u[8]）。

● 指定輸出阜數目由 block 去決定它們的寬度（信號線數目），
方法有：

(1) 以純量值輸入輸出阜的數目，block 依照輸入線的寬度除以輸
出阜的數目來求得各輸出阜的寬度，如所求的輸出阜寬度不同
（即不能整除）block 會盡量使得它們有接近的大小寬度。

例如如果輸入線有 9 個元素而輸出阜數目（Number of outputs）為
2，則第一個輸出阜有 5 個元素，第 2 個輸出阜有 4 個元素。輸
出阜有不同的大小寬度 SIMULINK 會顯示警告訊息。

(2) 以純量值及-1 組合的向量組態輸入，block 會以純量值數目指
定給相對應的輸出阜，剩餘的輸入線再均分給以-1 值指定的輸
出阜。如不能均勻平分的話則 SIMULINK 會在命令視窗中顯
示警告訊息。

例如 Number of outputs 設定為[4 -1 -1]而輸入線有 10 個元素，則
第一個輸出阜有 4 個元素，第 2 及第 3 個輸出阜均分剩餘的 6 個元
素，即每一個輸出阜有 3 個元素。

又例如 Number of outputs 設定為[5 -1 -1]， 則第 2 及第 3 個輸出
阜無法均分剩餘的 5 個元素，則第二個輸出阜分得 3 個元素，第 3
個輸出阜分得 2 個元素並會有警告訊息。

From ［A］〉

描述：

　　From block 的功能為接收從相對應的 *Goto* block 而來的信號，
From block 和 *Goto* block 一起使用可以將信號從一個 block 輸送至
另一個未連接的 block 上，彼此間的識別標籤（tag）是由參數
Goto tag 所設定，如下例圖 tag 設定為 dog。

　　From block 只能接受一個 *Goto* block 而來的信號，然而 *Goto*
block 卻能將信號輸送至多個 *From* block 內。

　　例如如圖 6-9.13 所示之模擬圖：

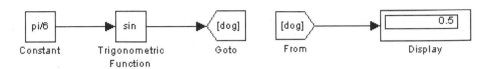

圖 6-9.13：範例 Simulink 模型圖

其餘的功能請參考 *Goto* block 以及 *Goto Tag Visibility* block 的使用說明。

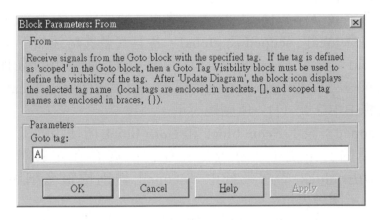

圖 6-9.14：*From* block 對話盒視窗

對話盒：（圖 6-9.14）

Goto tag

此參數定義信號由 *From* block 輸送至 *Goto* block，彼此間的識別標籤名稱。

Goto ⟨[A]⟩

描述：

Goto block 的功能是將信號輸送至相對應的 *From* block，*From* block 和 *Goto* block 一起使用可以將信號從一個 block 輸送至另一個未連接的 block 上，彼此間的識別標籤（tag）是由參數 Goto tag

所設定。

From block 只能接受一個 *Goto* block 而來的信號，然而 *Goto* block 卻能將信號輸送至多個 *From* block 內。

對話盒：（圖 6-9.15）

Tag

此參數定義信號由 *Goto* block 輸送至 *From* block，彼此間的識別標籤名稱。

Tag visibility

此參數定義 *From* block 接受信號的來源位置是否會受到限制，可以設定為 local , scoped 及 global，各有其意義略述如下：

local：表示 *From* block 和 *Goto* block 所使用的識別標籤必須在相同的次系統（subsystem）中，local 為預設值，local 識別標籤名稱將由中括號（[]）所圍繞表示。

scoped：表示 *From* block 和 *Goto* block 所使用的識別標籤必須在相同的次系統中，亦或是在任何只要存在定義有 *Goto Tag Visibility* block 的次系統中，scoped 識別標籤名稱將由大括號（{}）所圍繞表示。

global：表示 *From* block 和 *Goto* block 所使用的識別標籤可存在於模型中的任何位置。

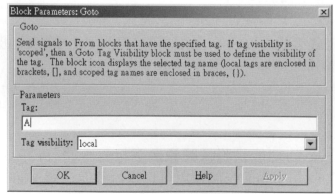

圖 6-9.15：*Goto* block 對話盒視窗

【舉例】

　　Subsystem block 內的 *Goto* block，其參數 Tag visibility 設定為 scoped，則必須使用 *Goto Tag Visibility* block（其參數 Goto tag 亦 需設定為 cat），才可在不同的次系統中使用 *From* block 和 *Goto* block 的功能，如圖 6-9.16 所示。

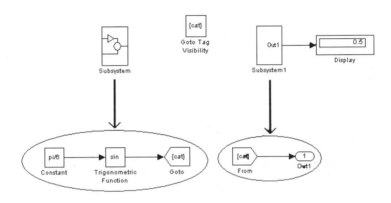

圖 6-9.16：範例 Simulink 模型圖

Goto Tag Visibility {A}

描述：

　　Goto Tag Visibility block 適用於當 *Goto* block 的參數 Tag visibility 設定為 scoped 時，使用於連接不同次系統內的 *From* block 和 *Goto* block 間的信號。

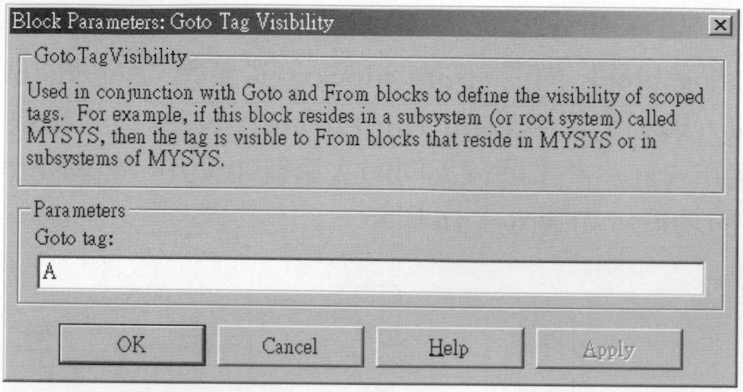

Block Parameters: Goto Tag Visibility

GotoTagVisibility

Used in conjunction with Goto and From blocks to define the visibility of scoped tags. For example, if this block resides in a subsystem (or root system) called MYSYS, then the tag is visible to From blocks that reside in MYSYS or in subsystems of MYSYS.

Parameters

Goto tag:

A

| OK | Cancel | Help | Apply |

圖 6-9.17：*Goto Tag Visibility* block 對話盒視窗

對話盒：（圖 6-9.17）

Goto Tag

此參數定義在不同的次系統中可視的 *Goto* block 識別標籤名稱，範例請參考 *Goto* block 之舉例說明。

Index Vector

參考 Multiport Switch block 之說明。

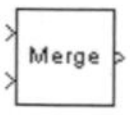

Merge

描述：

Merge block 的功能為將所有的輸入訊號連接成單個輸出線，它在任何時間的值等於它的驅動 block 最近計算的輸出值。*Merge* block 不接受被重新排序的訊號，例如圖 6-9.18 中 *Merge* block 不接受 *Selector* block 所產生的輸出，因為 *Selector* block 交換了第一和第四個元素。

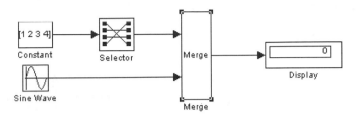

圖 6-9.18：範例 Simulink 模型窗

對話盒：（圖 6-9.19）

Number of inputs

定義所需連接輸入埠的數目，預設值為 2。

Initial output

定義輸出的初始值，如果沒有指定初始輸出值等於驅動 block 的初
始值。

勾選 **Allow unequal port widths** 允許 block 接受輸入不同數目的
元素。

Input port offset

定義每一輸入埠訊號的偏移量，為一向量值。

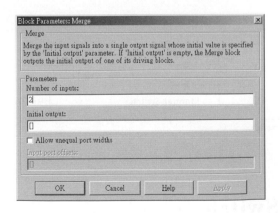

圖 6-9.19：*Merge* block 對話盒視窗

【舉例】

圖 6-9.20 所示之 *Merge* block 的參數設定為 2 個輸入埠，勾選 Allow unequal port widths，Input port offset 設定為[0 2]，第二輸入埠的偏移量為 2 個元素。

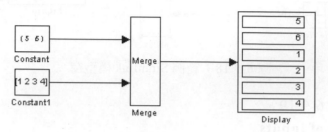

圖 6-9.20：範例 Simulink 模型圖

Manual Switch

描述：

Manual switch block 的功能是利用滑鼠來改變 switch block 輸入埠的位置，將滑鼠游標移至此 block 位置上，雙按滑鼠左鍵兩次即可改變 swich block 輸入埠的位置，如圖 6-9.21 範例所示。

【舉例】

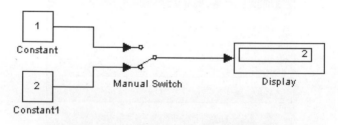

圖 6-9.21：範例 Simulink 模型圖

Multiport Switch

描述：

Multiport Switch block 的功能為依據 block 的第一個輸入埠（稱為

控制埠）的值來控制由那一個輸入埠連接至輸出埠，控制輸入依照
下表的值來做控制：

u<1.0	超越邊界（錯誤）
1.0≦u<2.0	第一個輸入埠至輸出埠
2.0≦u<3.0	第二個輸入埠至輸出埠
3.0≦u<4.0	第三個輸入埠至輸出埠
（以此類推）	
u>number of inputs	超越邊界（錯誤）

對話盒：（圖 6-9.22）

Number of inputs

用來表示控制輸入埠之外的輸入埠的數目，輸入埠與控制輸入皆可
為純量值或是向量值輸入，如果至少有一個輸入埠是向量值，則輸
出即為向量值，而且純量輸入會純量展開成向量值。

圖 6-9.22：*Multiport Switch* block 對話盒視窗

【舉例】

例如圖 6-9.23 中控制輸入值為 3.2，所以將連接第三輸入埠的值至
輸出埠。

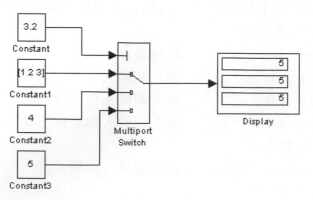

圖 6-9.23：範例 Simulink 模型圖

如果輸入埠只有一個且為向量值組態，則會以向量值內含元素值來作選擇輸出，例如圖 6-9.24 中控制輸入值為 2.2，所以將連接輸入埠的第二個元素值至輸出埠。

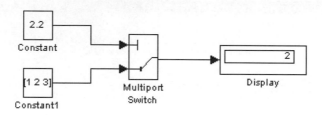

圖 6-9.24：範例 Simulink 模型圖

Mux ⦀

描述：

　　Mux block 的功能為組合一組輸入線（input lines,即一組信號線）而成一個向量輸出線（vector line）。此 block 接受一指定數量的輸入線，它們可以是純量信號線、向量信號線或是純量和向量組合的信號線，但 block 的輸出是向量值。*Mux* block 的圖示（icon）會顯示輸入埠的數目，如有必要請調整 block 的圖示大小。

對話盒：（圖 6-9.25）

Number of inputs

定義 block 輸入埠的數目和寬度，輸入阜的全部大小寬度（即總和信號線數目）須與輸出阜大小寬度相同。

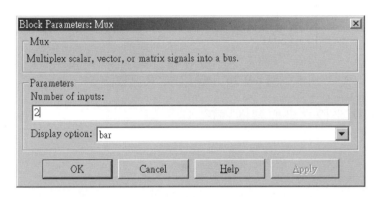

圖 6-9.25：*Mux* block 對話盒視窗

一般而言，需定義輸入埠的數目，SIMULINK 會檢查輸出埠的寬度來決定各輸入埠的寬度，如有必要可指明每一個輸入埠的寬度，以向量組態表示（如[2 3 1]）。也可以用-1 值來代表那些輸入埠，它的寬度在模擬執行期間是可以被動態地（dynamically）決定。

例如[3 1 4]代表有 3 個輸入埠（內含有 8 條信號線）產生 1 個輸出埠（內亦含有 8 條信號線，以 u[1]~u[8]表示），第一個輸入埠內含有最先的 3 個信號線（u[1]~u[3]），第二個輸入埠內含有第四個輸入信號線（u[4]），第三個輸入埠內含有最後 4 個輸入信號線（u[5]~u[8]）。如果各輸入埠的寬度是固定的，那你可以在 Number of inputs 參數設定值輸入 3 即可。

如果 3 組輸入埠中只能確定第一組輸入埠中有 3 個元素（信號線），則你可以輸入[3 -1 -1]，SIMULINK 會決定第 2 和第 3 組輸入埠的寬度。

【舉例】將如圖 6-9.26 所示之二維平面直角坐標上之正方形圖形轉換為極坐標圖形。

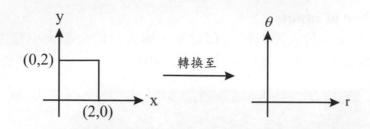

圖 6-9.26：範例之直角座標圖

直角坐標與極坐標之坐標轉換式爲：

$$r = \sqrt{x^2 + y^2}$$

$$\theta = \tan^{-1} \frac{y}{x}$$

在 SIMULINK 中模擬此坐標轉換如圖 6-9.27 所示：

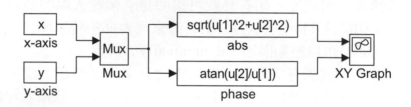

圖 6-9.27： Simulink 模擬方塊圖

而 x、y 矩陣值設定如下，

x=[0 0;5 2;10 2;15 0;20 0];
y=[0 0;5 0;10 2;15 2;20 0];

所得的極坐標圖如圖 6-9.28 所示：

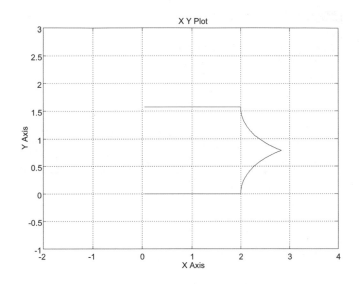

圖 6-9.28：模擬所得之結果

Selector

描述：

    Selector block 的功能是將輸入信號作選擇性的輸出。

對話盒：（圖 6-9.29）

Input Type

此參數定義輸入埠資料的形式，可選擇 Vector 或 Matrix 形式。

Source of element indices

此參數設定輸出元素的索引，可選擇 Internal (由 Element 參數設定)
或 External (由外部訊號設定)形式。

Elements (-1 for all elements)

此參數定義向量中哪些元素要輸出。

Input port width

此參數定義輸入埠的個數，預設值爲 3。

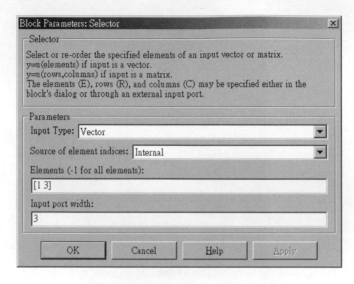

圖 6-9.29：*Selector* block 對話盒視窗

【舉例】

圖 6-9.30 的 *Selector* block 的 Elements 參數設定為[5 1 3]，亦即輸入信號的第五個元素先予以輸出，再輸出第一個元素，最後輸出第三個元素。

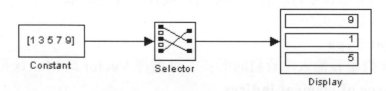

圖 6-9.30：範例 Simulink 模型圖

Switch

描述：

Switch block 的功能為依據 block 的第二個輸入埠的值來控制由兩個輸入埠中的那一個連接至輸出埠。如果第二輸入埠的信號值大於或等於 Threshold 參數設定值，則 block 連接第一個輸入埠的信號

至輸出阜,否則則連接第三個輸入阜的信號至輸出阜。

輸出阜信號的大小寬度與輸入阜同,敘述如下:

- 如果輸入信號與 Threshold 參數設定值皆為純量值,則輸出亦為純量值。

- 如果輸入信號與 Threshold 參數設定值皆為向量值,則輸出亦為向量值。

- 如果任何輸入阜或 Threshold 參數設定值一為純量值;一為向量值,則純量值會先執行純量擴展(scalar expansion)成向量值組態,以期成為相同大小寬度。

對數位邏輯輸入(如 0 或 1)而言,驅動此 *Switch* block 可以設定 Threshold 參數設定值為 0.5。

對話盒:(圖 6-9.31)

Threshold

代表決定由那一個輸入阜連接至輸出阜的參考值大小,當第二輸入阜值大於或等於此參考值,則由第一輸入阜值連接至輸出阜,否則則由第三輸入阜值連接至輸出阜。

此參數設定值可為純量值或向量值(須與輸入向量值大小寬度相同),如果為純量值則純量擴展成與輸入向量值組態大小寬度相同的向量值組態。

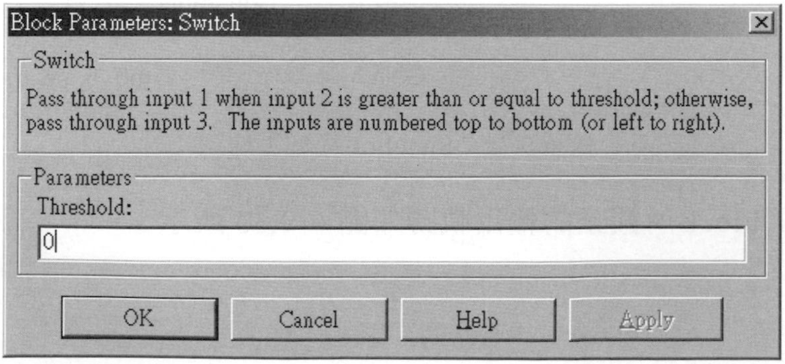

圖 6-9.31:*Switch* block 對話盒視窗

【舉例】

下列的模型方程式組:

$$\dot{x} = 1.1 + \cos(x) - \cos_+(y)$$

$$\dot{y} = 0.01(1 + \cos(y) - 20\cos_+(y))$$

其中 $\cos_+(y) = \max(\cos(y), 0)$,試分析此模型的行為。

應用 Switch block 來完成上式的函數功能,在 SIMULINK 中所建構的模型如圖 6-9.32 所示:

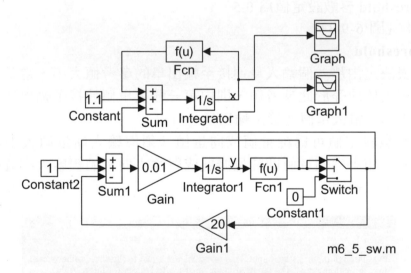

圖 6-9.32:Simulink 模型方塊圖

由 *Graph1* block 所觀察的輸出軌跡如圖 6-9.33 所示。

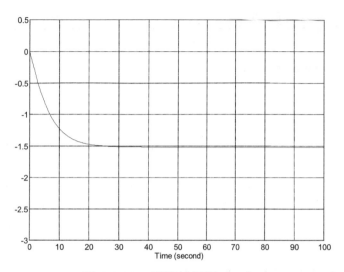

圖 6-9.33：模擬結果圖（一）

由 *Graph* block 所觀察的輸出軌跡如圖 6-9.34 所示。

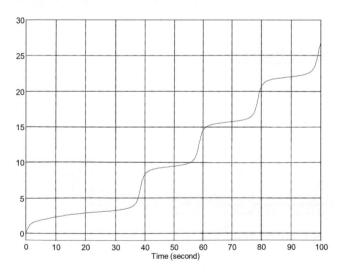

圖 6-9.34：模擬結果圖（二）

6-10 Signal Attributes 方塊函數庫

Signal Attribute Manipulation

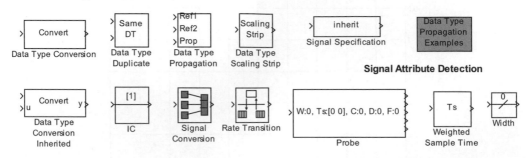

Data Type Conversion

描述：

Data Type Conversion block 的功能為將輸入埠的訊號轉換成所指定的資料型態。

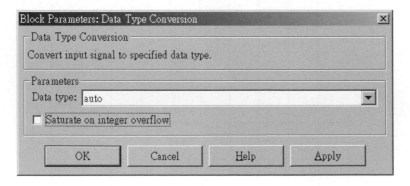

圖 6-10.1：*Data Type Conversion* block 對話盒視窗

對話盒：（圖 6-10.1）

Data type

指定輸出的資料型態，可選擇 auto, double, single, int8, uint8,

int16, uint16, int32, uint32, boolean 等資料型態。

Saturate on integer overflow 適用於 8/16/32 位元整數型資料型態，
勾選 Saturate on integer overflow 輸出值會受到溢位限制。

IC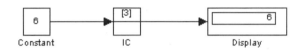

描述：

IC block 的功能是設定連接於其輸出埠的信號初始值。例如圖 6-
10.2 在 t=0 時，信號輸出值為 3，而後才輸出 6。

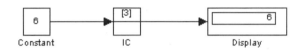

圖 6-10.2： Simulink 模擬方塊圖

對話盒：（圖 6-10.3）

Initial value

此參數設定初始值大小，預設值為 1。

圖 6-10.3：IC block 對話盒視窗

Probe

描述：

Probe block 的功能可以用來輸出輸入訊號的寬度、維度、取樣時間或是以一個旗標 (flag) 來表示是否為複數訊號，只具有一個輸入埠，輸出埠數目決定於對話盒內所選取的項目，每一個項目對應一個輸出埠。

對話盒：（圖 6-10.4）

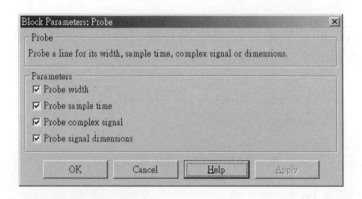

圖 6-10.4：*Probe* block 對話盒視窗

Signal Specification

描述：

　　Signal Specification block 將會檢查輸入訊號的屬性，包括維度、取樣時間、資料型態和數值型式，如與參數設定值相同，block 直接將輸入訊號輸出，否則終止模擬執行並顯示錯誤訊息。

對話盒：（圖 6-10.5）

Dimensions

此參數定義輸入訊號的維度，例如[m n]（m 列 n 行的矩陣）。

Sample time

此參數定義輸入訊號的取樣時間，可設定為-1, period>=0, [offset, period], [0, -1], [-1, -1]等，其中 period 表示取樣速率，offset 表對時間為 0 的偏移量。

Data type

定義輸入訊號的資料型態，可選擇 auto, double, single, int8, uint8, int16, uint16, int32, uint32, boolean 等。

Signal type

定義輸入訊號的數值類型，可選擇 auto, real, complex 等。

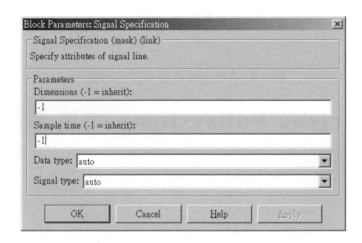

圖 6-10.5：*Signal Specification* block 對話盒視窗

Width

描述：

　　Width block 會將輸入信號的大小寬度值顯示出來。

對話盒：（圖 6-10.6）

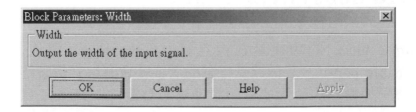

圖 6-10.6：*Width* block 對話盒視窗

【舉例】

　　圖 6-10.7顯示 Demux block 輸出埠 1 的信號寬度為 3（[1 3 5]），
輸出埠 2 的信號寬度為 2（[7 9]）。

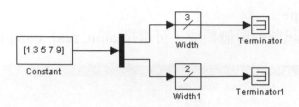

圖 6-10.7： Simulink 模擬方塊圖

6-11 Ports & Subsystems 方塊函數庫

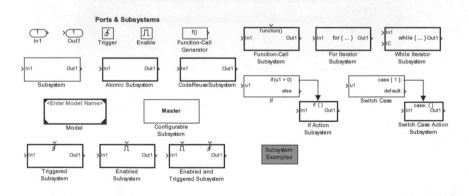

Enabled Subsystem

描述：

　　Enable block 的功能是在次系統（subsystem）中加入啟動埠
（enable port），一個能受啟動的次系統會有啟動信號輸入埠，只
要啟動埠的輸入值大於零的話便可以啟動次系統，注意！*Enable*
block 只能複製（copy）至 subsystem 中。

對話盒：（圖 6-11.1）

State when enable

此參數決定當次系統重新啓動時，次系統內的狀態值會有何變化，
可選擇設定爲：

　　reset：重置成狀態的初始值；

　　held：保持先前的狀態值。

Show output port

此爲 check box，選擇是否顯示輸出埠。

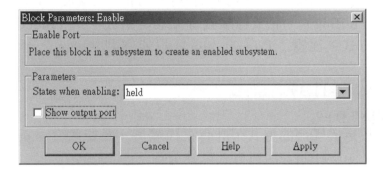

圖 6-11.1：*Enable* block 對話盒視窗

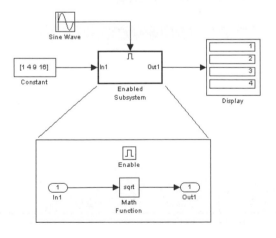

圖 6-11.2：Simulink 模擬方塊圖

例如圖 6-11.2 在 sin 波形產生時即會執行開平方根的數學運算。

Triggered Subsystem

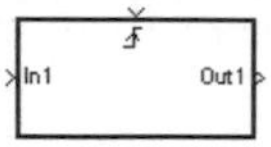

描述：

Trigger block 的功能是在次系統（subsystem）中加入觸發埠
（trigger port），一個能接受觸發信號的次系統會具有觸發信號輸
入埠，有四種觸發的方式可供選擇，即正緣觸發（rising）、負緣
觸發（falling）、正負緣觸發皆可或是函數呼叫（function call）等
四種方式，注意！*Trigger* block 只能複製（copy）至次系統視窗
中。

對話盒：（圖 6-11.3）

Trigger type
此參數定義觸發的方式，計有正緣觸發、負緣觸發、正負緣觸發皆
可或是函數呼叫等四種方式可供選擇。

Show output port
此為 check box，選擇是否顯示輸出埠。

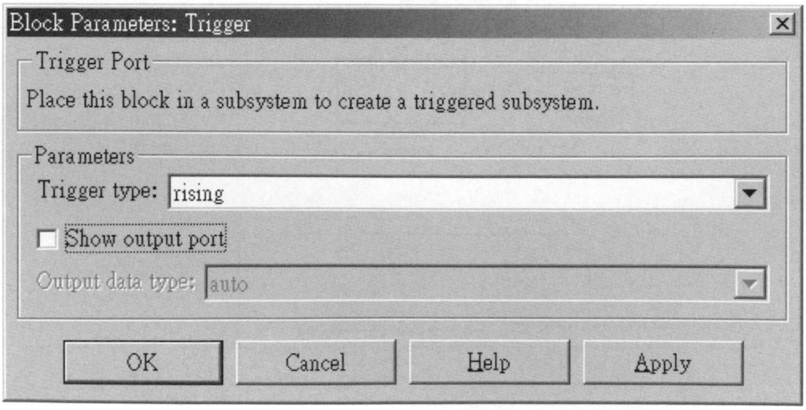

圖 6-11.3：*Trigger* block 對話盒視窗

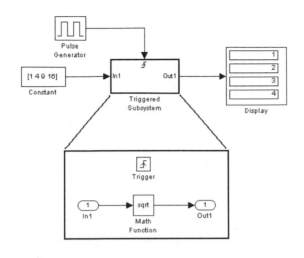

圖 6-11.4： Simulink 模擬方塊圖

　　例如圖 6-11.4 在第一個脈波產生時，即會執行開平方根的數學運算。

Enabled and Triggered Subsystem

描述：

Enable and Triggered block 是集合 *Enable* block 和 *Triggered* block 的功能在一個 block 上，它同時在次系統（subsystem）中加入啟動埠（enable port）和觸發埠（trigger port），它們可以分開設定，但是必須啟動埠和觸發埠的條件都成立時才可以啟動的次系統，啟動輸入埠的成立條件為啟動埠的輸入值必須大於零。至於觸發埠它能接受四種觸發的方式，即正緣觸發（rising）、負緣觸發（falling）、正負緣觸發皆可或是函數呼叫（function call）等四種方式，注意！*Enable and Triggered* block 只能複製（copy）至 subsystem 中。

對話盒：（圖 6-11.5）

State when enable

此參數決定當次系統重新啓動時，次系統內的狀態值會有何變化，
可選擇設定爲：

reset：重置成狀態的初始值；

held：保持先前的狀態值。

Trigger type

此參數定義觸發的方式，計有正緣觸發、負緣觸發、正負緣觸發皆
可或是函數呼叫等四種方式可供選擇。

Show output port

此爲 check box，選擇是否顯示輸出埠。

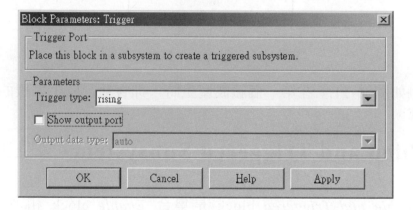

圖 6-11.5：*Trigger* block 對話盒視窗

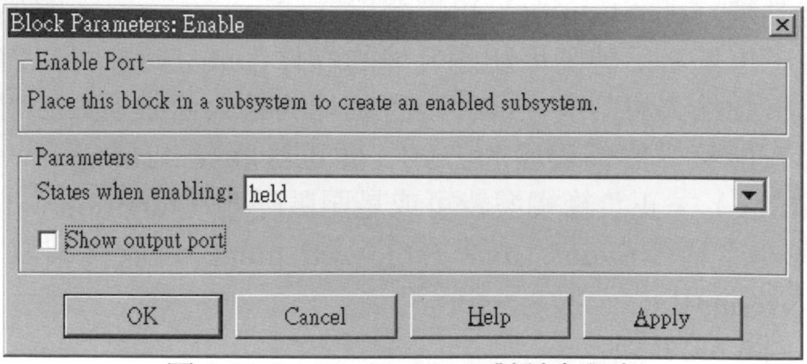

圖 6-11.6：*Enable* block 對話盒視窗

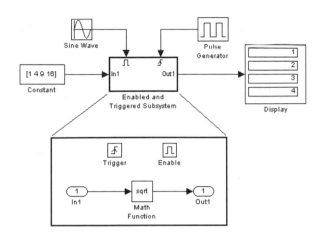

圖 6-11.7： Simulink 模擬方塊圖

　　例如圖 6-11.7 在 sin 波形以及第一個脈波產生時即會執行開平方根的數學運算。

6-12 User-Defined Functions 方塊函數庫

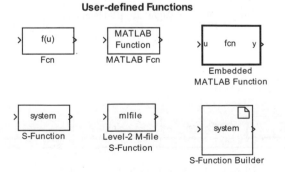

Fcn f(u)

描述：

Fcn block 所能提供的函數功能以 C 語言格式來表示，表示式可由下列敘述所組成：

1. u 表示 block 的輸入，如果 u 為向量值，u[i]表示此向量值第 i 個元素，u[1]或單獨 u 表示第一個元素。

2. 數值常數。

3. 算數運算子（+-*/）。

4. 關係運算子（== != >< >= <=），如果關係式為眞（True）則回報（return）為 1，否則則回報為 0。

5. 邏輯運算子（&& || !），如果關係式為眞（True）則回報為 1，否則則回報為 0。

6. 括弧。

7. MATLAB 函數-abs,acos,asin,atan,atan2,ceil,cos,cosh,exp, fabs,floor,hypot,ln,log,log10,pow,power,rem,sgn,sin,sinh, sqrt,tan,tanh。

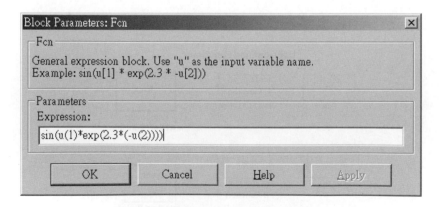

圖 6-12.1：Fcn block 對話盒視窗

對話盒：（圖 6-12.1）

Expression

block 的輸入應使用 C 語言格式表示式,表示式如上所述。其與 MATLAB 表示式不同處在於,表示式不能執行矩陣運算。

【舉例】

求解下列方程式 x 的軌跡曲線圖

$$\dot{x} = -x + sin(10x) + sin(t)$$

在 SIMULINK 所建構的模型如圖 6-12.2 所示:

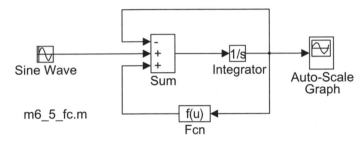

圖 6-12.2:Simulink 模擬方塊圖

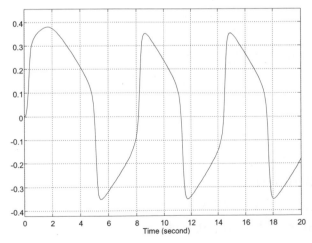

圖 6-12.3:模擬結果圖

Fcn block 對話盒內設定為 sin(10*u[1])。由 *Auto-Scale Graph* block 所觀察 x 的輸出軌跡曲線如圖 6-12.3 所示。

MATLAB Fcn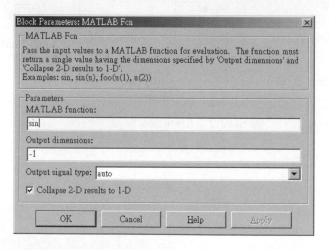

描述：

    MATLAB Fcn block 的功能為能夠執行 MATLAB 所提供的函式（function）或表示式（expression），此 block 接受一個輸入，可以是純量值或向量值。下列是一些正確的函式或表示式：

cos

atan(u(1),u(2))

u(1)*u(2)

圖 6-12.4：*MATLAB Fcn* block 對話盒視窗

對話盒：（圖 6-11.4）

    MATLAB function

    定義函式或表示式。如果只有函式名稱，則不需包括輸入變數，例如函式 cos，即表示 block 的輸出為 cos(u)。

    Output dimensions

    定義 block 輸出埠的寬度。若指定-1 表示與輸入埠同寬度。

    Output signal type

定義輸出訊號的數值型態，可選擇 real, complex, auto，auto 表示輸出與輸入數值型態相同。

Collapse 2-D results to 1-D

表示將 2 維陣列以 1 維陣列的型態輸出。

S-Function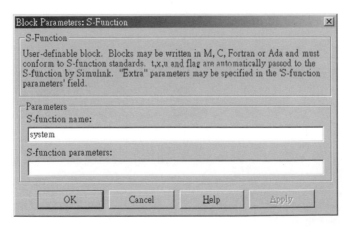

描述：

S-Function block 可由參數 S-function name 設定所要存取 S-函式的名稱，並可以傳參數到 S-函式中，*S-Function* block 會顯示 *S-*函式檔案的名稱。

對話盒：（圖 6-12.5）

S-function name

定義 S-函式的名稱。

S-function parameters

定義傳入 S-函式的參數。

圖 6-12.5：*S-Function* block 對話盒視窗

第二篇 控制系統

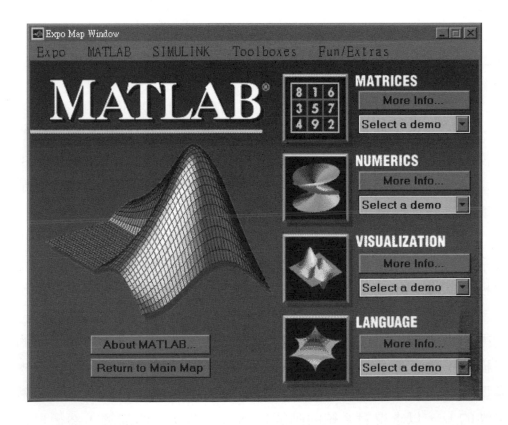

第七章

動態系統模型之建立

7-1 引言

　　分析與設計控制系統首要的工作是對我們所要研究的系統，依據它的特性、再根據相關的定律，建立起系統的數學模型，此系統的數學模型是一組方程式，可能是微分方程式，也可能是差分方程式；可能是線性的，亦可能是非線性的，但不管怎樣，這一組方程式將精確地或相當好地描述了系統的動態特性。

　　當得到描述所欲分析系統的數學模型的動態方程式後，第二步是解系統方程式以求得系統的響應，進而瞭解系統的動態特性。但實際的模型大多具有非線性（nonlinear）的特性，自然地、解亦是難解的。所以必須將系統操作的範圍限制在線性區內（線性系統理論已發展得相當完備），因此控制工程師不僅有能力能準確地描述系統的數學模型，更重要的能正確的估計與假設系統的線性區域，以便以線性模型來分析此系統。一般來說，可以先建立一個簡化的模型（低階、線性的），以求得對系統的動態行為有一個初步的瞭解，然後再建立更複雜的數學模型（高階、非線性的，當然須更能代表系統的特性），用來對系統進行比較精確地分析。故對有志於從事控制工程的人而言，首先要求的兩個基本技能就是 *建立動態系統的數學模型* 及 *分析動態系統響應的能力*。

建立線性系統模型最常用的兩個方法是轉移函數（transfer function）法與動態方程式（dynamical equation）法，這兩種表示法在 SIMULINK 中皆有提供（在 linear 方塊函數庫內）。

7-1.1 古典控制學的數學模型表示法－轉移函數

定義：假設一個動態系統，經由其物理特性可推導出代表系統動態特性的線性非時變常微分方程式：

$$y^{(n)} + a_1 y^{(n-1)} + \ldots\ldots + a_n y = b_0 u^{(m)} + b_1 u^{(m-1)} + \ldots\ldots + b_m u \ \ldots\ldots(7\text{-}1)$$

其中 y 為系統輸出，u 為系統輸入，$a_1, \ldots, a_n, b_0, \ldots, b_m \in \Re$ 為系統參數，令系統的初始條件皆為零，即

$$y^{(n-1)}(0) = y^{(n-2)}(0) = \ldots\ldots = y(0) = u^{(m-1)}(0) = \ldots\ldots = u(0) = 0$$

對式 (7-1) 取拉普拉斯（Laplace）轉換，並定義 $Y(s) = L\{y(t)\}$、$U(s) = L\{u(t)\}$，則可得

$$s^n Y(s) + a_1 s^{n-1} Y(s) + \ldots\ldots + a_n Y(s) = b_0 s^m U(s) + \ldots\ldots + b_m U(s) \ \ldots\ldots(7\text{-}2)$$

將式 (7-2) 重新整理可得

$$G(s) = \frac{Y(s)}{U(s)} = \frac{b_0 s^m + \ldots\ldots + b_m}{s^n + a_1 s^{n-1} + \ldots\ldots + a_n} \ \ldots\ldots(7\text{-}3)$$

$G(s)$ 即定義為此動態系統輸出與輸入間的轉移函數。

● 由定義可知轉移函數是系統輸出與輸入之間拉普拉斯轉換的比

值，轉移函數本身只與微分方程式的係數 $a_1,...,a_n,b_0,...,b_m$ 有關，亦即與系統的動態（物理）特性有關，與系統的輸出、輸入沒有關係。

● 能以轉移函數表示的動態系統必須是線性非時變且初始值爲零的系統。

● 轉移函數亦可表示成極零點（pole-zero）形式

$$G(s) = \frac{K(s+z_1)......(s+z_m)}{(s+p_1)(s+p_2)......(s+p_n)}$$

其中 K 稱爲系統增益常數（gain constant）。

$s = -z_1,......,-z_m$ 稱爲系統零點（zero）。

$s = -p_1,......,-p_n$ 稱爲系統極點（pole）。

7-1.2 現代控制學的數學模型表示法－動態方程式

前小節所敘述的轉移函數表示法適用於單輸入單輸出線性非時變系統的分析與設計上。但近代控制工程趨向於多元化，且系統精確度要求不斷提高，也越複雜，使得控制工程師必須面臨多輸入多輸出和時變系統。要分析這類系統，必須要降低數學表示式的複雜性，又由於電腦科技的急速發展，可做大量的資料處理與計算，而動態方程式表示法易於表達多輸入多輸出和時變觀念，且適於計算機的計算，因此在這方面扮演了重要的角色。

● *動態方程式*

對於一個具有 p 個輸入 $u_1,u_2,......,u_p$，q 個輸出 $y_1,y_2,......y_q$，及 n 個狀態變數 $x_1,x_2,......,x_n$ 的線性非時變系統，吾人將

1. 每一個狀態變數的微分表示成所有狀態變數與輸入的線性組合，此稱爲狀態方程式（state equation），且將

2. 每一個輸出表示成所有狀態變數與輸入的線性組合，此稱爲輸出方程式（output equation）。狀態方程式與輸出方程式合稱爲動態方程式。

   何謂系統的*狀態變數*（state variable）？其定義爲系統內一組最少數目的變數 $x_1, x_2, \ldots, x_n$，這些變數在任何時間 t_0 加入輸入訊號後，在依據變數在時間 t_0 的初始值，便可以決定整個系統在 t_0 時間之後（$t \geq t_0$）的系統動態行爲。狀態變數的物理意義可視爲系統內部訊息的表示，可能無法由系統外在輸出測量得到，但輸出變數須爲可量測得到的訊號。

   今定義輸入、輸出與狀態變數向量爲列矩陣（column matrices）形式；

$$U(t) = \begin{bmatrix} u_1(t) \\ u_2(t) \\ \vdots \\ u_p(t) \end{bmatrix} \quad (p \times 1)$$

$$Y(t) = \begin{bmatrix} y_1(t) \\ y_2(t) \\ \vdots \\ y_q(t) \end{bmatrix} \quad (q \times 1)$$

$$X(t) = \begin{bmatrix} x_1(t) \\ x_2(t) \\ \vdots \\ x_n(t) \end{bmatrix} \quad (n \times 1)$$

動態方程式可寫成

$$\dot{X}(t) = AX(t) + BU(t)$$
$$Y(t) = CX(t) + DU(t)$$

其中 A 為 $n \times n$ 階系統矩陣（system matrix）

$$A = \begin{bmatrix} a_{11} & a_{12} & \cdots & a_{1n} \\ a_{21} & a_{22} & \cdots & a_{2n} \\ \vdots & \vdots & \cdots & \vdots \\ a_{n1} & a_{n2} & \cdots & a_{nn} \end{bmatrix}$$

B 為 $n \times p$ 階輸入矩陣（input matrix）

$$B = \begin{bmatrix} b_{11} & b_{12} & \cdots & b_{1p} \\ b_{21} & b_{22} & \cdots & b_{2p} \\ \vdots & \vdots & \cdots & \vdots \\ b_{n1} & b_{n2} & \cdots & b_{np} \end{bmatrix}$$

C 為 $q \times n$ 階輸出矩陣（output matrix）

$$C = \begin{bmatrix} c_{11} & c_{12} & \cdots & c_{1n} \\ c_{21} & c_{22} & \cdots & c_{2n} \\ \vdots & \vdots & \cdots & \vdots \\ c_{q1} & c_{q2} & \cdots & c_{qn} \end{bmatrix}$$

D 為 $q \times p$ 階直接傳輸矩陣（direct transmission matrix）

$$D = \begin{bmatrix} d_{11} & d_{12} & \cdots & d_{1p} \\ d_{21} & d_{22} & \cdots & d_{2p} \\ \vdots & \vdots & \cdots & \vdots \\ d_{q1} & d_{q2} & \cdots & d_{qp} \end{bmatrix}$$

動態方程式可用於單輸入單輸出系統，亦可用於多輸入多輸出系統。若系統是非時變系統,則 A、B、C、D 均爲常數(constant)矩陣。若系統是時變系統,則 A(t)、B(t)、C(t)、D(t)均爲時變(time varying)矩陣。

動態方程式的示意方塊圖如圖 7-1 所示。

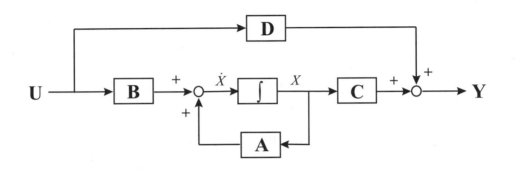

圖 7-1:動態方程式示意方塊圖

7-1.3 數學模型轉換

MATLAB 提供一些函數作爲數學模型間的轉換,如下所述:

1. ss2tf－>動態方程式表示式至轉移函數表示式間轉換。
2. ss2zp－>動態方程式表示式至極零點表示式間轉換。
3. tf2ss－>轉移函數表示式至動態方程式表示式間轉換。
4. tf2zp－>轉移函數表示式至極零點表示式間轉換。
5. zp2ss－>極零點表示式至動態方程式表示式間轉換。
6. zp2tf－>極零點表示式至轉移函數表示式間轉換。

● ss2tf 函數

ss2tf 函數能將連續時間動態方程式

7-8 控制系統設計與模擬－使用MATLAB/SIMULINK

$$\dot{X}(t) = AX(t) + BU(t)$$
$$Y(t) = CX(t) + DU(t)$$

轉換至轉移函數表示式

$$G(s) = \frac{b_0 s^m + \ldots\ldots + b_m}{s^n + a_1 s^{n-1} + \ldots\ldots + a_n}$$

指令格式：

[nums,dens]=ss2tf(A,B,C,D,iu)

A,B,C,D 分別代表動態方程式中的系統矩陣，輸入矩陣，輸出矩陣，直接傳輸矩陣。因為動態方程式能表示成多輸入系統，iu 值代表求第 i_th 個輸入的轉移函數表示式。nums,dens 分別代表轉移函數分子、分母多項式的係數（以 s 的冪次降階排列）。

【舉例】有一個系統以下列動態方程式所描述

$$\begin{bmatrix} \dot{x}_1 \\ \dot{x}_2 \\ \dot{x}_3 \end{bmatrix} = \begin{bmatrix} 0 & 1 & 0 \\ 0 & 0 & 1 \\ -1 & -2 & -3 \end{bmatrix} \begin{bmatrix} x_1 \\ x_2 \\ x_3 \end{bmatrix} + \begin{bmatrix} 5 \\ 0 \\ 0 \end{bmatrix} u$$

$$y = \begin{bmatrix} 1 & 0 & 0 \end{bmatrix} \begin{bmatrix} x_1 \\ x_2 \\ x_3 \end{bmatrix}$$

試求轉移函數 G(s)=Y(s)/U(s)。
在 MATLAB 命令視窗中，鍵盤輸入

....

```
% convert state-space representation
% to a transfer function representation
```

A=[0 1 0;0 0 1;-1 -2 -3];

B=[5 ;0 ;0];

C=[1 0 0];

D=[0];

[nums,dens]=ss2tf(A,B,C,D,1)

....

執行結果如下所示

nums =

    0   5.0000   15.0000   10.0000

dens =

   1.0000   3.0000   2.0000   1.0000

因此轉移函數為

$$G(s) = \frac{5s^2 + 15s + 10}{s^3 + 3s^2 + 2s + 1}$$

● ss2zp 函數

   ss2zp 函數能將連續時間動態方程式

$$\dot{X}(t) = AX(t) + BU(t)$$
$$Y(t) = CX(t) + DU(t)$$

轉換至極零點表示式

$$G(s) = \frac{K(s + z_1)......(s + z_m)}{(s + p_1)(s + p_2)......(s + p_n)}$$

指令格式：

[z,p,k]=ss2zp(A,B,C,D,iu)

A,B,C,D 分別代表動態方程式中的系統矩陣，輸入矩陣，輸出矩陣，直接傳輸矩陣。因爲動態方程式能表示成多輸入系統，iu 值代表求第 i_th 個輸入的轉移函數表示式。z,p,k 分別代表極點，零點，增益值。

【舉例】有一個系統以下列動態方程式所描述

$$\begin{bmatrix} \dot{x}_1 \\ \dot{x}_2 \end{bmatrix} = \begin{bmatrix} 0 & 1 \\ -3 & -4 \end{bmatrix} \begin{bmatrix} x_1 \\ x_2 \end{bmatrix} + \begin{bmatrix} 0 \\ 1 \end{bmatrix} u$$

$$y = \begin{bmatrix} 10 & 0 \end{bmatrix} \begin{bmatrix} x_1 \\ x_2 \end{bmatrix} + \begin{bmatrix} 0 \end{bmatrix} u$$

試求以極零點表示之轉移函數 G(s) 。

在 MATLAB 命令視窗中，鍵盤輸入

....

```
% convert state-space representation
% to a pole-zero-gain representation
A=[0 1;-3 -4];
B=[0 ;1];
C=[10 0];
D=[0];
[z,p,k]=ss2zp(A,B,C,D,1)
```

....

執行結果如下所示

```
z =
    []
p =
    -1
```

$$k = \begin{matrix} -3 \\ 10 \end{matrix}$$

因此以極零點表示的轉移函數爲

$$G(s) = \frac{10}{(s+1)(s+3)}$$

● tf2ss

tf2ss 函數能將連續時間轉移函數

$$G(s) = \frac{b_0 s^m + \cdots\cdots + b_m}{s^n + a_1 s^{n-1} + \cdots\cdots + a_n}$$

轉換至動態方程式表示式

$$\dot{X}(t) = AX(t) + BU(t)$$
$$Y(t) = CX(t) + DU(t)$$

指令格式：

[A,B,C,D]=tf2ss(nums,dens)

A,B,C,D 分別代表動態方程式中的系統矩陣，輸入矩陣，輸出矩陣，直接傳輸矩陣。nums,dens 分別代表轉移函數分子、分母多項式的係數（以 s 的幕次降階排列）。

【舉例】試求下列轉移函數的動態方程式表示式

$$G(s) = \frac{s^2 + 7s + 2}{s^3 + 9s^2 + 26s + 24}$$

在 MATLAB 命令視窗中，鍵盤輸入

....

```
% convert transfer function representation
% to a state-space representation
nums=[1 7 2];
dens=[1 9 26 24];
[A,B,C,D]=tf2ss(nums,dens)
```

....

執行結果如下所示

```
A =
    -9   -26   -24
     1     0     0
     0     1     0
B =
     1
     0
     0
C =
     1     7     2
D =
     0
```

● tf2zp

tf2zp 函數能將連續時間系統轉移函數

$$G(s) = \frac{b_0 s^m + \ldots\ldots + b_m}{s^n + a_1 s^{n-1} + \ldots\ldots + a_n}$$

轉換至極零點表示式

$$G(s) = \frac{K(s + z_1)......(s + z_m)}{(s + p_1)(s + p_2)......(s + p_n)}$$

指令格式：

[z,p,k]=tf2zp(nums,dens)

z,p,k 分別代表極點，零點，增益值。nums,dens 分別代表轉移函數分子、分母多項式的係數（以 s 的幕次降階排列）。

【舉例】試求下列轉移函數的極零點表示式

$$G(s) = \frac{s^2 + 7s + 2}{s^3 + 9s^2 + 26s + 24}$$

在 MATLAB 命令視窗中，鍵盤輸入

....

```
% convert transfer function representation
% to a pole-zero-gain representation
nums=[1 7 2];
dens=[1 9 26 24];
[z,p,k]=tf2zp(nums,dens)
```

....

執行結果如下所示

```
z =
    -6.7016
    -0.2984
p =
    -4.0000
    -3.0000
```

    -2.0000

  k =

    1

● zp2ss

zp2ss 函數能將以極零點表示的轉移函數

$$G(s) = \frac{K(s+z_1)......(s+z_m)}{(s+p_1)(s+p_2)......(s+p_n)}$$

轉換至動態方程式表示式

$$\dot{X}(t) = AX(t) + BU(t)$$
$$Y(t) = CX(t) + DU(t)$$

指令格式：

[A,B,C,D]=zp2ss(z,p,k)

A,B,C,D 分別代表動態方程式中的系統矩陣，輸入矩陣，輸出矩陣，直接傳輸矩陣。z,p,k 分別代表極點，零點，增益值。

【舉例】試求下列以極零點表示的轉移函數的動態方程式表示式

$$G(s) = \frac{5}{(s+3)(s+2)}$$

在 MATLAB 命令視窗中，鍵盤輸入

....

  % convert pole-zero-gain representation

  % to a state-space representation

  z=[];

  p=[-3 -2];

```
k=5;
[A,B,C,D]=zp2ss(z,p,k)
```

....

執行結果如下所示

A =

   -5.0000   -2.4495

    2.4495   0

B =

    1

    0

C =

        0   2.0412

D =

    0

● zp2tf

zp2ss 函數能將以極零點表示的轉移函數

$$G(s) = \frac{K(s+z_1)......(s+z_m)}{(s+p_1)(s+p_2)......(s+p_n)}$$

轉換至轉移函數表示式

$$G(s) = \frac{b_0 s^m +......+ b_m}{s^n + a_1 s^{n-1} +......+ a_n}$$

指令格式：

[nums,dens]=zp2tf(z,p,k)

nums,dens 分別代表轉移函數分子分母多項式的係數（以 s 的幕次降階排列）。z,p,k 分別代表極點，零點，增益值。

【舉例】將下列極零點表示的轉移函數轉換為轉移函數表示式

$$G(s) = \frac{s(s+5)(s+6)}{(s+1)(s+2)(s+3+j4)(s+3-j4)}$$

在 MATLAB 命令視窗中，鍵盤輸入

....

```
% convert pole-zero-gain representation
% to a transfer function representation
z=[0;-5;-6];
i=sqrt(-1);
p=[-1;-2;-3+4*i;-3-4*i];
k=1;
[nums,dens]=zp2tf(z,p,k)
```

....

執行結果如下所示

```
nums =
    0    1   11   30    0
dens =
    1    9   45   87   50
```

因此轉移函數為

$$G(s) = \frac{s^3 + 11s^2 + 30s}{s^4 + 9s^3 + 45s^2 + 87s + 50}$$

7-2 機械系統

欲導出機械系統的數學模型,其基本的根據為牛頓第二定律,它可以應用於任何的機械系統。對於平移(translation)系統,牛頓第二定律可表示為:

$$\Sigma F = ma$$

其中ΣF表系統中物體所受力的向量和,單位 N 或 lb。

　　m 表物體的質量,單位 Kg 或 slug。

　　a表物體的加速度向量,單位 m/s^2 或 ft/s^2。

【例一】力-質量系統。

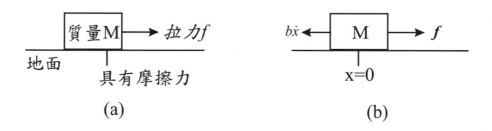

圖 7-2:力-質量系統方塊圖

如圖 7-2(a)吾人欲拉動一個箱子(拉力 f=1N),箱子質量為 M(1Kg),箱子與地面存在有摩擦力(b=0.4N/m/sec),其大小與車子的速度成正比。以圖 7-2(b)的自由體圖(free body)來近似,其運動方程式為:

$$f - b\dot{x} = M\ddot{x} \quad \text{或} \quad \ddot{x} = -\frac{b}{M}\dot{x} + \frac{f}{M}$$

在 SIMULINK 中所建構的模型如下圖 7-3 所示；

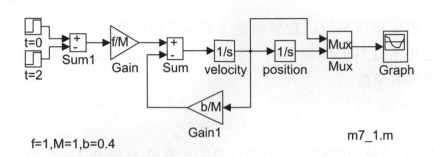

圖 7-3：SIMULINK 中所建構的力－質量系統模型

　　由 *Graph* block 所觀察的輸出波形如圖 7-4 所示，拉力作用時間為 2 秒（t=0-2 秒），虛線表箱子之位移曲線而實線表箱子的速度變化。因有摩擦力存在，箱子最終將會停止前進。

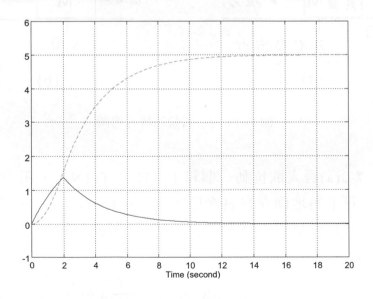

圖 7-4：由 *Graph* block 所觀察的箱子運動變化圖

今令 $x_1 = x$, $x_2 = \dot{x}$ ，可得

$$\frac{dx_1}{dt} = x_2$$

$$\frac{dx_2}{dt} = -\frac{b}{M}x_2 + \frac{1}{M}f$$

表示成動態方程式為

$$\begin{bmatrix} \dot{x}_1 \\ \dot{x}_2 \end{bmatrix} = \begin{bmatrix} 0 & 1 \\ 0 & -\dfrac{b}{M} \end{bmatrix}\begin{bmatrix} x_1 \\ x_2 \end{bmatrix} + \begin{bmatrix} 0 \\ \dfrac{1}{M} \end{bmatrix}f$$

$$y = \begin{bmatrix} 1 & 0 \end{bmatrix}\begin{bmatrix} x_1 \\ x_2 \end{bmatrix}$$

【例二】力－彈簧－阻尼系統。

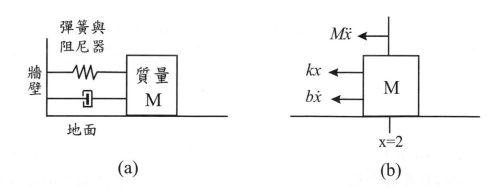

圖 7-5：力－彈簧－阻尼系統方塊圖

如圖 7-5(a)假設箱子與地面無摩擦力存在，箱子質量為 M
（1Kg），箱子與牆壁間存在有線性彈簧（k=1N/m）與阻尼器

（b=0.3N/m/sec）。阻尼器主要用來吸收系統的能量，吸收系統的能量轉變成熱能而消散掉。現將箱子拉離靜止狀態 2 公分後釋開，試求箱子的運動軌跡。以圖 7-5(b)的自由體圖（free body）來近似，其運動方程式為：

$$M\ddot{x} + kx + b\dot{x} = 0 \quad \text{或} \quad \ddot{x} = -\frac{b}{M}\dot{x} - \frac{k}{M}x$$

在 SIMULINK 中所建構的模型如下圖所示；

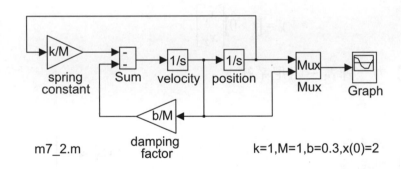

圖 7-6：SIMULINK 中所建構的力－彈簧－阻尼系統模型

由 *Graph* block 所觀察的輸出波形如圖 7-7 所示，實線表箱子之位移曲線而虛線表箱子的速度變化。因有阻尼器存在，箱子最終會停止運動。

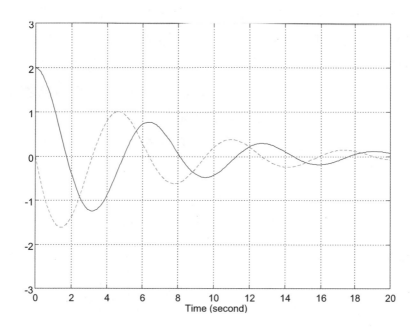

圖 7-7：由 *Graph* block 所觀察的箱子運動變化圖

今令 $x_1 = x$，$x_2 = \dot{x}$，可得

$$\frac{dx_1}{dt} = x_2$$

$$\frac{dx_2}{dt} = -\frac{b}{M}x_2 - \frac{k}{M}x_1$$

表示成動態方程式爲

$$\begin{bmatrix} \dot{x}_1 \\ \dot{x}_2 \end{bmatrix} = \begin{bmatrix} 0 & 1 \\ -\dfrac{k}{M} & -\dfrac{b}{M} \end{bmatrix}\begin{bmatrix} x_1 \\ x_2 \end{bmatrix}$$

$$y = \begin{bmatrix} 1 & 0 \end{bmatrix}\begin{bmatrix} x_1 \\ x_2 \end{bmatrix}$$

【例三】如下圖 7-8(a)為較為複雜的平移系統，兩個物體質量分別為 m（0.5Kg）及 M（1Kg）以線性彈簧（k=1N/m）與阻尼器（b=0.3N/m/sec）連接在一起。下圖 7-8(b)為個別物體的自由體圖，阻尼器是與兩個物體相對速度成正比的力分別作用於兩物體上，其大小相同而方向相反。而線性彈簧是與兩個物體相對位移成正比的力分別作用於兩物體上，亦為大小相同而方向相反。個別寫出每一物體的運動方程式為：

$$f + b(\dot{y} - \dot{x}) + k(y - x) = m\ddot{x}$$
$$- k(y - x) - b(\dot{y} - \dot{x}) = M\ddot{y}$$

重新安排成

$$\ddot{x} = -\frac{b}{m}\dot{x} - \frac{k}{m}x + \frac{b}{m}\dot{y} + \frac{k}{m}y + \frac{1}{m}f$$
$$\ddot{y} = -\frac{b}{M}\dot{y} - \frac{k}{M}y + \frac{b}{M}\dot{x} + \frac{k}{M}x$$

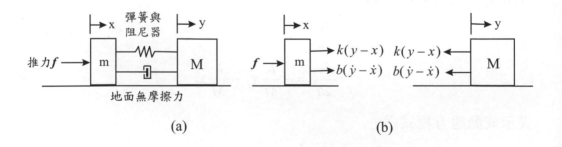

(a)   (b)

圖 7-8：較為複雜的平移系統方塊圖

在 SIMULINK 中所建構的模型如下圖 7-9 所示。

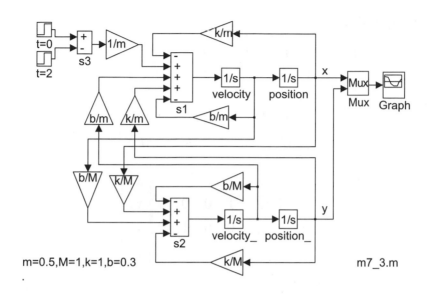

圖 7-9：SIMULINK 中所建構的系統模型

由 *Graph* block 所觀察的輸出波形如圖 7-10 所示（x 表示箱子 m、y 表示箱子 M 的運動軌跡）。因為存在有阻尼，因此兩物體間的擺動終將停止，又因物體與地面間無摩擦存在，兩物體最後以等速前進。

今令 $x_1 = x , x_2 = \dot{x}, y_1 = y , y_2 = \dot{y}$，可得

$$\frac{dx_1}{dt} = x_2$$

$$\frac{dx_2}{dt} = -\frac{k}{m}x_1 - \frac{b}{m}x_2 + \frac{k}{m}y_1 + \frac{b}{m}y_2 + \frac{1}{m}f$$

$$\frac{dy_1}{dt} = y_2$$

$$\frac{dy_2}{dt} = \frac{k}{M}x_1 + \frac{b}{M}x_2 - \frac{k}{M}y_1 - \frac{b}{M}y_2$$

表示成動態方程式爲

$$\begin{bmatrix} \dot{x}_1 \\ \dot{x}_2 \\ \dot{y}_1 \\ \dot{y}_2 \end{bmatrix} = \begin{bmatrix} 0 & 1 & 0 & 0 \\ -\dfrac{k}{m} & -\dfrac{b}{m} & \dfrac{k}{m} & \dfrac{b}{m} \\ 0 & 0 & 0 & 1 \\ \dfrac{k}{M} & \dfrac{b}{M} & -\dfrac{k}{M} & -\dfrac{b}{M} \end{bmatrix} \begin{bmatrix} x_1 \\ x_2 \\ y_1 \\ y_2 \end{bmatrix} + \begin{bmatrix} 0 \\ \dfrac{1}{m} \\ 0 \\ 0 \end{bmatrix} f$$

$$\begin{bmatrix} x \\ y \end{bmatrix} = \begin{bmatrix} 1 & 0 & 0 & 0 \\ 0 & 0 & 1 & 0 \end{bmatrix} \begin{bmatrix} x_1 \\ x_2 \\ y_1 \\ y_2 \end{bmatrix}$$

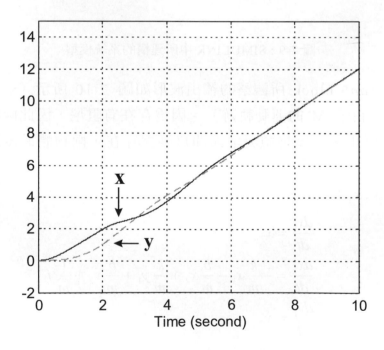

圖 7-10：由 *Graph* block 所觀察的各別箱子運動軌跡變化圖

對於轉動（rotational）系統，牛頓第二定律可表示為：

$$\Sigma T = J\alpha$$

其中 ΣT 表系統中作用於物體的轉矩和，單位 Nt-m。

　　J 表物體的轉動慣量，單位 kg / m^2。

　　α 表物體的角加速度向量，單位 rad / s^2。

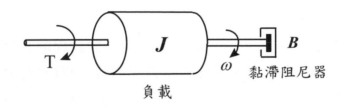

圖 7-11：典型的轉動系統圖

【例四】典型的轉動系統如圖 7-11 所示，由負載及黏滯阻尼器所組成，將牛頓第二定律應用於此系統得到運動方程式為：

$$T - B\dot{\theta} = J\ddot{\theta}$$

即

$$\ddot{\theta} = -\frac{B}{J}\dot{\theta} + \frac{T}{J}$$

在 SIMULINK 中所建構的模型如下圖 7-12 所示；

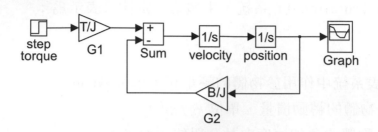

圖 7-12：SIMULINK 中所建構的轉動系統模型

【例五】單擺系統。

　　考慮如圖 7-13(a)所示簡單的單擺系統，假設桿的長度為 L 且質量不計，鋼球的質量為 m。單擺的運動我們可以以線性的微分方程式來近似，但事實上系統的行為是非線性的，而且存在有黏滯阻尼，假設黏滯阻尼係數為 b kg/m/sec。

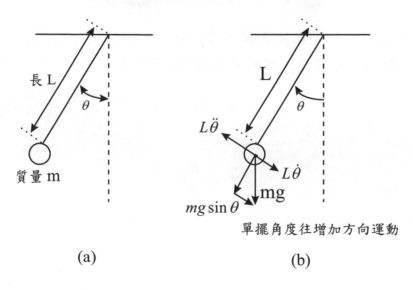

(a)   (b)

圖 7-13：單擺系統方塊圖

圖 7-13(b)為其自由體圖，θ 為桿擺動的角度，鋼球末端的速度為 $L\dot{\theta}$，切線方向的受力使鋼球產生切線加速度 $L\ddot{\theta}$。據此可寫出單擺系統的運動方程式為：

$$-mg\sin\theta - bL\dot{\theta} = mL\ddot{\theta}$$

重寫上式為

$$\ddot{\theta} + \frac{b}{m}\dot{\theta} + \frac{g}{L}\sin\theta = 0$$

在 SIMULINK 中所建構的模型如下圖 7-14 所示；

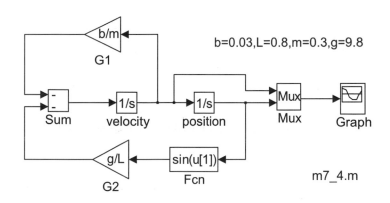

圖 7-14：SIMULINK 中所建構的單擺系統模型

設 b=0.03kg/m/sec、g=9.81 $m/\sec^2$、L=0.8m，m=0.3kg，圖 7-15 為由 *Graph* block 所觀察的輸出波形。其中實線波形為單擺角速度變化，虛線波形為桿擺動角度變化，起始角度為 1rad，因為存在有阻尼，因此角度與角速度都漸漸趨近於零。

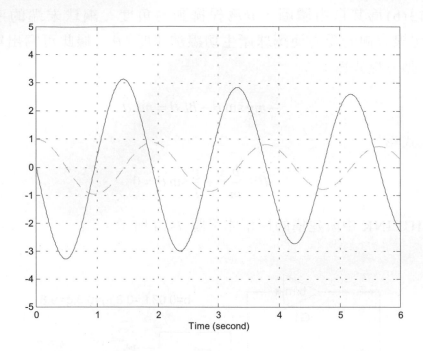

圖 7-15：由 *Graph* block 所觀察的單擺運動變化圖

對於很小角度 θ 的單擺運動，可假設 $\sin\theta \approx \theta, \cos\theta \approx 1$，故上式可改寫為線性微分方程式：

$$\ddot{\theta} + \frac{b}{m}\dot{\theta} + \frac{g}{L}\theta = 0$$

令 $x_1 = \theta$ 及 $x_2 = \dot{\theta}$，可得

$$\dot{x}_1 = x_2$$
$$\dot{x}_2 = -\frac{g}{L}x_1 - \frac{b}{m}x_2$$

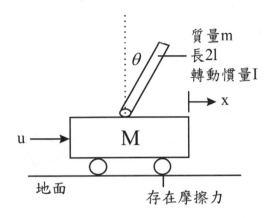

圖 7-16：倒單擺系統

【例六】倒單擺系統（方程式解請參考 11-3 節，例五說明）。

　　這是一個典型的同時具有移動及轉動的機械系統，如圖 7-16 所示。倒單擺是不穩定的系統，如果沒有適當的控制力作用在它上面，倒單擺隨時有可能向任何方向傾倒。假設倒單擺只在圖 7-16 的平面上運動，輪子與地面存在有摩擦力，桿子質量為 m（均勻分佈）、轉動慣量為 I、長 2l。

　　圖 7-17 為其自由體圖。假設推車只能在 x 方向移動，參考圖 7-17(a)推車的自由體圖，應用牛頓第二定律可得：

$$u - N - b\dot{x} = M\ddot{x} \quad ......(7\text{-}4)$$

　　參考圖 17-7(b) 倒單擺的自由體圖，在 x 方向對倒單擺應用牛頓第二定律可得：

$$N = m\ddot{x} + ml\ddot{\theta}\cos\theta - ml\dot{\theta}^2\sin\theta \quad ......(7\text{-}5)$$

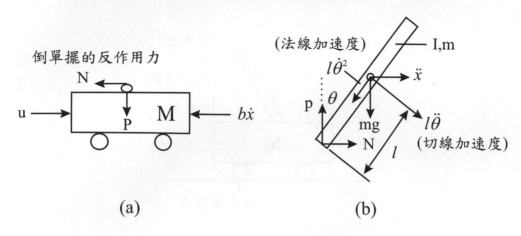

圖 7-17：倒單擺系統的自由體圖

將 N 代入式(7-4)中可得

$$u - m\ddot{x} - ml\ddot{\theta}\cos\theta + ml\dot{\theta}^2\sin\theta - b\dot{x} = M\ddot{x} \quad\text{......(7-6)}$$

重組上式(7-6)可得：

$$(M+m)\ddot{x} + b\dot{x} + ml\ddot{\theta}\cos\theta - ml\dot{\theta}^2\sin\theta = u \quad\text{......(7-7)}$$

不知道的 N 與 P 反作用力可從下面我們所列的運動方程式中消去。在垂直於倒單擺的方向所受力相加，可得：

$$P\sin\theta - N\cos\theta - mg\sin\theta = -ml\ddot{\theta} - m\ddot{x}\cos\theta \quad\text{......(7-8)}$$

旋轉的倒單擺運動可對支點或質量中心作轉矩的和。考慮對質量中心應用牛頓第二定律，可得：

$$Pl\sin\theta - Nl\cos\theta = I\ddot{\theta} \quad\text{......(7-9)}$$

將上式(7-9)代入式(7-8)可得：

$$I\ddot{\theta} - mgl\sin\theta = -ml^2\ddot{\theta} - ml\cos\theta\ddot{x} \text{ ......(7-10)}$$

重組上式(7-10)可得：

$$(I + ml^2)\ddot{\theta} + ml\cos\theta\ddot{x} = mgl\sin\theta \text{ ......(7-11)}$$

我們希望倒單擺保持於垂直狀態，所以假設 θ 很小，在此情況下 $\cos\theta \approx 1$，$\sin\theta \approx \theta$，$\dot{\theta}^2 \approx 0$，因此方程式(7-7)和(7-11)可以線性化如下式：

$$(M + m)\ddot{x} + b\dot{x} + ml\ddot{\theta} = u$$
$$(I + ml^2)\ddot{\theta} + ml\ddot{x} = mgl\theta \text{ ......(7-12)}$$

現為了簡化方程式，假設單擺的質量集中在桿的上端，桿子本身假設沒有質量且無摩擦力的存在，式(7-12)可簡化為：

$$(M + m)\ddot{x} + ml\ddot{\theta} = u \text{ ......(7-13)}$$

$$\ddot{x} + l\ddot{\theta} = g\theta \text{ ......(7-14)}$$

將式(7-14)×(M+m)−式(7-13)，可得：

$$Ml\ddot{\theta} = (M + m)g\theta - u \text{ ......(7-15)}$$

再將式(7-13)−式(7-14)×m，可得：

$$M\ddot{x} = u - mg\theta \text{ ......(7-16)}$$

定義狀態變數為（x 表示推車的位置，θ 表示桿子離垂直狀態的角度值）：

$$x_1 = x$$
$$x_2 = \dot{x}$$
$$x_3 = \theta$$
$$x_4 = \dot{\theta}$$

假設系統的輸出量為 x 和 θ（可測量的物理量）；即

$$\begin{bmatrix} y_1 \\ y_2 \end{bmatrix} = \begin{bmatrix} x \\ \theta \end{bmatrix} = \begin{bmatrix} x_1 \\ x_3 \end{bmatrix}$$

依據式(7-15,7-16)及所定義的狀態變數，可得到：

$$\dot{x}_1 = x_2$$
$$\dot{x}_2 = -\frac{m}{M}gx_3 + \frac{1}{M}u$$
$$\dot{x}_3 = x_4$$
$$\dot{x}_4 = \frac{M+m}{Ml}gx_3 - \frac{1}{Ml}u$$

以狀態方程式表示可得到：

$$\begin{bmatrix} \dot{x}_1 \\ \dot{x}_2 \\ \dot{x}_3 \\ \dot{x}_4 \end{bmatrix} = \begin{bmatrix} 0 & 1 & 0 & 0 \\ 0 & 0 & -\dfrac{m}{M}g & 0 \\ 0 & 0 & 0 & 1 \\ 0 & 0 & \dfrac{M+m}{Ml}g & 0 \end{bmatrix} \begin{bmatrix} x_1 \\ x_2 \\ x_3 \\ x_4 \end{bmatrix} + \begin{bmatrix} 0 \\ \dfrac{1}{M} \\ 0 \\ -\dfrac{1}{Ml} \end{bmatrix} u \quad \text{......(7-17)}$$

$$\begin{bmatrix} y_1 \\ y_2 \end{bmatrix} = \begin{bmatrix} 1 & 0 & 0 & 0 \\ 0 & 0 & 1 & 0 \end{bmatrix} \begin{bmatrix} x_1 \\ x_2 \\ x_3 \\ x_4 \end{bmatrix}$$

7-3 電路系統

電路系統所根據的定律為克希荷夫電壓定律及克希荷夫電流定律，敘述如下：

● 克希荷夫電壓定律（KVL）：電路中環繞任一封閉迴路的所有電壓代數和為零。

● 克希荷夫電流定律（KCL）：流進和流出任一節點的所有電流代數和為零。

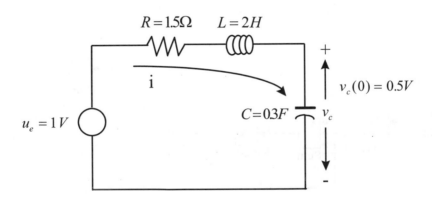

圖 7-18：L-R-C 串聯電路

【例七】L-R-C 串聯電路；如圖 7-18 所示，這個電路由電感、電阻及電容串聯組成，應用克希荷夫電壓定律可得下列方程式：

$$L\frac{di}{dt} + Ri + v_c = u_e \cdots\cdots(7\text{-}18)$$

其中 i 亦可表示為：

$$i = C\frac{dv_c}{dt} \dots\dots(7\text{-}19)$$

上式(7-19)代入式(7-18)中，可得

$$LC\frac{d^2v_c}{d^2t} + RC\frac{dv_c}{dt} + v_c = u_e \dots\dots(7\text{-}20)$$

重寫上式(7-20)為

$$\ddot{v}_c = -\frac{R}{L}\dot{v}_c - \frac{1}{LC}v_c + \frac{1}{LC}u_e \dots\dots(7\text{-}21)$$

在 SIMULINK 中所建構的模型如下圖 7-19 所示；

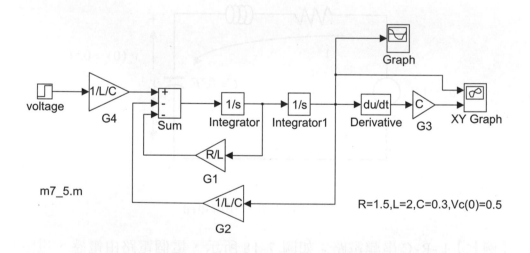

圖 7-19：SIMULINK 中所建構的 L-R-C 串聯電路模型

令 R=1.5Ohm、L=2H、C=0.3F，電容初始電壓 0.5V，u_e 為單位步階電壓輸入。所得電容電壓－電流波形變化如圖 7-20 所示。

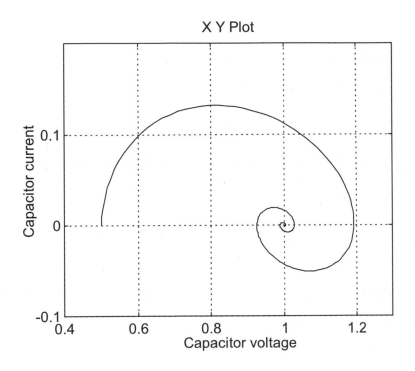

圖 7-20：電容電壓－電流波形變化圖

7-4 電機械系統

　　直流馬達是現今工業上應用最廣的馬達之一，直流馬達具有良好的調速特性、較大的起動轉矩、功率大及響應快等優點。在伺服系統中應用的直流馬達稱為直流伺服馬達，小功率的直流伺服馬達應用在磁碟機的驅動及印表機等電腦相關的設備中，大功率的直流伺服馬達則應用在工業機器人系統和 CNC 銑床等大型工具機上。

● 直流伺服馬達的電樞控制

直流伺服馬達一般包含三個組成部份：

1. 磁極

　　此即為馬達的定子部份，由磁鐵 N-S 極組成，可以是永久磁鐵（此類稱為永磁式直流伺服馬達），也可以是由繞在磁極上的激磁線圈構成。

2. 電樞

　　此即為馬達的轉子部份，為表面上繞有線圈的圓柱形鐵心，線圈與換向片焊接在一起。

3. 電刷

　　為馬達定子的一部份，當電樞轉動時，電刷交替地與換向片接觸在一起。

　　本節所推導的直流伺服馬達，其中激磁電流保持常數，而由電樞電流進行控制。這種藉由電樞電流控制直流伺服馬達的輸出速度稱為「直流伺服馬達的電樞控制」。如圖 7-21 所示。

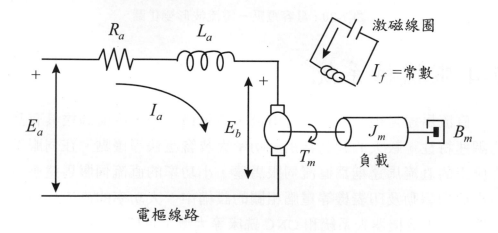

圖 7-21：電樞控制的直流伺服馬達

其中

E_a 定義為電樞電壓（伏特）；

I_a 定義為電樞電流（安培）；

R_a 定義為電樞電阻（歐姆）；

L_a 定義為電樞電感（亨利）；

E_b 定義為反電動勢（伏特）；

I_f 定義為激磁電流（安培）；

θ_m 定義為轉軸角位移（徑度）；

T_m 定義為馬達產生的轉矩（牛頓-米）；

B_m 定義為馬達和反射到馬達軸上的負載的等效黏滯摩擦係數（牛頓-米/徑度/秒）；

J_m 定義為馬達和反射到馬達軸上的負載的等效轉動慣量（千克－米平方）；

馬達所產生的轉矩 T_m，正比於電樞電流 I_a 與氣隙磁通 Φ 的乘積，即

$$T_m = K_1' I_a \Phi \ \text{......(7-22)}$$

而氣隙磁通 Φ 又正比於激磁電流 I_f，故式(7-22)改寫成

$$T_m = K_1 I_a K_f I_f = K I_a \ \text{......(7-23)}$$

對於激磁電流 I_f 為常數，$K_1 K_f I_f$ 合併為一個常數 K，稱為馬達力矩常數。電樞電流 I_a 之正負值即代表馬達的正反轉。

當電樞轉動時，在電樞中感應出與馬達轉軸角速度成正比的電壓，稱為反電動勢；即

$$E_b = K_b \omega_m = K_b \frac{d\theta_m}{dt} \quad \text{......(7-24)}$$

其中 K_b 稱爲反電動勢常數。

馬達的速度是由電樞電壓 E_a 控制，應用克希荷夫電壓定律導出電樞電流 I_a 的微分方程式爲

$$L_a \frac{dI_a}{dt} + R_a I_a + E_b = E_a \quad \text{......(7-25)}$$

電樞電流 I_a 產生力矩，用來克服系統含負載的慣性和摩擦，可得

$$J_m \frac{d^2\theta_m}{dt^2} + B_m \frac{d\theta_m}{dt} = T = K I_a \quad \text{......(7-26)}$$

根據式(7-24,25,26)，在 SIMULINK 中所建構的模型如下圖 7-22 所示；

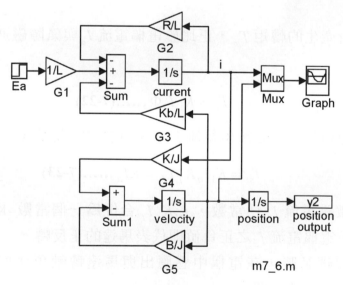

L=0.2,R=1,Kb=1,B=0.1,K=0.5,J=5,Ea=2

圖 7-22：SIMULINK 中所建構的電樞控制直流伺服馬達模型

今令 $R_a = 1$、$L_a = 0.2$、$K_b = 1$、$B_m = 0.1$、$J_m = 5$、$K = 0.5$，在時間 1 秒時加入 2 伏驅動電壓，由 *Graph* block 所觀察的輸出波形如圖 7-23 所示。實線軌跡為電樞電流波形，虛線軌跡為馬達轉速波形。

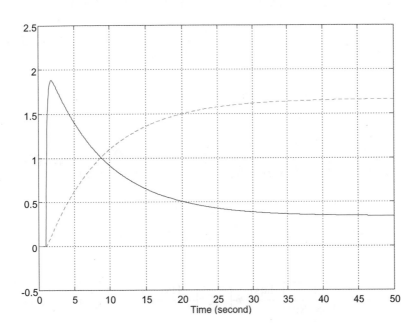

圖 7-23：由 *Graph* block 所觀察的輸出波形如圖

假設所有變數的初始值皆為零，對式(7-24,25,26)分別取拉普拉斯（Laplace）轉換，可得下列方程式：

$$E_b(s) = K_b s\theta(s)$$
$$(L_a s + R_a)I_a(s) + E_b(s) = E_a(s) \quad\text{......(7-27)}$$
$$(Js^2 + Bs)\theta(s) = T(s) = KI_a(s)$$

設電樞電壓 $E_a(s)$ 為輸入變數，馬達轉軸角位置 $\theta(s)$ 為輸出變數。重組式(7-27)可得馬達系統的方塊圖（如圖 7-24），反電動勢可以看作是一個與馬達速度成比例的回授信號，它增加了系統的有效阻尼（damping）。上述直流伺服馬達的轉移函數可求得為：

$$\frac{\theta(s)}{E_a(s)} = \frac{K}{s\left[JL_a s^2 + (L_a B + R_a J)s + R_a B + KK_b\right]} \quad\cdots\cdots\text{(7-28)}$$

如果電樞電路中的電感 L_a 小到可以忽略不計，則式(7-28)之轉移函數可以簡化為：

$$\frac{\theta(s)}{E_a(s)} = \frac{K/(R_a B + KK_b)}{\left[R_a J/(R_a B + KK_b)\right]s^2 + s} = \frac{K_m}{s(T_m s + 1)} \quad\cdots\cdots\text{(7-29)}$$

K_m 定義為馬達的增益常數；T_m 定義為馬達的時間常數。
圖 7-24 所示為依上所述所表示的 dc 馬達方塊圖。

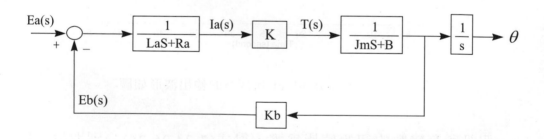

圖 7-24：電樞控制直流伺服馬達方塊圖

在 SIMULINK 中應用 *Transfer Fcn* block 所建構的模型如下圖 7-25 所示；

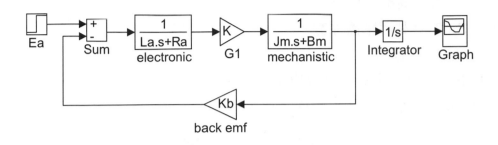

圖 7-25：SIMULINK 中所建構的直流伺服馬達模型

● 包含齒輪傳動的系統

　　齒輪藉著轉矩的改變，能使能量由一個系統傳到另一系統。圖 7-26 所示兩個齒輪耦合在一起，考慮實際狀況，耦合的齒輪都存在有摩擦與慣量。以下定義圖 7-26 所示齒輪系的參數。

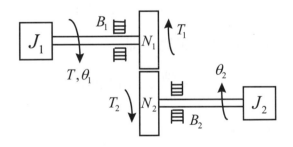

圖 7-26：含摩擦及慣量的齒輪系

$T =$ 外加轉矩

$T_1, T_2 =$ 齒輪間傳送的轉矩

$\theta_1, \theta_2 =$ 角位移

$R_1, R_2 =$ 齒輪的半徑

$J_1, J_2 =$ 齒輪的慣量

$B_1, B_2 =$ 黏滯摩擦係數

$N_1, N_2 =$ 齒數

首先由以下幾個事實，可導出：

1. 齒輪的齒數與齒輪半徑成正比，即

$$\frac{N_1}{N_2} = \frac{R_1}{R_2} \ \text{……(7-30)}$$

2. 各齒輪沿其接觸面移動的距離均相等，即

$$R_1\theta_1 = R_2\theta_2 \ \text{……(7-31)}$$

3. 如無摩擦存在，故無能量耗損。由一個齒輪傳送之功，等於另一個齒輪收到的功，即

$$T_1\theta_1 = T_2\theta_2 \ \text{……(7-32)}$$

4. 齒輪的角位移與角速度成正比，即

$$\frac{\theta_1}{\theta_2} = \frac{\omega_1}{\omega_2} \ \text{……(7-33)}$$

綜合式(7-30,31,32,33)可導得

$$\frac{T_1}{T_2} = \frac{\theta_2}{\theta_1} = \frac{\omega_2}{\omega_1} = \frac{R_1}{R_2} = \frac{N_1}{N_2} \ \text{……(7-34)}$$

齒輪 1 的轉矩方程式可寫成

$$T(t) = J_1 \frac{d^2\theta_1(t)}{dt^2} + B_1 \frac{d\theta_1(t)}{dt} + T_1(t) \ \text{……(7-35)}$$

齒輪 2 的轉矩方程式可寫成

$$T_2(t) = J_2 \frac{d^2\theta_2(t)}{dt^2} + B_2 \frac{d\theta_2(t)}{dt} \ \cdots\cdots(7\text{-}36)$$

應用式(7-34)所述轉矩與齒數之關係，可導得

$$T_1(t) = \frac{N_1}{N_2} T_2 = \frac{N_1}{N_2}\left[\frac{N_1}{N_2}\left(J_2 \frac{d^2\theta_1(t)}{dt^2} + B_2 \frac{d\theta_1(t)}{dt}\right)\right]$$
$$= \left(\frac{N_1}{N_2}\right)^2 J_2 \frac{d^2\theta_1(t)}{dt^2} + \left(\frac{N_1}{N_2}\right)^2 B_2 \frac{d\theta_1(t)}{dt} \ \cdots\cdots(7\text{-}37)$$

代入式(735)可導得

$$T(t) = \left(J_1 + \left(\frac{N_1}{N_2}\right)^2 J_2\right)\frac{d^2\theta_1(t)}{dt^2} + \left(B_1 + \left(\frac{N_1}{N_2}\right)^2 B_2\right)\frac{d\theta_1(t)}{dt} \ \cdots\cdots(7\text{-}38)$$

由此可知，由齒輪 2 反射到齒輪 1，整理可得下列諸量

1. 慣量：$\left(\dfrac{N_1}{N_2}\right)^2 J_2$

2. 黏滯摩擦係數：$\left(\dfrac{N_1}{N_2}\right)^2 B_2$

3. 轉矩：$\dfrac{N_1}{N_2} T_2$

4. 角速度：$\dfrac{N_2}{N_1} \omega_2$

5. 角位移：$\dfrac{N_2}{N_1} \theta_2$

第八章

時域響應分析法

8-1 引言

在前一章節描述了如何推導控制系統的數學模型，那是分析與設計控制系統的第一步。一旦獲得系統的數學模型後（不管精確與否），就可以應用控制理論的各種分析方法，去分析控制系統的性能，並依此設計所需的控制器，期望系統達到所需的系統規格。首先本章將介紹系統的時域響應分析法及根軌跡分析法。

8-2 時域響應（time response）

大多數系統的響應都是基於"時間"來觀察，我們將一個標準的測試訊號當作系統的輸入，觀察系統的輸出響應，比較系統實際的輸出響應與期望的輸出響應間的差異來決定系統的性能。實際上，大多數的系統亦是用時域響應來評估其性能。

一個控制系統的時域響應，通常可區分為二個部份響應組成：暫態響應（transient response）與穩態響應（steady-state response），以y(t)表示時域響應，可表示成：

$$y(t) = y_{tr}(t) + y_{ss}(t)$$

其中 $y_{tr}(t)$ 表暫態響應

$y_{ss}(t)$ 表穩態響應

暫態響應可視為時間趨近於無窮大時，時域響應 y(t)中消失的部份。亦即

$$\lim_{t \to \infty} y_{tr}(t) = 0$$

因在實際的物理系統中，存在有質量、慣量或電感 (亦謂能量的貯

存)，所以當輸入訊號作用於系統時，系統的輸出無法立即跟隨輸入訊號而變化，這就是系統到達穩定變化前所表現出的暫態響應。一個穩定的控制系統，暫態響應終會消失不見，而只留下穩態響應。

　　穩態響應定義成時間趨近於無窮大時，控制系統所輸出的固定響應，這是一種較為廣泛的定義，依此定義正弦波輸出可視為穩態響應，雖然它隨時間不斷的改變輸出的大小，但為固定波形的輸出。在穩態時，控制系統的輸出與輸入間存在的誤差稱為*穩態誤差*（steady-state error），穩態誤差有其重要的物理意義，它代表控制系統的*精確度*。

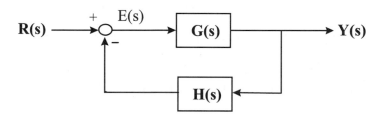

圖 8-1 ：非單位回授控制系統

　　造成穩態誤差的可能因素有許多原因，穩態誤差與測試參考輸入訊號的種類和控制系統的階數間有著密切的關係，變化愈快的參考輸入訊號愈會產生穩態誤差（換言之更易產生不穩定的系統），需要更高階的系統配合，系統的階數定義為回授控制系統的 $G(s)H(s)$ 在 $s=0$ 的極點的數目。另外控制系統元件的非線性特性，諸如靜摩擦、齒隙、放大器漂移現象等，都會引起穩態誤差。

參考圖 8-1，誤差轉移函數為：

$$E(s) = \frac{R(s)}{1 + G(s)H(s)} \quad ……(8-1)$$

利用終值定理（final value theorem），系統的穩態誤差為：

$$e_{ss} = \lim_{t \to \infty} e(t) = \lim_{s \to 0} sE(s) = \lim_{s \to 0} \frac{sR(s)}{1 + G(s)H(s)} \quad \cdots\cdots(8\text{-}2)$$

限制條件為 sE(s)沒有任何極點位於 s 平面虛軸上及右半平面上,由式 (8-2) 可以知道,穩態誤差係由參考輸入 R(s) 和開迴路轉移函數 G(s)H(s)而定。

假設開迴路轉移函數 G(s)H(s)可表示為

$$G(s)H(s) = \frac{K(1 + T_1 s)(1 + T_2 s)...(1 + T_n s)}{s^k (1 + T_a s)(1 + T_b s)...(1 + T_m s)} \quad \cdots\cdots(8\text{-}3)$$

定義控制系統的階數為在 s=0 的極點的數目,即 k=0,1,2,3……。現考慮步級輸入的穩態誤差,將 R(s)=1/s 代入(8-2)式,可得

$$e_{ss} = \lim_{s \to 0} \frac{sR(s)}{1 + G(s)H(s)} = \lim_{s \to 0} \frac{1}{1 + G(s)H(s)} = \frac{1}{1 + \lim_{s \to 0} G(s)H(s)} \quad \cdots\cdots(8\text{-}4)$$

定義步級誤差常數為

$$K_p = \lim_{s \to 0} G(s)H(s) \cdots\cdots(8\text{-}5)$$

要使 K_p 為無窮大(亦即穩態誤差為零),系統的階數必須 $k \geq 1$,所以結論如下,對於階數為 0 的系統,存在有穩態誤差:

$$e_{ss} = \frac{1}{1 + K_p} = 常數$$

但對於更高階數的系統,便不存在有穩態誤差。斜坡輸入($1/s^2$)以及拋物線輸入($1/s^3$)對系統階數的影響,留作習題供讀者推導。

在分析與設計控制系統時,我們既需要分析系統的暫態響應,這關係著我們所設計的控制系統的*反應速度*,亦需要分析系統的穩態響應,這關係著我們所設計的控制系統的*精確度*,這兩種考慮是同等重要的。

8-2.1 暫態響應的性能指標

　　控制系統的暫態響應性能通常以對單位步級輸入的響應來衡量，以最大過超越量（maximum overshoot）、延遲時間（delay time）、上升時間（rise time）、安定時間（setting time）、峰值時間（peak time）等來代表控制系統對單位步級輸入響應的性能準則。圖 8-2 說明線性控制系統對單位步級輸入的輸出響應曲線，敘述如下：

● 最大過超越量 M_p：代表在暫態響應期間，控制系統輸出對步級輸入的最大偏移量，最大過超越量常以步級輸入最終值的百分比來表示，即

$$最大過超越量百分比 = \frac{最大過超越量}{最終值} \times 100\%$$

● 延遲時間 t_d：輸出響應曲線第一次到達穩態值的一半所需的時間，被定義成延遲時間。

● 上升時間 t_r：對於過阻尼系統，輸出響應曲線從穩態值的 10%上升到 90%所需的時間，被定義成上升時間。對於欠阻尼二階系統，則可採用 0%到 100%穩態值所需的時間定義成上升時間。

● 安定時間 t_s：輸出響應曲線到達並保持在穩態值的某一容許誤差範圍內所需的時間，被定義成安定時間。這一誤差範圍通常以穩態值的百分比來設定（通常取 2%或 5%）。

● 峰值時間 t_p：輸出響應曲線到達第一個過超越量所需的時間，被定義成峰值時間。

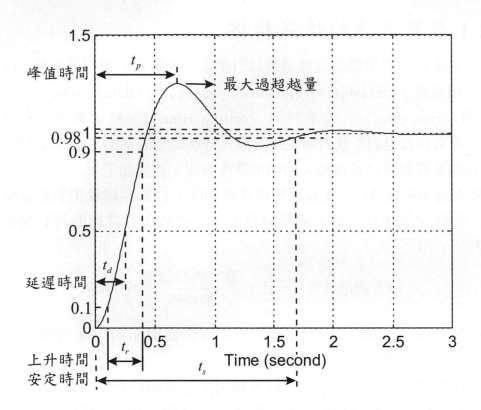

圖 8-2：控制系統的單位步級響應

　　現舉一例說明如何在 MATLAB/SIMULINK 中計算單位步級輸入響應的性能準則。考慮圖 8-3 的回授控制系統，試計算系統輸出響應的最大過超越量、延遲時間、上升時間、安定時間、峰值時間等。

　　首先在 SIMULINK 中建構圖 8-3 的單位回授控制系統模型（至此應不用 30 秒吧），stop time 設定為 5 秒，Max Step Size 設定為 0.01。啟動模擬，在 *Auto-Scale Graph* block 所觀察的輸出響應曲線如圖 8-4 所示。

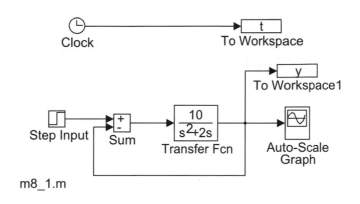

m8_1.m

圖 8-3 ： SIMULINK 中所建構的單位回授控制系統

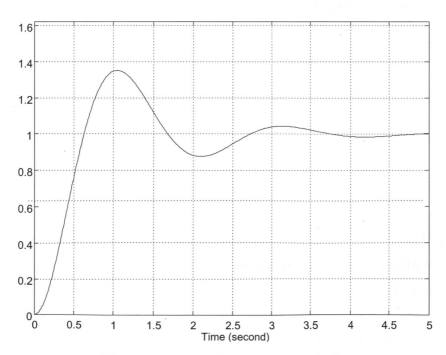

圖 8-4 ： 單位回授控制系統的輸出響應

8-8 控制系統設計與模擬－使用MATLAB/SIMULINK

　　當執行完 SIMULINK 模擬後（m8_1.m），在工作平台中（workspace 即記憶體中）存在有 t,y 變數的數值。回到 MATLAB 命令視窗中，執行 m8_2.m 程式，如下所示：

....

```
% m8_2.m
% 單位步階響應分析
% 計算峰值時間,最大過超越量,上升時間及安定時間.
final_value=1;
% 計算峰值時間
[ymax,k]=max(y);
peak_of_time=t(k)
% 計算最大過超越量
percent_overshoot=100*(ymax-final_value)/final_value
% 計算上升時間
i=1;
  while y(i)<0.1*final_value
  i=i+1;
  end
j=1;
  while y(j)<0.9*final_value
  j=j+1;
  end
rise_time=t(j)-t(i)
% 計算安定時間
k=length(t);
```

```
while (y(k)>0.98*final_value)&(y(k)<1.02*final_value)
    k=k-1;
    end
setting_time=t(k)
```

....

本例題中 G(s)H(s)=10/(s^2+2s)，為階數等於 1 的系統（有一 s=0 的極點），對單位步級輸入而言，不存在有穩態誤差（請參考本節有關穩態誤差的論述）。故設輸出響應最終值為 1。利用 max 函數找出輸出 y 值之最大值及座落的時間值，藉此決定峰值時間及最大過超越量百分比。上升時間的計算利用 while 函數以每點的輸出 y 值找出符合上升時間定義的值，安定時間的計算方法亦同，不過輸出 y 值是由後往前計算。執行 m8_2.m 得到：

峰值時間
  peak_of_time = 1.0501
最大過超越量百分比
  percent_overshoot = 35.0905
上升時間
  rise_time = 0.4300
安定時間
  setting_time = 3.5301

8-2.2 二階系統

二階控制系統有完整的數學解表示，其分析法可幫助瞭解一般系統分析與設計的方法。高階系統在某些條件下,亦可以二階系統來近似。

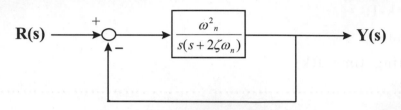

圖 8-5 : 標準單位回授二階控制系統

考慮圖 8-5 二階回授控制系統,其閉迴路轉移函數為:

$$\frac{Y(s)}{R(s)} = \frac{\omega_n^2}{s^2 + 2\zeta\omega_n s + \omega_n^2} \quad \cdots\cdots(8\text{-}6)$$

對單位步級輸入 R(s)=1/s,系統的輸出響應可對下式

$$Y(s) = \frac{\omega_n^2}{s(s^2 + 2\zeta\omega_n s + \omega_n^2)} \quad \cdots\cdots(8\text{-}7)$$

取 inverse Laplace 而得

$$y(t) = 1 + \frac{e^{-\zeta\omega_n t}}{\sqrt{1-\zeta^2}} \sin\left[\omega_n\sqrt{1-\zeta^2}\,t - \tan^{-1}\frac{\sqrt{1-\zeta^2}}{-\zeta}\right] \quad t \geq 0 \cdots\cdots(8\text{-}8)$$

閉迴路轉移函數的二個極點分別為

$$s_1, s_2 = -\zeta\omega_n \pm j\omega_n\sqrt{1-\zeta^2}$$
$$= -\alpha \pm j\omega$$

閉迴路轉移函數的極點與 $\zeta, \omega_n, \alpha, \omega$ 間的關係如圖 8-6 所示。

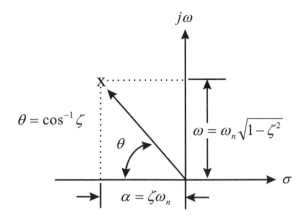

圖 8-6 ： 二階控制系統特性根與 $\zeta, \omega_n, \alpha, \omega$ 間的關係

$\alpha(=\zeta\omega_n)$ 控制著輸出響應上升與衰減的速度，換句話說，α 支配系統的阻尼（damping），故稱為阻尼常數（damping constant）。

當 $\zeta=1$ 時發生臨界阻尼（無震盪輸出響應），此時 $\alpha=\omega_n$，因此 ζ 可視為阻尼比（damping ratio），即實際阻尼常數（$\zeta\omega_n$）與臨界阻尼常數（ω_n）之比。由圖 8-6 亦可知，阻尼比 ζ 等於極點位置徑向線（ω_n）與負實軸（$\zeta\omega_n$）間夾角的餘弦，亦即

$$\zeta = \cos\theta$$

ω_n 稱為自然無阻尼頻率（natural undamped frequency），當阻尼比為零時（$\zeta=0$），此時輸出響應曲線為純粹的正弦波，因此，ω_n 與無阻尼正弦頻率相對應。

二階控制系統閉迴路轉移函數的極點位置在輸出暫態響應的動態行為中佔有重要的地位，吾人依 ζ 值將系統動態分類如下：

● 欠阻尼　$0 < \zeta < 1$　$s_1, s_2 = -\zeta\omega_n \pm j\omega_n\sqrt{1-\zeta^2}$

- 臨界阻尼 $\zeta = 1$ $\quad s_1, s_2 = -\omega_n$
- 過阻尼 $\zeta > 1$ $\quad s_1, s_2 = -\zeta\omega_n \pm \omega_n\sqrt{\zeta^2 - 1}$
- 無阻尼 $\zeta = 0$ $\quad s_1, s_2 = -\pm j\omega_n$

實際應用上，我們只對穩定的系統有興趣，因此對 $\zeta \geq 0$ 加以討論。

在 control system toolbox 中提供 damp 函數用來計算二階系統的阻尼比及自然頻率，例如考慮閉迴路轉移函數 1/(s^2+2s+3)之阻尼比及自然頻率，在 MATLAB 命令視窗中輸入：

....

den=[1 2 3];

» damp(den)

Eigenvalue	Damping	Freq. (rad/sec)
-1.0000 + 1.4142i	0.5774	1.7321
-1.0000 - 1.4142i	0.5774	1.7321

由以上結果可知 $\zeta = 0.5774$ 及 $\omega_n = 1.7321$。

....

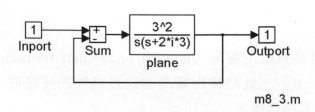

m8_3.m

圖 8-7：在 SIMULINK 中建構的二階控制系統模型

現在探討二階控制系統當自然頻率（ω_n）固定不變時，阻尼比（ζ）由 0 值增加至 1 的輸出響應曲線。首先在 SIMULINK 中建構如圖 8-7 所示之模型，以極零點形式表示系統的轉移函數，由圖可知 $\omega_n = 3$，以 i 表示阻尼比變數值。

回到 MATLAB 命令視窗中，執行 m8_4.m 程式，如下所示：

....

```
% m8_4.m
% 不同阻尼比之輸出響應曲線

t=[0:0.05:10];
number_of_curves=11;
y=zeros(length(t),number_of_curves);
n=1;
i=1.0;

% 平面圖
figure(1)
while n<=number_of_curves,
  [a,b,c,d]=linmod('m8_3');
  [y(1:length(t),n),x,t1]=step(a,b,c,d,1,t);
  step(a,b,c,d,1,t)
  hold on
  n=n+1;
  i=i-0.1;
end
```

```
title('step response for different damping ratio')
grid

% 網目圖
figure(2)
mesh(t,1:11,y')
axis([0 10 0 12 0 2])
title('Mesh plot showing step response for different damping
ratio')
xlabel('time(sec)')
ylabel('damping ratio')
zlabel('amplitude')
grid
```

··

　　執行 m8_4.m 可以得到二個圖形，圖 8-8 為不同阻尼比的二維輸出響應曲線圖。圖 8-9 為不同阻尼比的三維輸出響應曲線圖。本程式應用 linmod 函數將在 SIMULINK 中建構的模型轉換成狀態空間表示式，linmod 函數的用法請參考第四章。由本例子說明不同阻尼比對二階控制系統輸出響應的影響，讀者可嘗試不同自然頻率、或兩者同時不同時，對二階控制系統輸出響應會有何不同的影響？

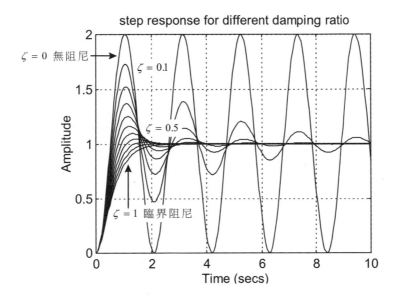

圖 8-8 ：不同阻尼比的二維輸出響應曲線

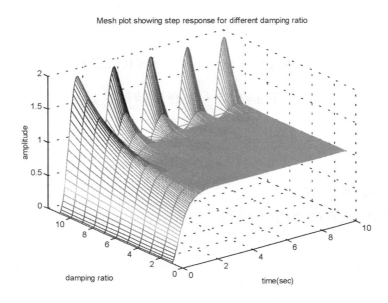

圖 8-9 ：不同阻尼比的三維輸出響應曲線

現利用式(8-8)，分別求出二階系統的暫態響應指標公式：

● 峰值時間 t_p：

求式(8-8)的導數並設定為 0，可得

$$\frac{dy(t)}{dt} = -\frac{\zeta\omega_n e^{-\zeta\omega_n t}}{\sqrt{1-\zeta^2}} \sin(\omega t - \varphi) + \frac{e^{-\zeta\omega_n t}}{\sqrt{1-\zeta^2}} \omega_n \sqrt{1-\zeta^2} \cos(\omega t - \varphi) \ldots\ldots(8\text{-}9)$$

其中

$$\varphi = \tan^{-1} \frac{\sqrt{1-\zeta^2}}{-\zeta}$$

式(8-9)可簡化重寫為

$$\frac{dy(t)}{dt} = \frac{\omega_n}{\sqrt{1-\zeta^2}} e^{-\zeta\omega_n t} \sin\omega_n\sqrt{1-\zeta^2}\, t \ldots\ldots(8\text{-}10)$$

令式(8-10)為零，可得 $t = \infty$ 與

$$\omega_n \sqrt{1-\zeta^2}\, t = n\pi \qquad n = 0,1,2,3,\ldots$$

最大過超越量發生在 n=1 時，故峰值時間 t_p 為

$$t_p = \frac{\pi}{\omega_n \sqrt{1-\zeta^2}} \ldots\ldots(8\text{-}11)$$

● 最大過超越量 M_p：

將式(8-11)代入式(8-8)中，可得

$$y(t)\Big|_{max} = 1 + \frac{e^{-\pi\zeta/\sqrt{1-\zeta^2}}}{\sqrt{1-\zeta^2}} \sin(\pi - \tan^{-1}\frac{\sqrt{1-\zeta^2}}{-\zeta}) \ldots\ldots(8\text{-}12)$$

簡化上式(8-12)，可得最大過超越量 M_p 為

$$M_p = y(t)\big|_{max} - 1 = e^{\frac{-\pi\zeta}{\sqrt{1-\zeta^2}}}$$

由上式可知，對二階系統而言，*最大過超越量只是阻尼比的函數。*

- 延遲時間 t_d：（依經驗公式近似）

$$t_d \cong \frac{1 + 0.7\zeta}{\omega_n}$$

- 上升時間 t_r：

$$t_r \cong \frac{0.8 + 2.5\zeta}{\omega_n}$$

- 安定時間 t_s：

輸出響應曲線的衰減率依 $1/\zeta\omega_n$ 之值而定，如取 2%

$$t_s \cong \frac{4}{\zeta\omega_n} \qquad 0 < \zeta < 1$$

如取 5%

$$t_s \cong \frac{3}{\zeta\omega_n} \qquad 0 < \zeta < 1$$

8-2.3 高階系統的近似簡化

為便於說明起見，假設閉迴路系統轉移函數，不論分子分母皆可分解成一次因式相乘，而且無重根，如

$$M(s) = \frac{Y(s)}{R(s)} = \frac{K(s-z_1)(s-z_2).....(s-z_m)}{(s-p_1)(s-p_2).....(s-p_n)} \qquad n > m ......(8\text{-}13)$$

設系統的輸入為單位步級函數,則可解得系統輸出響應為

$$Y(s) = M(s)R(s) = \frac{K(s-z_1)(s-z_2).....(s-z_m)}{s(s-p_1)(s-p_2).....(s-p_n)}$$

$$= \frac{C_0}{s} + \sum_{i=1}^{n} \frac{C_i}{s-p_i} \qquad ......(8\text{-}14)$$

其中

$$C_0 = \left[sY(s) \right]_{s=0} \qquad C_i = \left[(s-p_i)Y(s) \right]_{s=p_i} \qquad i=1,2.....n$$

對輸出(式 8-14)取 inverse Laplace 轉換可得

$$y(t) = L^{-1}\{Y(s)\} = C_0 + \sum_{i=1}^{n} C_i e^{p_i t} ......(8\text{-}15)$$

以下討論二種情況可以簡化系統轉移函數表示式:

● 左半平面存在有非常靠近的一對極點與零點可以相消,所謂"非常靠近"意謂著它們之間的距離比其它極零點的距離至少小 5 倍以上。假設某個極點 p_k 與零點 z_d 非常靠近,由下式計算在極點 p_k 的係數 C_k

$$C_k = \left[(s-p_k)Y(s) \right]_{s=p_k}$$

$$= \frac{K \prod_{i=1}^{m}(p_k - z_i)}{p_k \prod_{j=1, j \neq k}^{n}(p_k - p_j)}$$

因為 $|p_k - z_d|$ 很小,因此 C_k 也必然很小。故此對極點與零點可以相消。同時為了保持系統的直流增益不變,所以閉迴路轉移函數可簡化為:

$$M(s)= \frac{Kz_d}{p_k} \frac{\prod\limits_{i=1,i\neq d}^{m}(s-z_i)}{\prod\limits_{j=1,j\neq k}^{n}(s-p_j)}$$

● 左半平面中距離虛軸很遠的極點可以忽略，所謂"距離很遠"意謂著此極點至虛軸的距離是其它極零點至虛軸的距離至少 5 倍以上。例如某一極點 p_k 距離虛軸很遠，由下式計算在極點 p_k 的係數 C_k

$$C_k = \frac{K\prod\limits_{i=1}^{m}(p_k - z_i)}{p_k \prod\limits_{j=1,j\neq k}^{n}(p_k - p_j)}$$

因為 p_k 距離虛軸很遠，所以分子分母每一個因子的值都很大，又因一般系統分母階數高於分子階數，C_k 最後相乘後會很小。極點 p_k 有很大的負實部，它所對應的運動軌跡會迅速衰減，因此該極點 p_k 可以忽略。同時為了保持系統的直流增益不變，所以閉迴路轉移函數可簡化為：

$$M(s)= \frac{K}{p_k} \frac{\prod\limits_{i=1}^{m}(s-z_i)}{\prod\limits_{j=1,j\neq k}^{n}(s-p_j)}$$

經簡化後的所剩餘的極點，稱為主極點（dominant poles），主極點主導著系統的性能。

【例一】假設閉迴路系統轉移函數為

$$M(s) = \frac{Y(s)}{R(s)} = \frac{16.91(s+3.3)}{(s+3.1)(s+9)(s^2+2s+2)}$$

參考前面的論述，有一對極點 p=-3.1 與零點 z=-3.3 非常靠近，可以相消。所以閉迴路轉移函數可簡化為：

$$M'(s) = \frac{16.91*3.3}{3.1}\frac{1}{(s+9)(s^2+2s+2)} = \frac{18}{(s+9)(s^2+2s+2)}$$

又有一極點 p=-9 距離虛軸很遠，可以忽略。所以閉迴路轉移函數又可簡化為：

$$M''(s) = \frac{18}{9}\frac{1}{(s^2+2s+2)} = \frac{2}{s^2+2s+2}$$

在 SIMULINK 中很容易模擬出實際的閉迴路系統轉移函數與簡化後的閉迴路系統轉移函數間的差異，在 SIMULINK 中所建構的模型如圖 8-10 所示。模擬的結果如圖 8-11 所示，虛線軌跡表示實際系統的輸出響應曲線。

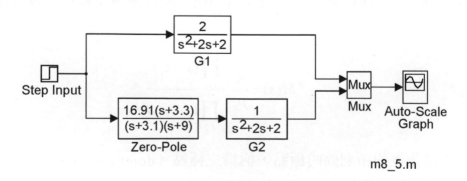

m8_5.m

圖 8-10 ：在 SIMULINK 中所建構的實際與近似系統模型

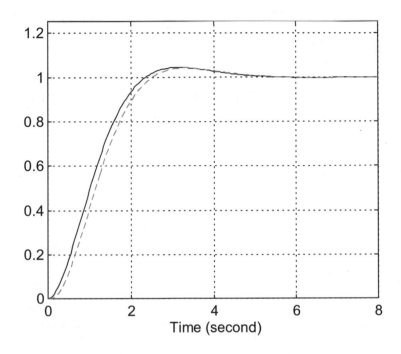

圖 8-11：實際與近似系統的輸出響應曲線

8-3 根軌跡分析（root-locus analysis）

何謂根軌跡？現簡要的說明如後，考慮圖 8-12 的閉迴路控制系統，閉迴路轉移函數為：

$$M(s) = \frac{Y(s)}{R(s)} = \frac{G(s)H(s)}{1 + G(s)H(s)} \quad \dots\dots (8\text{-}16)$$

假設迴路轉移函數為：

$$G(s)H(s) = \frac{KN_o(s)}{D_o(s)} \quad \dots\dots (8\text{-}17)$$

將上式(8-17)代入式(8-16)，可得

$$M(s) = \frac{G(s)H(s)}{1 + G(s)H(s)} = \frac{KN_o(s)}{D_o(s) + KN_o(s)} = \frac{N_c(s)}{D_c(s)} \quad \cdots\cdots(8\text{-}18)$$

由上式可知，閉迴路轉移函數的特徵方程式（$1+G(s)H(s)=0$）的根為

$$D_o(s) + KN_o(s) = 0$$

的解，所以 $D_o(s) + KN_o(s) = 0$ 的根隨 K 變化（0 變化至 ∞）的軌跡稱為根軌跡。注意！根軌跡是以開迴路轉移函數 $G(s)H(s)$ 為基礎來畫的。對某一 K 值計算閉迴路極點，藉以判斷系統穩定或不穩定。應用上可將系統內參數設為 K 值，根據根軌跡圖研究參數變化下對系統性能的影響。

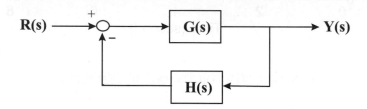

圖 8-12：典型閉迴路控制系統方塊圖

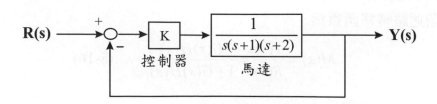

圖 8-13：某單位閉迴路控制系統

【例二】某單位回授控制系統如圖 8-13 所示，試應用根軌跡分析法，

求穩定系統之 K 值範圍。

在 SIMULINK 中所建構的閉回授控制系統的根軌跡分析法之模型如圖 8-14 所示。注意 *Gain* block 須設定為 1，注意！根軌跡是以開迴路轉移函數 G(s)H(s)為基礎來畫的，所以 *switch* block（其實應為 *Gain* block）必須設為 0，使成開迴路。

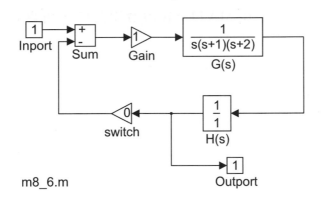

圖 8-14 ：在 SIMULINK 中所建構的控制系統模型

回到 MATLAB 命令視窗中，執行 m8_7.m 程式，如下所示：

```
% m8_7.m
% 應用根軌跡分析法求穩定 K 值

[a,b,c,d]=linmod('m8_6');
rlocus(a,b,c,d)
[k,poles]=rlocfind(a,b,c,d)
title('根軌跡圖')
```

grid

··

所得的根軌跡圖如圖 8-15 所示。rlocfind 函數提供能在根軌跡圖上找出相對應的增益值 k 及極點位置值的功能,當執行此行指令時,滑鼠游標會在根軌跡圖上成『＋』字狀,控制理論告訴我們極點座落於右半平面,系統即為不穩定。故將滑鼠＋字游標移動至根軌跡與虛軸相交處,單按滑鼠左鍵,在 MATLAB 命令視窗中,可得以下的結果:

Select a point in the graphics window
selected_point = 0.0092 + 1.4375i

k = 6.2378
poles =   -3.0214
          0.0107 + 1.4368i
          0.0107 - 1.4368i

此結果告訴我們臨界穩定的增益值大約是 6。注意!有三個極點對應於 k=6.2378,自然無阻尼頻率約為 ω_m =1.43rad/sec。

【例三】圖 8-14 之單位回授控制系統,若以 ζ = 0.707的二階系統來近似,試求其增益值 K 為何?

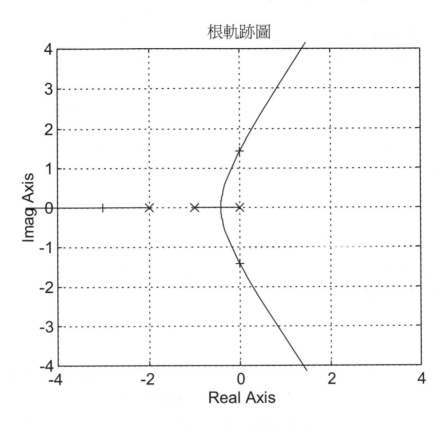

圖 8-15 ：例二之根軌跡圖

control system toolbox 中提供 sgrid 函數，能在連續 s-域（s-domain）中畫出特定大小阻尼比(ζ)及自然頻率(ω_m)的軌跡圖。修改 m8_7.m 程式，更改根軌跡圖顯示區域（使用 axis 函數），加入 sgrid 函數，顯示阻尼比 $\zeta = 0.707$ 及自然頻率從 0.1 每隔 0.1 變化至 1rad/sec（虛線表示）。如下面 m8_8.m 程式所示。

回到 MATLAB 命令視窗中，執行 m8_8.m 程式：

```
% m8_8.m
% 應用根軌跡分析法求特定阻尼比及自然頻率之 K 值

[a,b,c,d]=linmod('m8_6');
rlocus(a,b,c,d)
axis([-1 1 -1 1])
damping=0.707;
wn=0.1:0.1:1;
sgrid(damping,wn)
[k,poles]=rlocfind(a,b,c,d)
title('根軌跡圖')
grid
```

....

顯示圖 8-16 之根軌跡圖,將滑鼠+字游標移動至根軌跡與 $\zeta = 0.707$ 相交處,單按滑鼠左鍵,在 MATLAB 命令視窗中,可得以下的結果:

Select a point in the graphics window

selected_point = -0.3857 + 0.3783i

k = 0.6462
poles = -2.2343
          -0.3828 + 0.3777i
          -0.3828 - 0.3777i

由以上結果顯示,K 值大小爲 0.6462,再觀察圖 8-16 之根軌跡圖,自然頻率約爲 0.53rad/sec,所以當 K=0.6462 的單位回授控制系統,

可以以 $\zeta = 0.707$ 及 $\omega_n = 0.53\,\mathrm{rad/sec}$ 的二階系統來近似。

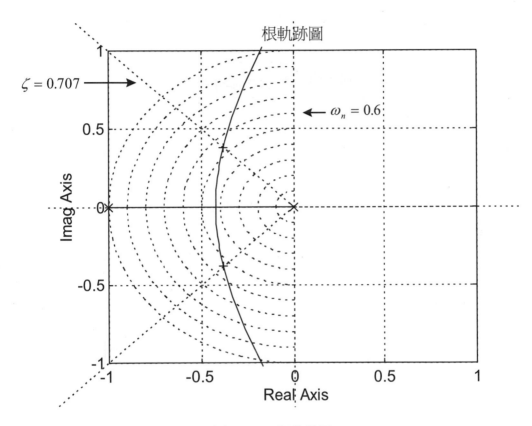

圖 8-16：根軌跡圖

在 SIMULINK 中很容易檢驗這二個系統的輸出響應，我們建構如圖 8-17 之模擬模型，觀察輸出響應如圖 8-18 所示，虛線軌跡為實際系統的響應軌跡，雖有少許差異，以 $\zeta = 0.707$ 及 $\omega_n = 0.53\,\mathrm{rad/sec}$ 的二階系統來近似，應相當接近原系統的性能了。

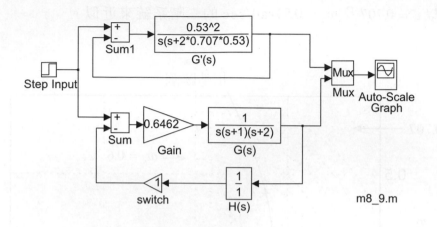

圖 8-17 ：在 SIMULINK 中所建構的模型之輸出響應比較

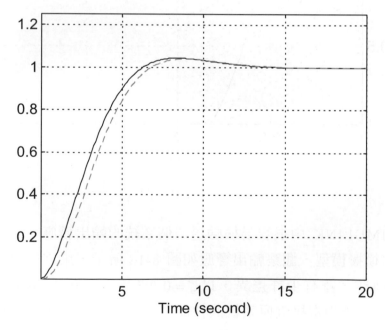

圖 8-18 ：受控系統與近似二階系統輸出響應之比較

這個例子說明了如何利用根軌跡分析法設計符合特定規格的高階控制系統，首先先將高階系統規格；如上升時間、延遲時間、安定時間、最大過超越量等找出相對應標準二階系統的阻尼比及自然頻率值，因為這些規格在標準二階系統都可由數學式子來表示（見前節 8-2.2），再由根軌跡圖中找出高階系統相對應的 K 值，如無 K 值可以滿足，就必須設計補償器來達到所需的規格（此部份參考第十章）。

第九章

頻域響應分析法

9-1 引言

採用時域響應法來觀察控制系統的性能，是比較直接的，它所代表的物理意義亦較為明顯，但對於高階系統，不但它的時域響應解不易求取；而且也不易分析參數對系統時域響應的影響。

採用頻率響應分析法，在一定程度上可以克服時域響應法的缺點，尤其是在分析與設計控制系統上。從頻率響應圖上，可以很直觀地觀察控制系統的穩定性與性能，若是系統的性能無法滿足規格的要求，則可以設計控制器（補償器）來修改系統的頻率響應圖來改進系統的性能，對於高階系統也是如此，因此藉助頻率響應圖，可以簡化控制系統的分析與設計。

使用頻率響應法的另一個優點是容易使用實驗數據來作設計，以正弦波信號作為系統的輸入信號，而量測系統輸出信號的振幅與相位，就足以設計適當的回授控制了。因此對於那些不易導出數學模型（轉移函數）的控制系統，可以利用實驗法求出系統的頻率特性，進而分析與設計控制器，頻率響應設計法不外乎是既簡單又省錢的分析設計法。

9-2 波德圖（Bode plot）

考慮系統的轉移函數 $M(s)$，s 代之以 $j\omega$，即可得到系統的頻率轉移函數 $M(j\omega)$，$M(j\omega)$ 是複變函數，可以分解成隨 ω 變化的實部及虛部，即

$$M(j\omega) = M(s)\big|_{s=j\omega} = U(\omega) + jV(\omega)$$
$$= |M(j\omega)|\angle M(j\omega) = |M(j\omega)|e^{j\varphi(\omega)}$$

......(9-1)

其中

$$|M(j\omega)| = \sqrt{[U(\omega)]^2 + [V(\omega)]^2}$$

$$\angle M(j\omega) = \varphi(\omega) = \tan^{-1}\left[\frac{V(\omega)}{U(\omega)}\right]$$

$|M(j\omega)|$ 為 頻 率 轉 移 函 數 $M(j\omega)$ 隨 頻 率 ω 變 化 的 的 振 幅 特 性 ，$\angle M(j\omega)$ 為 頻 率 轉 移 函 數 $M(j\omega)$ 隨 頻 率 ω 變 化 的 的 相 角 特 性 。 波 德 圖 是 將

1. 振幅與頻率 ω 變化的關係與
2. 相角與頻率 ω 變化的關係

分別畫在二張圖上，其中頻率 ω 採對數刻度，振幅座標採 dB（分貝），即 $20\log|M(j\omega)|$。

例如，考慮下面系統的轉移函數

$$M(s) = \frac{K(1 + Ts)}{s(1 + \frac{2\zeta}{\omega_n}s + \frac{1}{\omega_n^2}s^2)}$$

其頻率轉移函數的振幅與相角特性可表示為

$$\begin{aligned}|M(j\omega)|_{dB} &= 20\log|M(j\omega)| \\ &= 20\log|K| + 20\log|1 + j\omega T| \\ &\quad - 20\log|j\omega| - 20\log\left|1 - \frac{\omega^2}{\omega_n^2} + j\frac{2\zeta\omega}{\omega_n}\right|\end{aligned}$$

$$\begin{aligned}\angle M(j\omega) &= \angle K + \angle(1 + j\omega T) \\ &\quad - \angle(j\omega) - \angle(1 - \frac{\omega^2}{\omega_n^2} + j\frac{2\zeta\omega}{\omega_n})\end{aligned}$$

9-4 控制系統設計與模擬－使用MATLAB/SIMULINK

由上式很明顯地可以看出若轉移函數經分解後，若可以表示成特定形式的表示式（類似極零點形式），則只要對個別的因式畫出波德圖，再相加減後，即可得到 M(s)的波德圖，相關論述請參考控制書籍，這種形式的好處是適合手畫，在有限的紙張上可以畫出很廣的頻率範圍。但若不是此種形式表示，則可藉助 MATLAB/SIMULINK，仍可輕易地畫出波德圖。

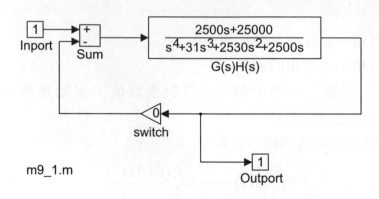

圖 9-1 ： SIMULINK 中所建構的回授控制系統

【例一】某一控制系統之開迴路轉移函數為

$$G(s)H(s) = \frac{2500s + 25000}{s^4 + 31s^3 + 2530s^2 + 2500s}$$

試繪出其波德圖。

在 SIMULINK 中所建構的模型如圖 9-1 所示，回到 MATLAB 命令視窗中，執行 m9_2.m 程式如下所示：

....

    % m9_2.m

```
% 畫出波德圖
[a,b,c,d]=linmod('m9_1');
w=logspace(-2,4,400);
[mag,phase,w]=bode(a,b,c,d,1,w);
subplot(211)
semilogx(w,20*log10(mag))
axis([0.01 10000 -200 70])
title('波德圖')
ylabel('大小 (dB)')
grid
subplot(212)
semilogx(w,phase)
axis([0.01 10000 -300 -50])
xlabel('頻率 (rad/sec)')
ylabel('相位 (degree)')
grid
```

....

logspace(-2,4,400)函式提供自訂頻率軸刻度的大小，-2 代表 10^-2 即 0.01(rad/sec)，同理 4 代表 10^4 即 10000(rad/sec)，所以頻率變化範圍由 0.01 至 10000(rad/sec)，400 代表產生 400 點的頻率值。波德圖的縱軸是以 dB 值大小為單位，故要以 semilogx(w,20*log10(mag))繪出大小圖形。所得波德圖如圖 9-2 所示。

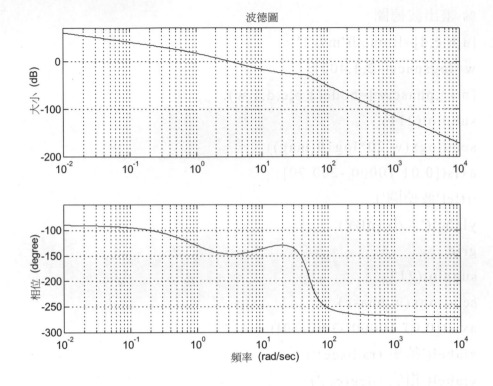

圖 9-2 ： 例一之波德圖

G(s)H(s)若要以手繪波德圖，需改為下面表示式，以方便徒手繪圖。

$$G(s)H(s) = \frac{10(1+\dfrac{s}{10})}{s(1+s)(1+\dfrac{0.6}{50}s+\dfrac{1}{2500}s^2)}$$

由上式可知，轉折點發生在 1、10、50（rad/sec）處，執行程式 m9_3.m，可得圖 9-3 的結果，虛線代表實際的波德圖，實線代表手繪的近似波德圖。

....

```
% m9_3.m
% 波德圖的比較
[a,b,c,d]=linmod('m9_1');
w=logspace(-2,4,400);
[mag,phase,w]=bode(a,b,c,d,1,w);
semilogx(w,20*log10(mag),'--')
axis([0.01 10000 -200 70])
hold on
k=10;
k_db=20*log10(k);
con1_db=k_db+20*log10(1/0.01);
plot([0.01;1],[con1_db;k_db],'-')
con2_db=k_db-40*log10(10/1);
plot([1;10],[k_db;con2_db],'-')
con3_db=con2_db-20*log10(50/10);
plot([10;50],[con2_db;con3_db],'-')
con4_db=con3_db-60*log10(10000/50);
plot([50;10000],[con3_db;con4_db],'-')
hold off
title('波德圖的比較')
xlabel('頻率 (rad/sec)')
ylabel('大小 (dB)')
```

....

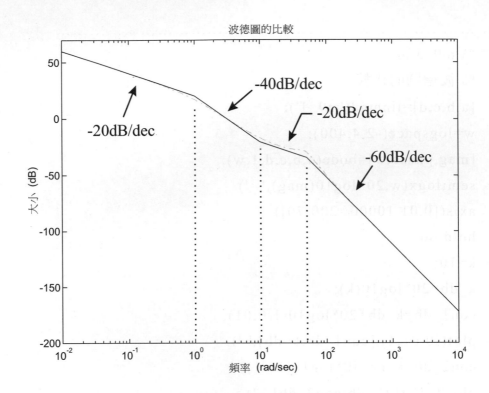

圖 9-3 ： 實際與手繪近似波德圖

9-3 奈氏圖（Nyquist plot）

由上節所述，有一系統的轉移函數 M(s)，s 代之以 $j\omega$，可得

$$M(j\omega) = M(s)\big|_{s=j\omega} = U(\omega) + jV(\omega)$$
$$= |M(j\omega)|\angle M(j\omega) = |M(j\omega)|e^{j\varphi(\omega)}$$

當頻率 ω 由零變化到無窮大時，複數向量 M($j\omega$)（有向量大小 $|M(j\omega)|$ 及相角 $\varphi(\omega)$）在複數平面上所形成的軌跡稱為極座標圖（polar plot）。根據奈氏路徑（Nyquist contour；如圖 9-8）所畫出

的極座標圖，稱為奈氏圖。奈氏圖的主要功能為判斷閉迴路系統是否為穩定的系統，見下一小節。

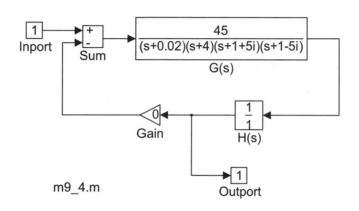

m9_4.m

圖 9-4 ： SIMULINK 中所建構的回授控制系統

【例二】某一控制系統之開迴路轉移函數為

$$G(s) = \frac{45}{(s+0.02)(s+4)(s^2+2s+26)} \qquad H(s)=1$$

試繪出其奈氏圖。

　　在 SIMULINK 中所建構的模型如圖 9-4 所示，回到 MATLAB 命令視窗中，執行

……………………………………………………

% 畫出奈氏圖

[a,b,c,d]=linmod('m9_4');

nyquist(a,b,c,d)

title('奈氏圖')

```
grid
```

....

可得奈氏圖如圖 9-5 所示。這是一個穩定的系統，注意在（0,0）點有些變化，放大此部份加以觀察，執行

....

```
[a,b,c,d]=linmod('m9_4');
nyquist(a,b,c,d)
axis([-0.5 0.5 -1.5 1.5])
title('放大原點區域的奈氏圖')
grid
```

....

可得修改後的奈氏圖如圖 9-6 所示。注意在 ω 趨近於 ∞ 時，奈氏圖是以何種方向趨近於（0,0）點。

9-3.1 奈氏穩定準則（Nyquist stability criterion）

考慮圖 9-7 之閉迴路控制系統，其閉迴路轉移函數為：

$$\frac{Y(s)}{R(s)} = \frac{G(s)}{1 + G(s)H(s)} = \frac{G(s)}{\Gamma(s)} \quad\text{......(9-2)}$$

其中 $\Gamma(s) = 1 + G(s)H(s) = 0$ 為閉迴路轉移函數的極點方程式，另設

$$G(s)H(s) = \frac{K(s + z_1)(s + z_2)......(s + z_m)}{(s + p_1)(s + p_2)......(s + p_n)} \qquad n > m$$

代入式(9-2)極點方程式中，則

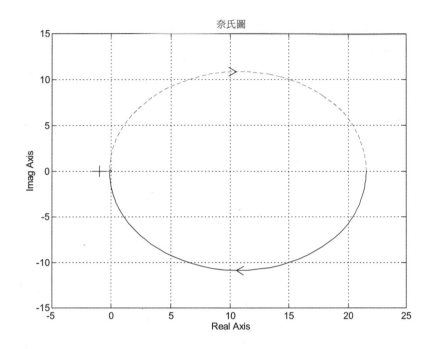

圖 9-5 ： 例二之奈氏圖

$$\Gamma(s) = 1 + \frac{K(s + z_1)(s + z_2)\dots(s + z_m)}{(s + p_1)(s + p_2)\dots(s + p_n)}$$

$$= \frac{(s + p_1)(s + p_2)\dots(s + p_n) + K(s + z_1)(s + z_2)\dots(s + z_m)}{(s + p_1)(s + p_2)\dots(s + p_n)}$$

$$= \frac{K'(s + z_1')(s + z_2')\dots(s + z_n')}{(s + p_1)(s + p_2)\dots(s + p_n)}$$

我們將發現 $\Gamma(s)$ 的零點 $-z_1', -z_2', \dots, -z_n'$ 即是閉迴路系統的極點；$\Gamma(s)$ 的極點 $-p_1, -p_2, \dots, -p_n$ 即是開迴路轉移函數 G(s)H(s) 的極點。

因此若要使閉迴路系統穩定，則 $\Gamma(s)$ 的零點 $-z_1', -z_2', \dots, -z_n'$ 必須座落於 s 平面的左半平面。在介紹奈氏穩定準則之前，再次先說明奈氏路徑以及簡述幅角原理（principle of the argument），這是奈氏穩定準則所應用的定理。

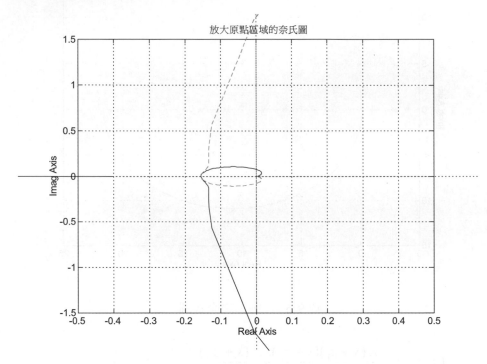

圖 9-6 ： 例二之奈氏圖（放大原點部份）

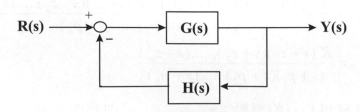

圖 9-7 ：閉迴路控制系統方塊圖

奈氏路徑（如圖 9-8）為在 s 平面上涵蓋右半平面的封閉路徑，這條封閉路徑不經過 $\Gamma(s)$ 的任何極點與零點，在本書中定義奈氏路徑的方向為順時針方向。

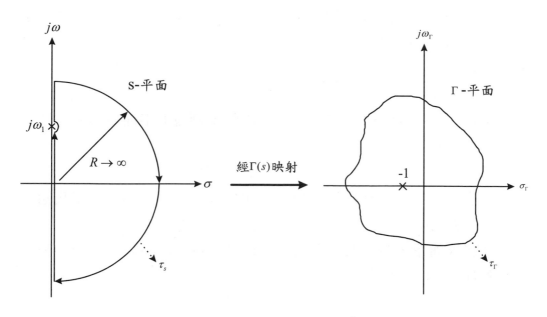

圖 9-8 ：奈氏路徑與幅角原理

幅角原理：

　　假設 $\Gamma(s)$ 是單值有理函數，它在 s 平面除了在極點之外都是可解析的（analytic），若在 s 平面上選定一條不經過 $\Gamma(s)$ 任何極點與零點的封閉路徑 τ_s，將 τ_s 封閉路徑上的點經由 $\Gamma(s)$ 映射後（mapping），在 Γ 平面上形成一條封閉曲線 τ_Γ，則 τ_Γ 在 Γ 平面上繞過原點的次數 N 等於

$$N = Z - P$$

其中

　　Z 是 $\Gamma(s)$ 在 s 平面上被封閉路徑 τ_s 所包圍的零點數目；

P 是 $\Gamma(s)$ 在 s 平面上被封閉路徑 τ_s 所包圍的極點數目。

● 若 N>0 表示 τ_Γ 曲線圍繞 Γ 平面的方向亦為順時針方向（相同於奈氏路徑的方向）。

● N<0 表示 τ_Γ 曲線圍繞 Γ 平面的方向為逆時針方向（相反於奈氏路徑的方向）。

● N=0 表示 τ_Γ 曲線不圍繞 Γ 平面的原點或圍繞 Γ 平面原點的淨圍繞數等於零。

我們使用閉迴路轉移函數 $\Gamma(s)$，如何應用幅角原理，從奈氏圖的圖示上，去判斷閉迴路系統是否為穩定的系統呢？

其實很簡單，我們將 τ_s 取為奈氏路徑，將奈氏路徑經過 $\Gamma(s)$ 映射在 Γ 平面後，即可求出 N 值。又假設

Z 是 $\Gamma(s)$ 在 s 平面上右半平面的零點數目；

P 是 $\Gamma(s)$ 在 s 平面上右半平面的極點數目。

注意！若為穩定的系統，則 Z 的值必須為零（見式(9-2)，即 $\Gamma(s)$ 所有的零點必須座落於 s 平面的左半平面），所以結論為：

若為穩定的閉迴路系統，則

$$N = -P$$

即奈氏圖上 τ_Γ 曲線圍繞 Γ 平面原點的次數等於 $\Gamma(s)$ 在右半平面的極點數目。

但如果我們知道開迴路轉移函數 G(s)H(s)的極零點位置時，如何應用上面的結論呢？因為

● 閉迴路轉移函數 $\Gamma(s)$ 的極點數目等於開迴路轉移函數 G(s)H(s) 的極點數目。

● 由 G(s)H(s)=[1+G(s)H(s)]-1=Γ(s)-1 可知，如果我們以 G(s)H(s) 來映射奈氏路徑，所得的曲線 τ_{GH} 和 τ_{Γ} 有相同的形狀，只是沿實軸左移 1 單位而已。

所以結論為：

對開迴路轉移函數 G(s)H(s)而言，若為穩定的閉迴路系統，則奈氏圖上 τ_{GH} 曲線圍繞 Γ 平面（-1+j0）點的次數等於 G(s)H(s)在右半平面的極點數目。

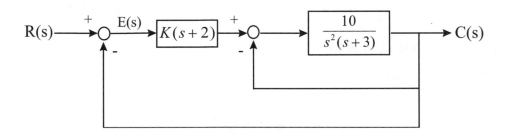

圖 9-9 ：例三之閉迴路控制系統

【例三】考慮圖 9-9 所示的閉迴路控制系統，當 K=2 時，是否為穩定的系統？

該控制系統的開迴路轉移函數為

$$\frac{C(s)}{E(s)} = \frac{10K(s+2)}{s^3 + 3s^2 + 10}$$

在 SIMULINK 中所建構的模型如圖 9-10 所示，注意 *Gain* block 內的 k 設為變數。

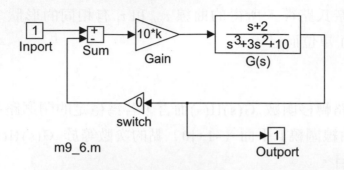

圖 9-10 ：在 SIMULINK 中所建構例三之閉迴路控制系統模型

回到 MATLAB 命令視窗中，執行 m9_7.m 程式

....

```
% m9_7.m
% 由奈氏圖判斷閉迴路系統是否穩定
hold on
for k=1:2
[a,b,c,d]=linmod('m9_6');
nyquist(a,b,c,d)
axis([-10 10 -12 12])
end
title('奈氏圖')
grid
```

....

可得奈氏圖如圖 9-11 所示（外圈為 k=2）。

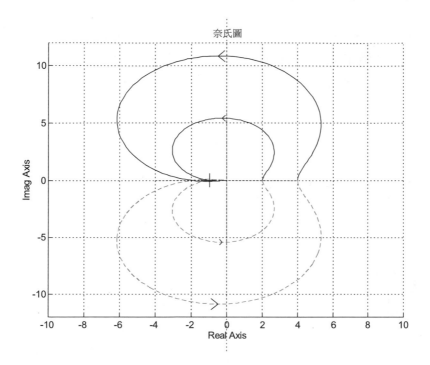

圖 9-11 ：例三之奈氏圖

如要判斷是否爲穩定的系統，需要觀察奈氏圖在（-1+j0）點的圍繞情形，放大此部份加以觀察，在程式 m9-7.m 修改 axis 函式參數爲

axis([-3 3 -1.5 1.5])

可得圖 9-12 所示。觀察圖 9-11 及圖 9-12 可以知道，當 k=1 時，爲臨界穩定系統（奈氏圖相交於（-1+j0）點）。而當 k=2 時，奈氏圖逆時針圍繞（-1+j0）點兩次，再觀察開迴路轉移函數 G(s)在右半平面是否有極點存在呢？回到 MATLAB 命令視窗中，執行

num=[1 2];

den=[1 3 0 10];

pzmap(num,den)

可得圖 9-13，可知 G(s) 在右半平面有兩個極點存在，由奈氏穩定準則可知，此為穩定的系統，因為對開迴路轉移函數 G(s)而言，其奈氏圖圍繞（-1+j0）點的次數等於 G(s)在右半平面的極點數目。

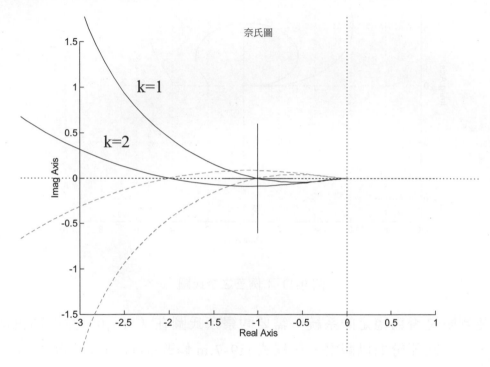

圖 9-12 ：例三之奈氏圖（放大-1+j0 部份）

9-4 相對穩定度（relative stability）

顧名思義，相對穩定度是指離『不穩定』的程度，從奈氏圖 $G(j\omega)H(j\omega)$ 與（-1+j0）點接近的程度，來表示閉迴路控制系統的相對穩定度，為了要表示這種"接近的程度"，控制理論中採用了增益邊限（gain margin）與相位邊限（phase margin）來量化這種接近的程度。

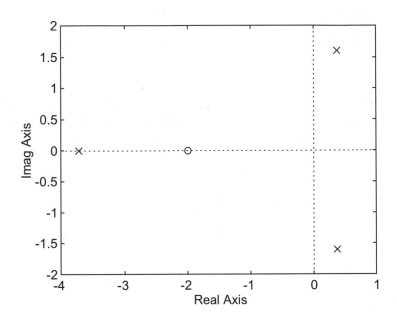

圖 9-13 ：例三之開迴路轉移函數 G(s)極零點分佈

● *增益邊限*（簡寫爲 G.M.）

定義： $G(j\omega)H(j\omega)$ 的相位爲 $-180°$ 時的頻率，稱爲相位交越頻率 ω_c（phase crossover frequency），在此頻率 ω_c 下，定義增益邊限爲

$$G.M. = 20\log\frac{1}{\left|G(j\omega_c)H(j\omega_c)\right|}dB$$

增益邊限的物理意義爲閉迴路系統到達臨界穩定前還能增加或減少的增益值。

進一步說明：

1. 由定義可知，若開迴路系統 G(s)H(s)的奈氏圖與負實軸交於（-1,0）之間，則 $\left|G(j\omega_c)H(j\omega_c)\right| < 1$，此時 G.M.爲正值，閉迴路系統穩定。

2. 但若開迴路系統 G(s)H(s)的奈氏圖與負實軸交於（$-\infty, -1$）之間，則 $|G(j\omega_c)H(j\omega_c)| > 1$，此時 G.M.為負值，閉迴路系統不穩定。

3. 又若開迴路系統 G(s)H(s)的奈氏圖與負實軸正好交於（-1+j0）點，則 $|G(j\omega_c)H(j\omega_c)| = 1$，此時 G.M.為零，閉迴路系統稱為臨界穩定。

4. 若開迴路系統 G(s)H(s)的奈氏圖與負實軸沒有交點，則定義 $|G(j\omega_c)H(j\omega_c)| = 0$，此時 G.M.為 ∞。

● *相位邊限*（簡寫為 P.M.）

定義：$|G(j\omega)H(j\omega)|$ 大小為 1 時的頻率，稱為增益交越頻率 ω_g（gain crossover frequency），在此頻率 ω_g 下，定義相位邊限為

$$P.M. = \angle G(j\omega_g)H(j\omega_g) + 180°$$

相位邊限的物理意義為閉迴路系統到達臨界穩定前還能增加的相位落後值。

進一步說明：

1. 由定義可知，若開迴路系統 G(s)H(s)的奈氏圖與負實軸交於（-1,0）之間，則 $-180° < \angle G(j\omega_g)H(j\omega_g) < 0°$，此時 P.M.為正值，閉迴路系統穩定。

2. 但若開迴路系統 G(s)H(s)的奈氏圖與負實軸交於（$-\infty, -1$）之間，則 $\angle G(j\omega_g)H(j\omega_g) < -180°$，此時 P.M.為負值，閉迴路系統不穩定。

3. 又若開迴路系統 G(s)H(s)的奈氏圖與負實軸正好交於（-1+j0）點，則 $\angle G(j\omega_g)H(j\omega_g) = -180°$，此時 P.M.為零，閉迴路系統稱

爲臨界穩定。

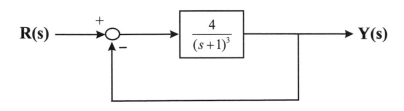

圖 9-14 ：例四之閉迴路控制系統

【例四】考慮圖 9-14 所示的閉迴路控制系統，求其相位邊限與增益邊限。

在 SIMULINK 中所建構的模型如圖 9-15 所示。

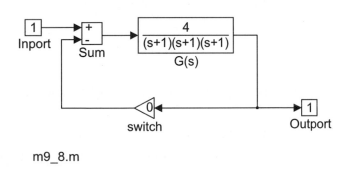

m9_8.m

圖 9-15 ：在 SIMULINK 中所建構的例四系統模型

回到 MATLAB 命令視窗中，自鍵盤輸入

    [a,b,c,d]=linmod('m9_8');

    margin(a,b,c,d)

可得圖 9-16 的波德圖，在圖最上方標示有增益邊限（Gm）及相位邊限（Pm）值。

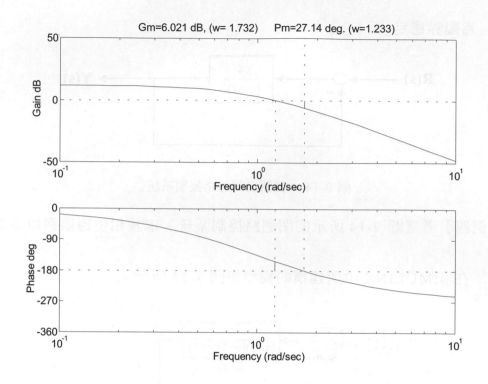

圖 9-16：標示有增益邊限（Gm）及相位邊限（Pm）的波德圖

　　MATLAB 的 control toolbox 有提供 margin 函數，能從波德圖上求得增益邊限及相位邊限。但是如果要從奈氏圖上讀取增益邊限及相位邊限，可由執行程式 m9_9.m 獲得。

....

```
% m9_9.m
% 由奈氏圖讀取增益邊限(Gm)與相位邊限(Pm)
[a,b,c,d]=linmod('m9_8');
w=logspace(-0.1,2.3,600);
[re,im,w]=nyquist(a,b,c,d,1,w);
```

```
i1=find(im>0)-1;
i2=find((re.^2+im.^2)<1)-1;
i1_1=i1(1);i2_1=i2(1);
%畫奈氏圖
plot(re,im)
axis([-1.5 1.5 -1.5 1.5])
hold on
%畫單位圓
x=-1:0.04:1;y=sqrt(1-x.^2);
plot(x,[y' -y'],'.')
%畫增益邊限
plot(0,0,'*',re(i1_1),im(i1_1),'*')
plot([re(i1_1) im(i1_1)],[0 0])
%畫相位邊限
xf=-1:0.01:1;yf=-sqrt(1-xf.^2);
i3=find(xf'>re(i2_1));i3_1=i3(1);
plot(-1,0,'*',xf(i3_1),yf(i3_1),'*')
plot(xf(1:i3_1),yf(1:i3_1))
hold off
%求取增益邊限(Gm)與相位邊限(Pm)
Gm=-20*log10(-re(i1_1))
Pm=180/pi*atan(yf(i3_1)/xf(i3_1))
title(['增益邊限(Gm)=',num2str(Gm),...
'相位邊限(Pm)=',num2str(Pm)])
gtext('Gm')
```

gtext('Pm')

grid

··

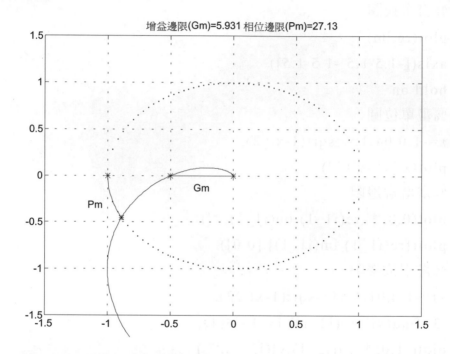

圖 9-17：標示有增益邊限（Gm）及相位邊限（Pm）的奈氏圖

執行程式 m9_9.m 後，可得圖 9-17 的奈氏圖。並在 MATLAB 的命令視窗內得到增益邊限（Gm）及相位邊限（Pm）的值。

Gm = 5.9309

Pm = 27.1268

9-5 標準二階系統頻率響應

　　就如同在時域響應中，能以最大過超越量、延遲時間、上升時間、安定時間、峰值時間等來表示控制系統對單位步級輸入響應的性能指標（參見第八章），在頻率響應中，則以諧振峰值（resonant peak）、諧振頻率（resonant frequency）、頻帶寬度（bandwidth）等來表示控制系統在頻域中的系統性質（或規格），敘述如下：

● 諧振峰值 M_p：

　　定義爲 $|M(j\omega)|$ 的極大值，諧振峰值僅存在於 $0 < \zeta < 0.707$ 時，且 M_p 恆大於 1，當 ζ 趨近於 0 時，M_p 漸趨近於無窮大。若 $\zeta \geq 0.707$ 時，$|M(j\omega)|$ 值會隨 ω 的增加而遞減，且 $|M(j\omega)|$ 的最大值爲 1。

● 諧振頻率 ω_p：

　　定義爲諧振峰值 M_p 發生時的頻率。

● 頻帶寬度 BW：

　　定義爲 $|M(j\omega)|$ 的大小降到零頻率時大小的 70.7%，或由零頻率增益降下 3dB 的頻率範圍，稱爲頻帶寬度。

　　考慮圖 8-5 之單位回授控制系統，其諧振峰值 M_p、諧振頻率 ω_p 以及頻帶寬度 BW，均與系統的阻尼比 ζ 及自然無阻尼頻率 ω_n 有關，推論如下：

$$M_c(j\omega) = \frac{\omega_n^2}{(j\omega)^2 + 2\zeta\omega_n(j\omega) + \omega_n^2}$$

$$= \frac{1}{1 + j2\zeta(\omega/\omega_n) - (\omega/\omega_n)^2} \quad \text{......(9-3)}$$

將 ω / ω_n 以 v 取代，可簡化上式(9-3)成

$$M_c(jv) = \frac{1}{1 + j2\zeta v - v^2} \quad \cdots\cdots(9\text{-}4)$$

式(9-4) $M_c(jv)$ 的振幅及相角分別為

$$\left| M_c(jv) \right| = \frac{1}{\sqrt{\left(1 - v^2\right)^2 + (2\zeta v)^2}} \quad \cdots\cdots(9\text{-}5)$$

與

$$\angle M_c(jv) = -\tan^{-1} \frac{2\zeta v}{1 - v^2} \quad \cdots\cdots(9\text{-}6)$$

取振幅對 v 的導數，並置為零，得其諧振頻率為

$$v_p = \sqrt{1 - 2\zeta^2} \quad \cdots\cdots(9\text{-}7)$$

故

$$\omega_p = \omega_n \sqrt{1 - 2\zeta^2} \quad \cdots\cdots(9\text{-}8)$$

上式(9-8)僅在 $\zeta \le 0.707$ 時有效（why？），將式(9-7)代入式(9-5)中，可求得諧振峰值為

$$M_p = \frac{1}{2\zeta \sqrt{1 - \zeta^2}} \quad \cdots\cdots(9\text{-}9)$$

由以上結果可知 M_p 僅為 ζ 的函數，而 ω_p 是 ζ 與 ω_n 的函數。另外從推導的過程可知，$\zeta > 0.707$ 時，$\omega_p = 0$ 且 $M_p = 1$。

由定義可知，頻帶寬度 BW 為 $|M(j\omega)|$ 的大小降到零頻率時大小的

70.7%，或由零頻率增益降下 3dB 的頻率範圍，故

$$|M_c(jv)| = \frac{1}{\sqrt{\left(1-v^2\right)^2 + (2\zeta v)^2}} = 0.707 \ \cdots\cdots\text{(9-10)}$$

求解上式(9-10)可得

$$v^2 = \left(\frac{BW}{\omega_n}\right)^2 = \left(1-2\zeta^2\right) \pm \sqrt{4\zeta^4 - 4\zeta^2 + 2} \ \cdots\cdots\text{(9-11)}$$

故開平方、移項可得

$$BW = \omega_n\left[\left(1-2\zeta^2\right) + \sqrt{4\zeta^4 - 4\zeta^2 + 2}\right]^{1/2} \ \cdots\cdots\text{(9-12)}$$

程式 m9_10.m 說明閉迴路頻率響應的諧振頻率（Wp），諧振峰值（Mp）與時域響應之阻尼比（ζ）的關係曲線圖（如圖 9-18）。

....

```
%m9_10.m
%諧振頻率（Wp）,諧振峰值（Mp）與阻尼比的關係
wn=1;
zeta=0:0.005:0.707;
wp=wn.*sqrt(1-2.*zeta.^2);
zeta1=0.1:0.005:0.707;
mp=1./(2.*zeta1.*sqrt(1-zeta1.^2));
subplot(211)
plot(zeta,wp)
title('< 諧振頻率與阻尼比的關係(wn=1 時) >')
xlabel('阻尼比')
```

```
ylabel('諧振頻率 wp/wn')
grid
subplot(212)
plot(zeta1,mp)
title('< 諧振峰值與阻尼比的關係 >')
xlabel('阻尼比')
ylabel('諧振峰值 Mp')
grid
```

....

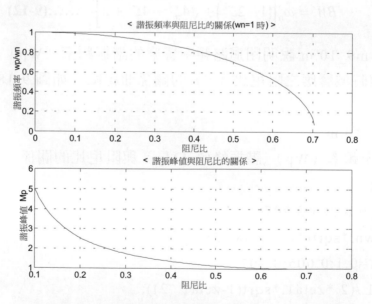

圖 9-18 ：諧振頻率,諧振峰值與時域響應之阻尼比（ζ）的關係曲線圖

【例五】有一個馬達速度控制系統如圖 9-19 所示，試以此例驗證閉迴

路頻率響應的諧振頻率（Wp）、諧振峰值（Mp）與時域響應之性能指標間的關係。

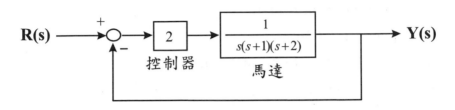

圖 9-19 ：馬達速度控制系統

在 SIMULINK 中所建構的模型如圖 9-20 所示。

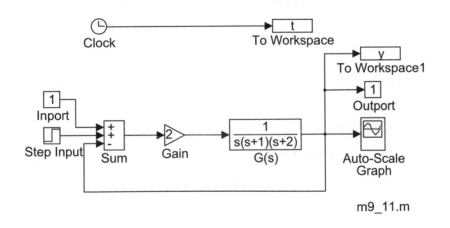

圖 9-20 ：在 SIMULINK 中所建構的馬達系統模型

回到 MATLAB 命令視窗中，執行 m9_12.m 程式如下所示：

....

```
%m9_12.m
%求頻率響應之諧振峰值(Mp)與諧振頻率(Wp)
[a,b,c,d]=linmod('m9_11');
w=logspace(-1,1,600);
[mag,phase,w]=bode(a,b,c,d,1,w);
[Mp,i]=max(mag);
Wp=w(i);
Mp
Wp
```

....

則可求出閉迴路頻率響應的諧振峰值（Mp）、諧振頻率（Wp）如下
所示。

Mp = 1.8371 dB

Wp = 0.8157 rad/sec

經由圖 9-18 或利用式(9-8)及(9-9)經換算，可求得相對應的
阻尼比（ζ）為 0.284 及自然無阻尼頻率（ω_n）為 0.8907。再參考第
八章第 2.2 節有關時域響應性能指標之公式。

● 安定時間（2%）：

$$T_s \approx \frac{4}{\zeta \omega_n} \text{......(9-13)}$$

● 過超越量（%）：

$$M_p \approx 100 * e^{\frac{-\zeta \pi}{\sqrt{1-\zeta^2}}} \text{......(9-14)}$$

將阻尼比 $\zeta = 0.284$ 及自然無阻尼頻率 $\omega_n = 0.8907$ 代入上二式(9-13,9-14)中，可求得

$$T_s \approx 15.8129 \text{ 與 } M_p \approx 39.4346$$

　　從時域響應圖的角度來觀察上升時間、安定時間等性能指標，可以得到另一種形式的驗證。在 SIMULINK 視窗中，先開啓 m9_11.m 的模型後，啓動模擬，在 *Auto-Scale Graph* block 所觀察的輸出響應曲線如圖 9-21 所示。

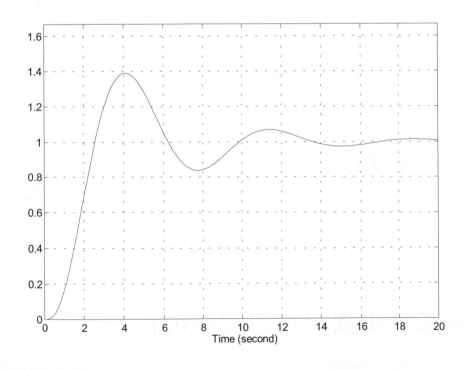

圖 9-21 ：在 SIMULINK 中所觀察的輸出響應曲線

回到 MATLAB 命令視窗中，執行 m8_2.m 程式，可以得到圖 9-21 之

時域響應圖，所提供的性能指標如下所示：

peak_of_time = 4.1001

percent_overshoot = 38.9381

rise_time = 1.5500

setting_time = 16.0001

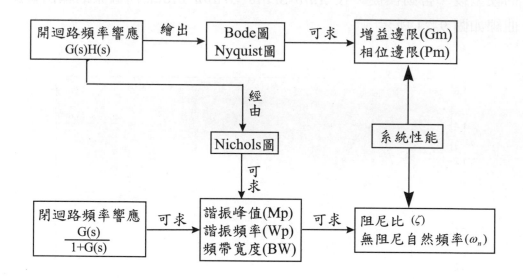

圖 9-22：頻率響應分析法

9-6 尼可士圖（Nichols plot）

尼可士圖其功能為何？有什麼用呢？前 9-4 節中所討論的相對穩定度都是利用開迴路轉移函數（G(s)H(s)），繪出其波德圖或奈氏圖來求得增益邊限（Gm）及相位邊限（Pm）來表示。又由 9-5 節可知控制系統閉迴路頻率響應中，諧振峰值(Mp)、諧振頻率(Wp)與頻帶寬度（BW）都和系統的性能有密切的關係。那*開迴路頻率響應*與*閉迴路頻率響應*間又存在有什麼關係呢？尼可士圖其功能即是將開迴路頻率響應與閉迴路頻率響應間的關係連接起來，利用開迴路轉移函數繪出其尼可士圖，由圖上便可求出用來表示閉迴路系統性能指標的諧振峰值、諧振頻率與頻帶寬度等，再經式(9-8,9-9)換算亦可求出阻尼比(ζ)及無阻尼自然頻率(ω_m)，參考圖 9-22。

【例六】以 m9_8.m 所建構的模型，繪出其尼可士圖並加以說明。

回到 MATLAB 命令視窗中，執行 m9_13.m 程式如下所示：

....

```
% m9_13.m
% 繪出尼可士圖
[a,b,c,d]=linmod('m9_8');
w=logspace(-1,3,600);
nichols(a,b,c,d,1,w)
axis([-360 0 -40 40])
ngrid
```

....

可得如圖 9-23 所示之尼可士圖。

應用尼可士圖，可由開迴路轉移函數決定閉迴路頻率響應，由 G(jw)H(jw)在尼可士圖上與 M 圓（代表大小 dB 值）、N 圓（代表相位度值）相交的點，即決定閉迴路頻率響應在不同頻率下的大小及相位值。

● 由（0dB,-180 度）此點垂直往下交於曲線處，它所代表的縱軸刻度大小即為增益邊限，由圖上觀察大約是 6dB，若由（0dB,-180度）此點水平往右交於曲線處，它所代表的橫軸刻度大小即為相位邊限，由圖上觀察大約是 35 度。

● 曲線與某一 M1 圓相切於頻率 w1，則閉迴路頻率響應的諧振峰值為 M1（由圖上觀察應大於 6dB），而諧振頻率為 w1。

● 與 M 圓=-3dB 相交的頻率值 w2，稱為頻帶寬度 B.W。

如何得出這些值呢？由讀者自行想想。

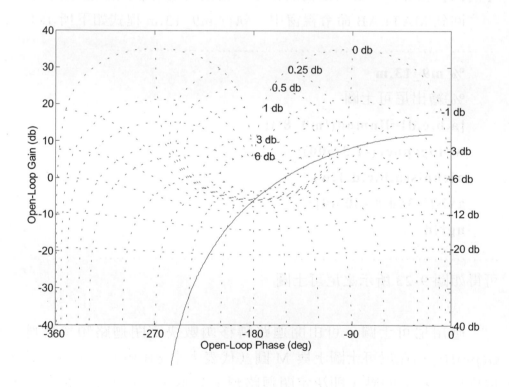

圖 9-23 ：尼可士圖

第十章

控制器設計

10-1 引言

對一個控制系統而言，穩定度是基本的要求，除此之外，其它許多性能規格的滿足，也是一個好的控制系統不可或缺的要素。在前面章節所討論的性能規格，在時域響應中常見的有：

1. 上升時間。
2. 安定時間。
3. 最大過超越量百分比。
4. 穩態誤差。
5. 阻尼比及自然無阻尼頻率。

在頻域響應中常見的規格有：

1. 諧振峰值。
2. 諧振頻率。
3. 頻帶寬度。
4. 增益邊限及相位邊限。

以上所表示的性能規格，大致能表示出控制系統的反應速度、系統的容許誤差及相對穩定度。但是若系統無法滿足所要求的性能規格，就必須調整系統中的可變參數，這種對系統所加諸的行為，稱之為補償（compensation），因補償而加入到系統的裝置或元件則稱之為控制器（或補償器），所謂控制器就是能夠調整控制系統的動態特性，使系統性能能滿足特定的規格需求。

10-2 PID 控制器

PID 控制器是目前工業程序控制中，應用最廣泛的工業控制器之一。PID 控制器的轉移函數為：

$$G_c(s) = K_p\left(1 + \frac{1}{T_i s} + T_d s\right) \quad......(10\text{-}1)$$

其中

K_p 為比例增益常數；

T_i 為積分時間常數；

T_d 為微分時間常數。

式 (10-1) 也可以寫成

$$G_c(s) = K_p + \frac{K_p}{T_i s} + K_p T_d s \quad......(10\text{-}2)$$

或重寫式 (10-2) 成

$$G_c(s) = K_p + \frac{K_i}{s} + K_d s \quad......(10\text{-}3)$$

其中

K_p 為比例增益常數；

$K_i = (K_p / T_i)$ 為積分增益常數；

$K_d = K_p T_d$ 為微分增益常數。

　　PID 控制器的設計通常是很困難的（亦即調整 K_p、 K_i、 K_d 參數到適當的值），工程師的經驗是很重要的，因此如何求得最佳的控制器參數是控制工程師在程序控制中最實際且重要的課題。這裡介紹 Ziegler-Nichols 調整法則，此法則是根據實驗方法，先在只有採用比例控制 K_p 作用的條件下，根據臨界穩定條件下相對應的 K_{cp} 增益及震盪週期 T_{cp} 建立的，在不知控制對象的數學模型時，採用 Ziegler-Nichols 調整法，是很實用的，當然它也可以應用於控制對象的數學模型已知時的

10-4 控制系統設計與模擬－使用 MATLAB/SIMULINK

設計上。

式 (10-1)中，令 $T_i = \infty$ 和 $T_d = 0$，也就是只有比例增益 K_p 作用，K_p 從 0 慢慢增加到臨界穩定的增益值 K_{cp}，此 K_{cp} 值是使系統的輸出首次產生震盪的增益值，如果如何增加 K_p 值都不會使系統產生震盪輸出（如二階穩定系統），那麼就不能使用此種方法。Ziegler-Nichols 建議 K_p、T_i 和 T_d 的參數值，可根據表 10-1 中給定的公式調整。

表 10-1 Ziegler-Nichols 調整法則

控制器類型	K_p	T_i	T_d
P	$0.5\,K_{cp}$	∞	0
PI	$0.45\,K_{cp}$	$(1/1.2)\,T_{cp}$	0
PID	$0.6\,K_{cp}$	$0.5\,T_{cp}$	$0.125\,T_{cp}$

【例一】某一個化學工業程序控制系統的轉移函數為

$$G_p(s) = \frac{se^{-Ts}}{1 + 5s}$$

其延遲時間為 1 秒，試用 Ziegler-Nichols 調整法設計一個 PID 控制器。

首先應用 MATLAB 之 control toolbox 所提供的 pade 函數來近似 e^{-Ts} 項，pade 函數的格式如下所示：

$$[num, den] = pade(T, n)$$

其中 T 表延遲時間，單位為秒，n 表近似的階數，即

$$e^{-Ts} \approx 1 - sT + \frac{1}{2!}(sT)^2 - \ldots\ldots \approx \frac{num(s)}{den(s)}$$

在 MATLAB 的命令視窗中鍵入下列指令

[num,den]=pade(1,2)

可得

num = 0.0743   -0.4460   0.8920

den = 0.0743   0.4460   0.8920

下一步如何決定臨界穩定條件下對應的 K_{cp} 增益及震盪週期 T_{cp} 的值呢？

先在 SIMULINK 中建構工業程序控制系統模型，如圖 10-1 所示。我們畫出開迴路轉移函數的根軌跡圖（含延遲時間的近似項），如圖 10-2 所示。

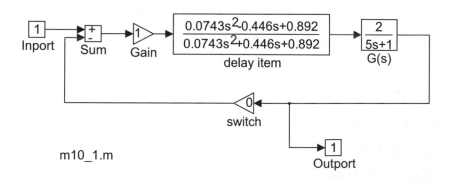

圖 10-1：在 SIMULINK 中所建構的例一程序控制系統模型

回到 MATLAB 命令視窗中，執行 m10_2.m 程式，這個程式先畫出圖 10-1 的根軌跡圖並求出與虛軸交點的增益值與極點位置，最後利用表 10-1 公式及參考式(10-1,2,3)求出 K_p、T_i 和 T_d 的參數值。

....

```
% m10_2.m
% 由根軌跡圖求臨界穩定條件下對應的 kcp 增益及震盪週期 wm
% 的值,並應用 Ziegler-Nichols 調整法決定 PID 控制器的參數值。
[a,b,c,d]=linmod('m10_1');
rlocus(a,b,c,d)
[kcp,poles]=rlocfind(a,b,c,d)
wm=abs(imag(poles(2)))
kp=0.6*kcp
kd=0.25*kp*pi/wm
ki=kp*wm/pi
num=[kd kp ki]
den=[1 0]
```

....

在 MATLAB 命令視窗中,可得

```
» m10_2
Select a point in the graphics window
selected_point = 0 + 1.7157i
kcp = 4.3184
poles =  -7.9398
         0.0049 + 1.7071i
         0.0049 - 1.7071i
wm = 1.7071
kp = 2.5910
```

kd = 1.1921

ki = 1.4079

num = 1.1921   2.5910   1.4079

den = 1   0

亦即所得的 PID 控制器如式(10-4)所示。

$$G_c(s) = \frac{1.1921s^2 + 2.591s + 1.4079}{s} \text{……(10-4)}$$

將 $G_c(s)$ 加入 m10_1.m 中，修改成 m10_3.m，如圖 10-3 所示，其中 *PID controller* block 是取自於 SIMULINK 視窗內的 extras 方塊函數庫內。

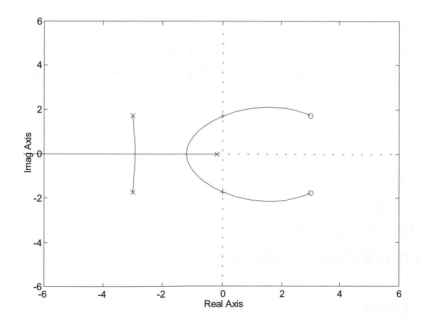

圖 10-2：根軌跡圖

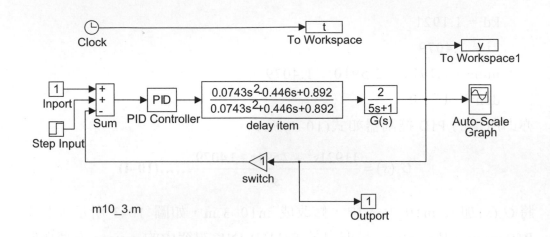

圖 10-3：在 SIMULINK 中所建構的例一系統模型（含 PID 控制器）

在 SIMULINK 視窗中，先開啓 m10_3.m 的模型後，啓動模擬，在 Auto-Scale Graph block 所觀察的輸出響應曲線如圖 10-4 所示。

由此例可知，Ziegler-Nichols 調整法並不能得到很滿意的解答，在此法則調整下，系統的步階響應將呈現出大約 10%至 60%的最大過超越量，如果過超越量太大，則可以依經驗調整 PID 參數的大小，使閉迴路系統得到滿意的暫態響應。所以，在實用上來說，Ziegler-Nichols 調整法提供一種『有經驗的猜測』，並對更精確的調整 PID 參數，提供一個很好的開始。

這裡對調整 PID 參數，提供一些經驗法則。PID 控制器可以視爲 PD、PI 控制器的組合，現個別說明其特性。

● PD 控制器：

1. PD 控制器的轉移函數爲 $G_c(s) = K_p + K_d s$，它相當於在開迴路系統中加入一個非零的零點,加入零點可使根軌跡往左移的趨勢,因此,PD 控制器可改善閉迴路系統的相對穩定度。

2. 以頻率的觀點來看 PD 控制器,頻率越高,$\left|G_c(j\omega)\right| = \sqrt{(K_p)^2 + (\omega K_d)^2}$ 的值越大,所以它的行為在頻域上是一個高通濾波器(highpass filter),若系統內出現高頻雜訊或外在有高頻干擾源,就有可能被 PD 控制器放大而使得閉迴路系統變得不可控制。

3. 但高通濾波器會使得系統的頻寬加寬,以時域觀點來看,增加頻寬會改善系統的響應速度。又 PD 控制器不會增加開迴路轉移函數的形式(type),因此對系統存在的穩態誤差,不會有改善作用。故言之,PD 控制器能改善過高的過超越量及適當的增加響應速度外,對改善穩態響應沒有幫助作用。

● PI 控制器:

1. PI 控制器的轉移函數為 $G_c(s) = K_p + K_i / s$,它相當於在開迴路系統中加入一個非零的零點 $-K_i / K_p$ 及一個極點 $s = 0$,由於加入的極點比加入的零點更靠近虛軸,故會使系統變得更不穩定。

2. 以頻率的觀點來看 PI 控制器,頻率越高,$\left|G_c(j\omega)\right| = \sqrt{(K_p)^2 + (K_i / \omega)^2}$ 的值越小,所以它的行為在頻域上是一個低通濾波器(lowpass filter),因此對系統內出現高頻雜訊或外在有高頻干擾源,有抑制作用。

3. 因為在 $s = 0$ 加入一個極點,可增加開迴路轉移函數的階數一次(參考第 8-2 節),故可改善系統的穩態誤差。

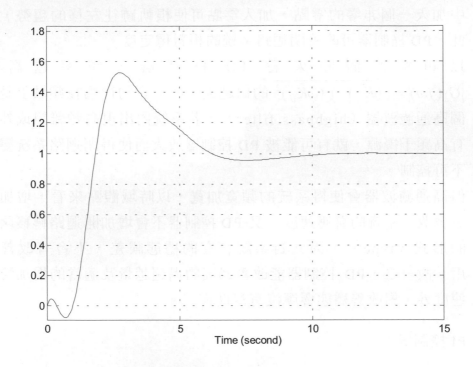

圖 10-4：模型 m10_3.m 之輸出響應曲線

10-3 PID 控制器之積分終結

何謂積分終結呢（integral windup）？一個機電伺服控制系統可分為受控的機械本體及驅動器二部份，驅動器又稱為致動器（actuator），如馬達。無人搬運車或稱自動導引車就是一個例子，直流（或步進）驅動馬達驅使輪子作各種速度的轉動，就能使無人搬運車沿著設計好的路徑上行走，達到位置控制或速度控制的目的。問題是驅動器本身皆會有飽和（saturation）的非線性性質，譬如驅動馬達的輸出力矩不可能無限大的增加，最多只能維持在上限值，若現以積分控制器作串聯閉迴路控制，則會產生積分終結的現象，參考圖 10-5 所示。

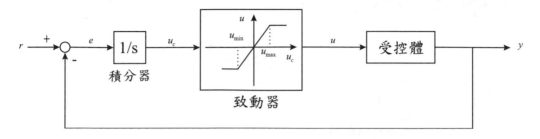

圖 10-5：具有飽和非線性致動器的積分控制系統

初始時 y=0，此時誤差值 e 最大，積分器很快地輸出足夠大的 u_c 值（ $u_c > u_{max}$ 或 $u_c < u_{min}$ ），而使得致動器達到飽和狀態（亦即 $u = u_{max}$ 或 $u = u_{min}$ ），u 是進入系統用來修正 y 值以降低誤差 e 值，但由於致動器的飽和現象，使得 u 的值小於 u_c 的值（ $|u| < |u_c|$ ），使得誤差的修正需要更長的時間，且在時域響應圖上產生較大的過超越量，無法達到積分控制器預期的目標。這種積分控制系統因飽和非線性的因素而影響控制系統性能的現象，稱之為積分終結。

如何解決呢？可以採用反積分終結器，以改善積分終結現象，參考圖 10-6 所示。當 $u_c < u_{max}$ 或 $u_c > u_{min}$ 時，控制器的回授路徑不產生作用，而當 $u_c > u_{max}$ 或 $u_c < u_{min}$ 時，控制器的回授路徑發生作用，使得 e' 的值降低，進而使得積分器的輸出變小，以抑制飽和非線性現象的產生。控制器反積分終結迴路內的斜率 k 值應選夠大，使得有足夠的回授值來降低 e' 值，這樣將有效地抑制因積分終結所產生的過超越量。

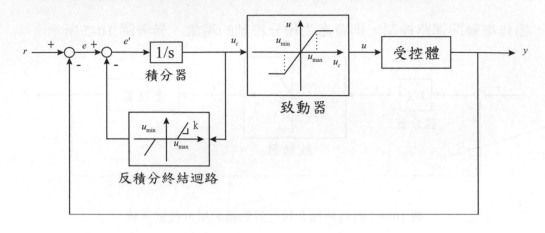

圖 10-6：加入反積分終結迴路的積分控制系統

在 SIMULINK 視窗中，extras 方塊函數庫內，提供有 PID controller 子方塊函數庫，內含 block 如圖 10-7 所示。

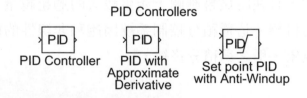

圖 10-7：PID Controllers 子方塊函數庫

【例二】有一程序受控體以馬達作驅動器，受控體以極零點表示為：

$$G(s) = \frac{20}{(s+0.1)(s+2)(s+15)}$$

馬達輸出最大為 ±2（以 *saturation* block 表示），輸入為步階函數大小為 0.5，試求輸出響應具有類似阻尼比 $\zeta = 0.707$ 的標準二階系統的時域響應特性之 PID 控制器參數值。如將輸入大小增加至 5，會有什麼現象發生？如何克服？

在 SIMULINK 視窗環境中建構模擬模型，如圖 10-8 所示。

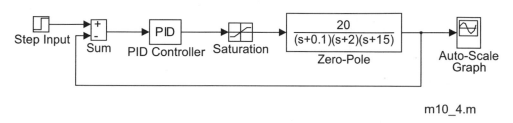

m10_4.m

圖 10-8：在 SIMULINK 中所建構的例二系統模型

首先決定 PID 控制器參數值，設 kd=0，只考慮比例-積分控制，PI 控制器會產生一個 s=-(ki/kp) 零點及一個 s=0 極點，我們將設計 PI 控制器的零點靠近受控體的極點 s=-0.1（產生抵銷受控體的極點作用），回到 MATLAB 命令視窗中，執行 m10-5.m 程式，程式中 *sgrid* 函數是畫出阻尼比 0.707 及自然無阻尼頻率為 1 的曲線（虛線）。

....

```
% m10_5.m
% 由根軌跡圖決定 PI 控制器的 kp 與 ki 值
% G(s)=20/(s+0.1)(s+2)(s+15),Gc(s)=(s+0.11)/s
num=20*[1 0.11];
den=conv([1 0.1],conv([1 2],conv([1 15],[1 0])));
rlocus(num,den)
sgrid([0.707],[1])
axis([-1 0 -1.5 1.5])
[kp,poles]=rlocfind(num,den)
```

ki=0.11*kp

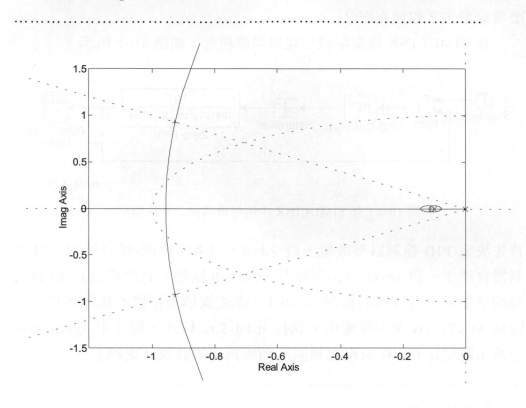

圖 10-9：根軌跡圖（含阻尼比 0.707 及自然無阻尼頻率 1 的虛線）

可得圖 10-9 之根軌跡圖，選取 $\zeta = 0.707$（虛線表示）與根軌跡相交的點，可得該相交點的增益值（kp）及根座標值（poles），如下所示。

» m10_5

Select a point in the graphics window

selected_point = -0.9256 + 0.9264i

kp = 1.3172

poles =   -15.1325

          -0.9281 + 0.9266i

          -0.9281 - 0.9266i

          -0.1113

ki = 0.1449

可知所求之 PI 控制器的 kp=1.3172、ki=0.1449，輸入至 m10_4.m 內的 PID controller block（圖 10-8），在 SIMULINK 視窗中，先開啓 m10_4.m 的模型後，啓動模擬，在 Auto-Scale Graph block 所觀察的輸出響應曲線如圖 10-10 所示。

現將 m10_4.m 步階輸入（Step Input block）的大小設定爲 5，再次啓動模擬，在 Auto-Scale Graph block 所觀察的輸出響應曲線如圖 10-11 所示。由於致動器存在有飽和非線性的性質，產生積分終結的現象，使得誤差的修正需要更長的時間，且在時域響應圖上產生較大的過超越量。

解決積分終結現象的發生，是採用含有反積分終結迴路的 PID 控制器，以改善積分終結現象。將 m10_4.m 的模型，修改成 m10_6.m，如圖 10-12 所示，其中 Set point PID with Anti-Windup block 亦取自於 extras 方塊函數庫內，其 block 參數設定如圖 10-14 所示。

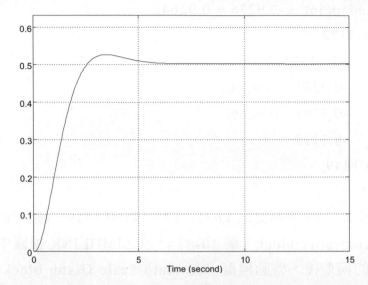

圖 10-10：模型 m10_4.m 之輸出響應曲線（step input=0.5）

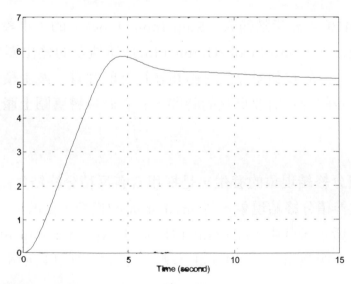

圖 10-11：模型 m10_4.m 之輸出響應曲線（step input=5）

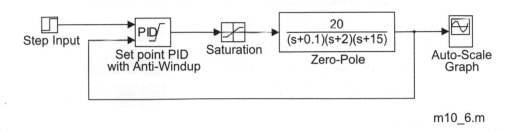

m10_6.m

圖 10-12：在 SIMULINK 中所建構的模型（含反積分終結器）

在 SIMULINK 視窗中，先開啓 m10_6.m 的模型後，啓動模擬，在 *Auto-Scale Graph* block 所觀察的輸出響應曲線如圖 10-13 所示，過超越量已有顯著的改善。

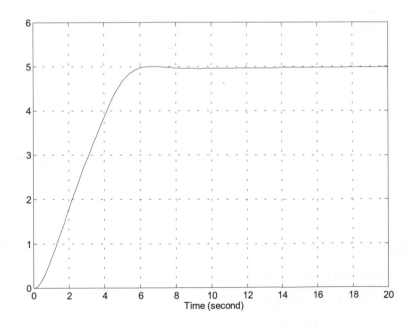

圖 10-13：含反積分終結器之輸出響應曲線（step input=5）

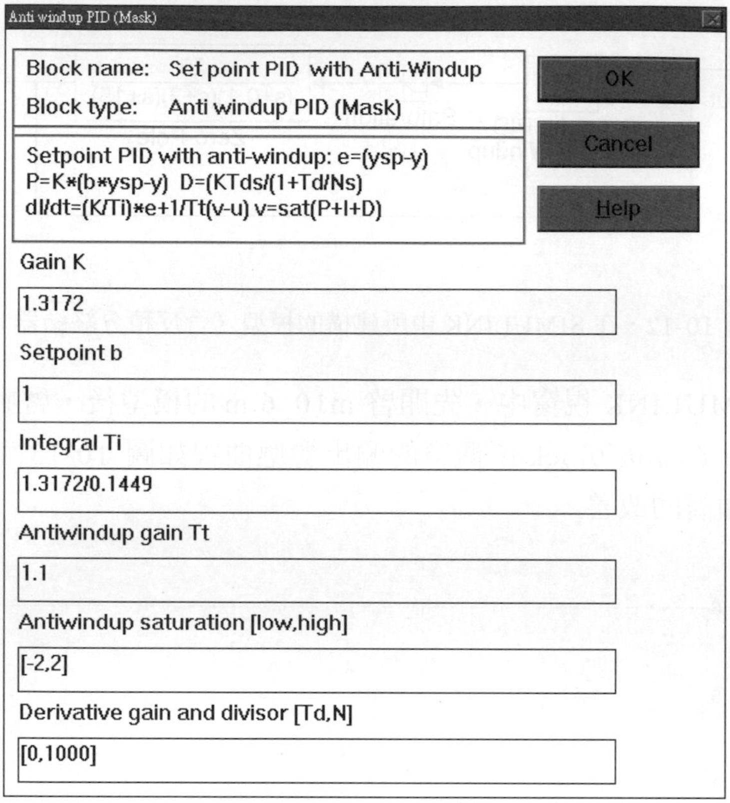

Anti windup PID (Mask)

Block name: Set point PID with Anti-Windup
Block type: Anti windup PID (Mask)

OK

Setpoint PID with anti-windup: e=(ysp-y)
P=K*(b*ysp-y) D=(KTds/(1+Td/Ns)
dI/dt=(K/Ti)*e+1/Tt(v-u) v=sat(P+I+D)

Cancel

Help

Gain K

1.3172

Setpoint b

1

Integral Ti

1.3172/0.1449

Antiwindup gain Tt

1.1

Antiwindup saturation [low,high]

[-2,2]

Derivative gain and divisor [Td,N]

[0,1000]

圖 10-14：Set point PID with Anti-Windup block 之對話盒視窗

圖 10-14 的對話盒視窗，Gain K 就是 kp 參數值，Integral Ti 即是 kp/ki（參考式 10-1,10-3），Td 設為 0，Antiwindup gain Tt 經過嘗試多個數值後選擇 1.1。

Set point PID with Anti-Windup block 組成的 blocks 如圖 10-15 所示，開啟方式為在 SIMULINK 視窗中，extras 方塊函數庫內，選取 PID controller 子方塊函數庫（如圖 10-7），再選取 Set point PID with Anti-Windup block 後，在 Options 選單內，選取 Unmask…選項即會

出現圖 10-15。

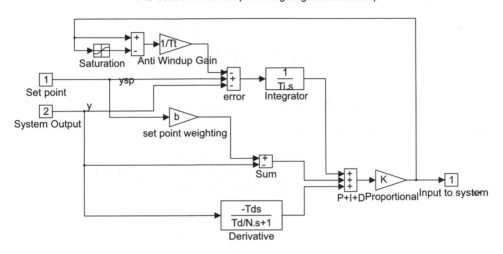

圖 10-15：Set point PID with Anti-Windup block 的組成方塊

10-4 相位領先補償器

本節開始介紹以頻域的觀點來作控制器（補償器）的設計，一般稱為頻域補償設計。重述 10-1 節所述，頻域補償器設計上的性能指標較重要的有：

◆ 誤差常數：表示穩態誤差指標。

◆ 相位邊限：表示相對穩定度的指標。

◆ 頻帶寬度：表示系統的反應速度和抑制雜訊能力的指標。

對一個性能良好的控制系統而言，它的開迴路頻率響應波德圖具有下列特性：

◆ 直流增益夠大：使系統的穩態誤差小，具有良好的穩態響應。

◆ 波德響應圖在增益交越頻率附近斜率為-20dB/decade：使系統有足夠大的相位邊限，增加相對穩定性。

◆ 適當的頻帶寬度，而且高頻增益衰減快（>-40dB/dec）：使系統響應能力快，而且減少高頻雜訊干擾。

　　相位領先補償器意謂著正弦輸出響應的相位超前（領先）於正弦輸入訊號的相位，它的轉移函數為

$$G_c(s) = \frac{1 + \tau s}{1 + \alpha \tau s} = \frac{1}{\alpha} \frac{s + (1/\tau)}{s + (1/\alpha\tau)} \quad \cdots\cdots(10\text{-}5)$$

其中 $\tau > 0$、$\alpha < 1$，極零點分佈如圖 10-16 所示。

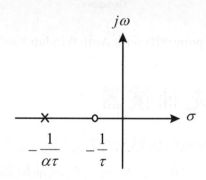

圖 10-16：相位領先補償器的極零點位置

考慮頻率補償器 $G_c(s)$ 的頻率特性，s 以 $j\omega$ 代入，可得

$$G_c(s) = \frac{1 + j\omega\tau}{1 + j\omega\alpha\tau}$$

假設最大領先相位發生的角頻率及最大領先相位分別為 ω_m 和 φ_m，求

法如下：首先考慮相位特性 $\varphi = \angle G_c(s)$

$$\varphi = \tan^{-1}\omega\tau - \tan^{-1}\alpha\omega\tau \quad......\text{(10-6)}$$

$$\Rightarrow \tan\varphi = \tan(\tan^{-1}\omega\tau - \tan^{-1}\alpha\omega\tau)$$
$$= \frac{\omega\tau(1-\alpha)}{1+\alpha\omega^2\tau^2} \qquad ......\text{(10-7)}$$

$$\Rightarrow \varphi = \tan^{-1}(\frac{\omega\tau(1-\alpha)}{1+\alpha\omega^2\tau^2})$$

令 $\dfrac{d\varphi}{d\omega} = 0$，可得 $\alpha\omega^2\tau^2 = 1$，

所以當 $\omega = \omega_m = \dfrac{1}{\tau\sqrt{\alpha}} = \sqrt{\dfrac{1}{\tau*\alpha\tau}}$ 時發生最大領先相位，

將 ω_m 的值代入式(10-7)中，可得

$$\tan\varphi_m = \frac{1-\alpha}{2\sqrt{\alpha}} \ , \ \ 或 \ \ \sin\varphi_m = \frac{1-\alpha}{1+\alpha}......\text{(10-8)}$$

當頻率 $\omega = \omega_m$ 時，頻率補償器的大小為

$$|G_c(j\omega_m)| = 20\log\frac{\sqrt{1+(\tau\omega_m)^2}}{\sqrt{1+(\alpha\tau\omega_m)^2}} = 20\log\frac{1}{\sqrt{\alpha}} = 10\log\frac{1}{\alpha}......\text{(10-9)}$$

【例三】繪出下式頻率補償器的大小及相位圖。

$$G_c(s) = \frac{1+s}{1+0.1s}$$

可知 $\tau = 1$、$\alpha = 0.1$，最大領先相位發生的角頻率及最大領先相位分別為：

$\omega_m = 1/(1\sqrt{0.1}) = 3.16\text{rad/sec}$，$\varphi_m = \sin^{-1}[(1-0.1)/(1+0.1)] = 54.9\text{deg}$。

在 MATLAB 命令視窗下,輸入

    num=[1 1];den=[0.1 1];

    bode(num,den)

可得圖 10-17 之含有大小及相位的波德圖。

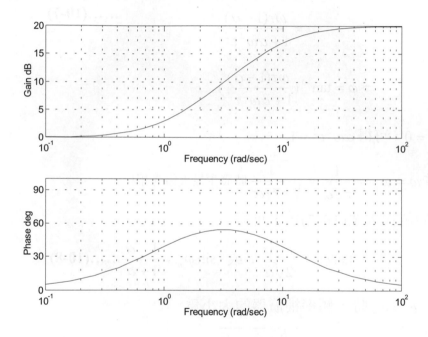

圖 10-17 :例三之波德圖

設計方法:

相位領先補償是藉著增加原系統的大小及相位曲線(波德圖)以達到補償作用,步驟如下:

1. 根據穩態誤差的要求,決定系統的直流增益 k 值,再根據此增益 k 值,求出未補償前的增益交越頻率 ω_g 及相位邊限 P.M.=φ。

2. 若系統所需的相位邊限 P.M.=φ_d($\varphi_d > \varphi$),且 ω_m(最大領先相位發生之角頻率)設定在 ω_g 上,且補償的相位大小爲

$\varphi_m = \varphi_d - \varphi$，以保證相位領先補償器最大相位能貢獻於所需區域附近。

3. 但是由於相位領先補償器的加入，會改變波德圖的大小曲線圖，產生新的增益交越頻率 ω_{g1}，且 $\omega_{g1} > \omega_g$，相對於新的增益交越頻率 ω_{g1}，其補償的相位會稍有降低（因為不是在最大領先相位處補償），故補償的相位需稍大於 φ_m。故修改補償的相位大小為

$$\varphi_m = \varphi_d - \varphi + \varepsilon$$

其中，ε 為補償誤差的估測值，一般為

$\varepsilon = 5°$；若在增益交越頻率 ω_g 附近的波德圖大小斜率<-40dB/dec，

$\varepsilon = 15°$；若在增益交越頻率 ω_g 附近的波德圖大小斜率>-60dB/dec。

4. 決定 φ_m 後，根據式(10-8)，重寫成

$$\alpha = \frac{1 - \sin \varphi_m}{1 + \sin \varphi_m} \cdots\cdots(10\text{-}10)$$

即可求出相位領先補償器的參數 α 值。

5. 在頻率 ω_{g1} 處，相位領先補償器提供了大小為 $-10\log\alpha$ 的增益（為正值），因此 ω_m 可由未補償前的系統的波德圖大小為 $10\log\alpha$ 處（為負值）的頻率求得。

6. ω_m 與 α 值已知後，利用下式可求得相位領先補償器的參數 τ 值。

$$\tau = \frac{1}{\omega_m \sqrt{\alpha}} \cdots\cdots(10\text{-}11)$$

7. 至此，相位領先補償器已設計好了，檢驗補償後的系統其相位邊限是否滿足規格所需，不然必須重新估測 ε 值後至步驟 3，再重新設計，直到滿足規格需求為止。

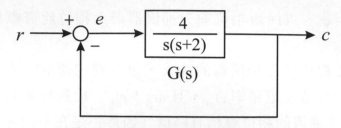

圖 10-18：閉迴路系統

【例四】考慮圖 10-18 所示之閉迴路系統，其開迴路轉移函數為

$$G(s) = \frac{4}{s(s+2)}$$

試設計一個相位領先補償器，使得系統的穩態速度誤差常數 K_v 等於 $20 \sec^{-1}$，且相位邊限不小於 $50°$。

考慮相位領先補償器其轉移函數為

$$G_c(s) = \frac{1 + \tau s}{1 + \alpha \tau s}$$

補償後的系統的開迴路轉移函數為 $G_c(s)G(s)$，第一步是決定低頻增益值，以滿足穩態性能指標（亦即滿足穩態速度誤差常數值），因

$$E(s) = R(s) - C(s) = R(s) - \frac{G(s)}{1 + G(s)} R(s) = \frac{1}{1 + G(s)} R(s)$$

故穩態誤差為

$$e_{ss} = \lim_{s \to 0} s \frac{1}{1 + G'(s)} \frac{1}{s^2} = \lim_{s \to 0} \frac{1}{s + sG'(s)} = \frac{1}{\lim_{s \to 0} sG'(s)}$$

定義

$$K_v = \lim_{s \to 0} sG'(s) = \lim_{s \to 0} sG_c(s)G(s)$$

$$= \lim_{s \to 0} s \frac{1 + \tau s}{1 + \alpha \tau s} \frac{4K}{s(s+2)} = 2K = 20$$

故得 K=10。接著繪出下列轉移函數的波德圖（含 K=10），以求取未補償前系統之相位邊限。

$$G(s) = \frac{40}{s(s+2)}$$

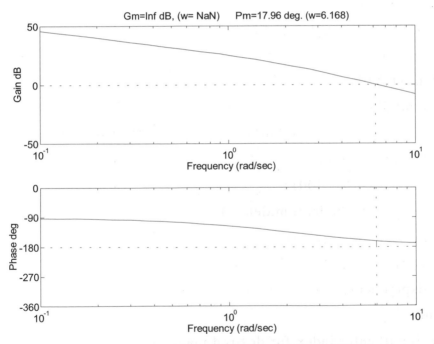

圖 10-19：由波德圖求相位邊限與增益邊限

在 MATLAB 命令視窗中，輸入

num=40;

den=[1 2 0];

margin(num,den)

可得圖 10-19，可知未補償前系統之相位邊限為18°。

在 MATLAB 命令視窗下，執行程式 m10_7.m，程式第 6 行，為求式(10-10) 相位領先補償器的參數 α 值，第 7 行所得 ans = 6.0453dB 為相位領先補償器的最大值，第 11-13 行為尋找未補償前系統其大小值為 -6.0453dB 時，所對應的頻率值大小。第 15 行，為求式(10-11) 相位領先補償器的參數 τ 值。

···

```
% m10_7.m
% 設計相位領先補償器相關參數
num=40;
den=[1 2 0];
ph_m=50-18+5
alph=(1-sin(ph_m/180*pi))/(1+sin(ph_m/180*pi))
10*log10(1/alph)
w=logspace(0,1,300)';
[mag,phase]=bode(num,den,w);
mag1=20*log10(mag);
for i=find((mag1 <= -5) & (mag1 >= -8))
  disp([i mag1(i) phase(i) w(i)])
end
ii=input('enter index for desired mag...')
tor=1/(w(ii)*sqrt(alph))
```

···

可得（稍加修改）：

ph_m = 37 度（此即為相位領先補償器的最大相位 φ_m）

alph = 0.2486（此即為相位領先補償器的參數值 α）

ans = -6.0453dB（此即為相位領先補償器的最大值）

指標值	大小	相位	頻率
277.0000	-5.1226	-166.5717	8.3768
278.0000	-5.2528	-166.6710	8.4415
279.0000	-5.3831	-166.7697	8.5068
280.0000	-5.5134	-166.8676	8.5726
281.0000	-5.6437	-166.9649	8.6388
282.0000	-5.7741	-167.0616	8.7056
283.0000	-5.9046	-167.1575	8.7729
284.0000	-6.0351	-167.2528	8.8407
285.0000	-6.1656	-167.3474	8.9091
286.0000	-6.2962	-167.4414	8.9780
287.0000	-6.4269	-167.5347	9.0474
288.0000	-6.5576	-167.6274	9.1173
289.0000	-6.6883	-167.7194	9.1878
290.0000	-6.8191	-167.8108	9.2588
291.0000	-6.9499	-167.9015	9.3304
292.0000	-7.0807	-167.9916	9.4025
293.0000	-7.2117	-168.0811	9.4752
294.0000	-7.3426	-168.1700	9.5485
295.0000	-7.4736	-168.2582	9.6223
296.0000	-7.6046	-168.3458	9.6967
297.0000	-7.7357	-168.4328	9.7716
298.0000	-7.8668	-168.5192	9.8472

299.0000   -7.9979   -168.6049   9.9233

enter index for desired mag...284（選取指標值 284）

ii = 284

tor = 0.2269（此即為相位領先補償器的參數值 τ）

故所得的相位領先補償器轉移函數為

$$G_c(s) = \frac{1 + 0.2269s}{1 + 0.0564s}$$

檢查補償後的系統相位邊限值，在 MATLAB 命令視窗中，輸入

num1=40; den1=[1 2 0];

num2=[0.2269 1];den2=[0.0564 1];

[num,den]=series(num1,den1,num2,den2);

margin(num,den)

可得圖 10-20，由圖上可知，補償後的系統相位邊限值約為 50 度，滿足規格所需。

　　現比較補償前與補償後的步階響應曲線圖，在 SIMULINK 視窗環境中，建構如圖 10-21 的模型，在 *Auto-Scale Graph* block 所觀察的輸出曲線如圖 10-22 所示，其中實線表示未補償前系統的輸出曲線，而虛線表示補償後系統的輸出曲線。

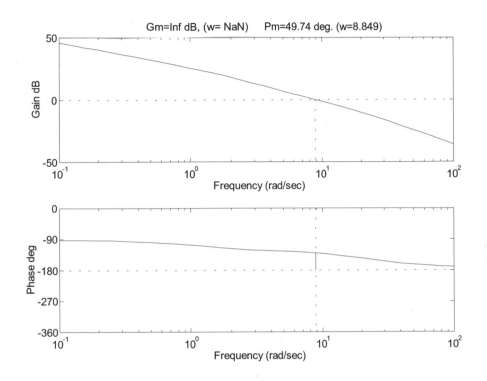

圖 10-20：補償後的波德圖

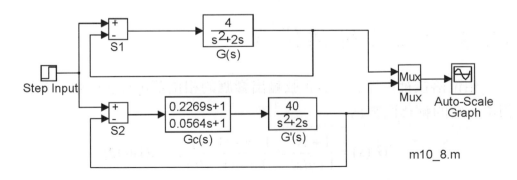

圖 10-21：比較補償前、後輸出響應的模型

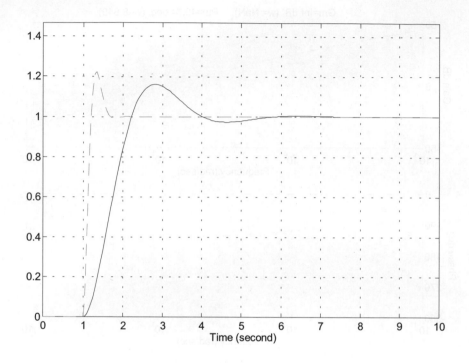

圖 10-22：比較補償前、後輸出響應曲線

10-5 相位落後補償器

相位落後補償器意謂著正弦輸出響應的相位落後於正弦輸入訊號的相位，它的轉移函數為

$$G_c(s) = \frac{1+\tau s}{1+\beta \tau s} = \frac{1}{\beta} \frac{s+(1/\tau)}{s+(1/\beta\tau)} \quad \cdots\cdots(10\text{-}12)$$

其中 $\tau > 0$、$\beta > 1$，極零點分佈如圖 10-23 所示。

考慮頻率補償器 $G_c(s)$ 的頻率特性，s 以 $j\omega$ 代入，相同於相位領先補

償器的頻率分析,可得最大落後相位發生的角頻率 ω_m 爲

$$\omega = \omega_m = \frac{1}{\tau\sqrt{\beta}} = \sqrt{\frac{1}{\tau * \beta\tau}} \quad \text{......(10-13)}$$

最大落後相位 φ_m 爲

$$\tan\varphi_m = \frac{1-\beta}{2\sqrt{\beta}} \;,\; 或 \; \sin\varphi_m = \frac{1-\beta}{1+\beta} \quad \text{......(10-14)}$$

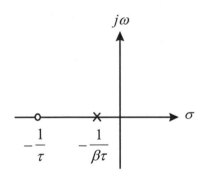

圖 10-23:相位落後補償器的極零點位置

【例五】繪出下式相位落後補償器的大小及相位圖。

$$G_c(s) = \frac{1+0.1s}{1+s}$$

可知 $\tau = 0.1$、$\beta = 10$,最大落後相位發生的角頻率及最大落後相位分別爲:

$\omega_m = 1/(0.1\sqrt{10}) = 3.16\text{rad/sec}$,$\varphi_m = \sin^{-1}[(1-10)/(1+10)] = -54.9\text{deg}$。

在 MATLAB 命令視窗下,輸入

```
num=[0.1 1];den=[1 1];
bode(num,den)
```

可得圖 10-24 之含有大小及相位的波德圖。

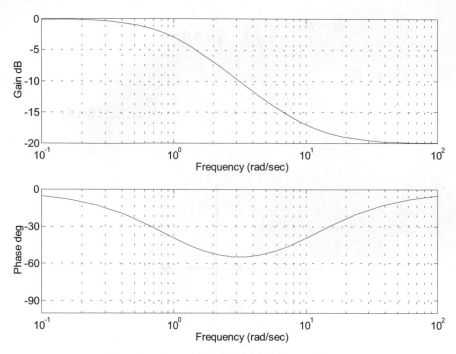

圖 10-24：相位落後補償器之波德圖

設計方法：

　　相位落後補償基本上是使未補償前系統在高頻部份的大小衰減，以降低增益交越頻率 ω_g，並保持波德圖的相位曲線在 ω_g 處不會改變太多，來獲得較大的相位邊限，步驟如下：

1. 根據穩態誤差的要求，決定系統的直流增益 k 值。

2. 相位落後補償設計是希望在補償後產生的新增益交越頻率 ω_{g1} 處相角比未補償前的相角不會改變太多。因此，相位落後補償器的轉角頻率（$1/\tau$）將座落於遠離新增益交越頻率 ω_{g1} 的低頻處。

3. 但是，相位落後補償器雖然置於遠離新增益交越頻率 ω_{g1} 的低頻處，它的落後相位仍會少許影響新增益交越頻率 ω_{g1} 附近的相位，所以在新增益交越頻率 ω_{g1} 處，相對應的相位邊限為：

$$\varphi_m = \varphi_d + \varepsilon$$

其中，φ_d 是系統規格給定的相位邊限，ε 為補償誤差的估測值，一般取法為；

　3-1.若相位落後補償器的轉角頻率座落於新增益交越頻率 ω_{g1} 的十倍低頻遠處（$1/\tau = \omega_{g1}/10$），則選取 $\varepsilon = 5°$。

　3-2.若相位落後補償器的轉角頻率座落於新增益交越頻率 ω_{g1} 的二倍低頻遠處（$1/\tau = \omega_{g1}/2$），則選取 $\varepsilon = 15°$。

4. 利用式 $\angle G(j\omega_{g1}) = -180 + \varphi_m$，計算出 ω_{g1} 值後，在代回步驟 3 求 τ。

5. 未補償前的系統在 ω_{g1} 的增益值 $|G(j\omega_{g1})|$ dB 應等於相位落後補償器減少的增益值，即 $20\log\beta = |G(j\omega_{g1})|$ dB，由此可計算出 β 值。

6. 至此，相位落後補償器已設計好了，檢驗補償後的系統其相位邊限是否滿足規格所需，不然必須重新估測 ε 值後至步驟 3，再重新設計，直到滿足規格需求為止。

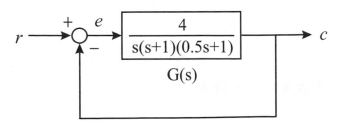

圖 10-25：閉迴路系統

【例六】考慮圖 10-25 所示之閉迴路系統，其開迴路轉移函數為

$$G(s) = \frac{1}{s(s+1)(0.5s+1)}$$

試設計一個相位落後補償器,使得系統的穩態速度誤差常數 K_v 等於 $5\,\text{sec}^{-1}$,且相位邊限不小於 $40°$。

考慮相位落後補償器其轉移函數為

$$G_c(s) = \frac{1+\tau s}{1+\beta\tau s}$$

補償後的系統的開迴路轉移函數為 $G'(s) = G_c(s)G(s)$,第一步是決定低頻增益值,以滿足穩態性能指標(亦即滿足穩態速度誤差常數值),因

$$K_v = \lim_{s\to 0} sG'(s) = \lim_{s\to 0} sG_c(s)G(s)$$
$$= \lim_{s\to 0} s\frac{1+\tau s}{1+\beta\tau s}\frac{K}{s(s+1)(0.5s+1)} = K = 5$$

故得 K=5。

接著繪出下列轉移函數的波德圖,以求取未補償前系統之相位邊限。

$$G(s) = \frac{5}{s(s+1)(0.5s+1)}$$

在 MATLAB 命令視窗中,輸入

    num=5;
    den=conv([1 0],conv([1 1],[0.5 1]));
    margin(num,den)

可得圖 10-26,可知未補償前系統之相位邊限為 −13°(在頻率等於

1.802rad/sec 時）；增益邊限為-4.437dB（在頻率等於 1.414rad/sec
時）。

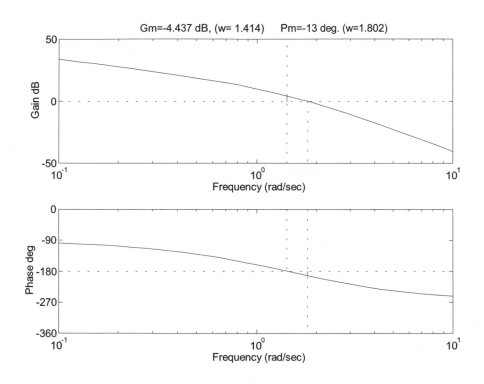

圖 10-26：標示有增益邊限及相位邊限的波德圖

　　未補償前系統在相位邊限 40° 時，其頻率約為 0.7rad/sec，選擇相
位落後補償器的轉角頻率 $1/\tau$ 座落於新增益交越頻率 ω_{g1} 的五倍遠低頻
遠處（$1/\tau = \omega_{g1}/5$），則選取 $\varepsilon = 12°$。
在 MATLAB 命令視窗下，執行程式 m10_9.m

....

　　% m10_9.m
　　% 設計相位落後補償器相關參數

```
num=5;
den=conv([1 0],conv([1 1],[0.5 1]));
ph_m=40+12;
ph_md=-180+ph_m;
w=logspace(-1,2,800)';
[mag,phase]=bode(num,den,w);
mag1=20*log10(mag);
for i=find((phase <= -125) & (phase >= -130))
  disp([i mag1(i) phase(i) w(i)])
end
ii=input('enter index for desired phase...')
tor=5/w(ii)
beta=5/(w(ii)*(sqrt(1+w(ii)^2))*(sqrt(1+0.5*w(ii)^2)))
```

⋯⋯⋯⋯⋯⋯⋯⋯⋯⋯⋯⋯⋯⋯⋯⋯⋯⋯⋯⋯⋯⋯⋯⋯⋯⋯⋯⋯⋯⋯⋯⋯

可得（稍加修改）：

ph_md = -128（此即為補償後系統的預估相位值）

指標值	大小	相位	頻率
169.0000	20.4412	-125.2011	0.4274
170.0000	20.3512	-125.4823	0.4311
171.0000	20.2608	-125.7653	0.4348
172.0000	20.1703	-126.0502	0.4386
173.0000	20.0795	-126.3370	0.4424
174.0000	19.9885	-126.6257	0.4462
175.0000	19.8973	-126.9162	0.4501
176.0000	19.8058	-127.2087	0.4540

177.0000	19.7141	-127.5030	0.4580
178.0000	19.6221	-127.7993	0.4619
179.0000	19.5299	-128.0974	0.4659
180.0000	19.4374	-128.3975	0.4700
181.0000	19.3446	-128.6994	0.4741
182.0000	19.2516	-129.0033	0.4782
183.0000	19.1584	-129.3090	0.4823
184.0000	19.0649	-129.6167	0.4865
185.0000	18.9711	-129.9263	0.4908

enter index for desired phase...179（選取指標值 179）

ii = 179

tor = 10.7309（此即爲相位落後補償器的參數值 τ）

beta = 9.2383（此即爲相位落後補償器的參數值 β）

故所得的相位落後補償器轉移函數爲

$$G_c(s) = \frac{1 + 10.731s}{1 + 99.135s}$$

檢查補償後的系統相位邊限值，在 MATLAB 命令視窗中，輸入

    num1=[10.731 1];den1=[99.135 1];
    num2=5; den2=conv([1 0],conv([1 1],[0.5 1]));
    [num,den]=series(num1,den1,num2,den2);
    margin(num,den)

可得圖 10-27，由圖上可知，補償後的系統相位邊限值約爲 40.95 度，滿足規格所需。

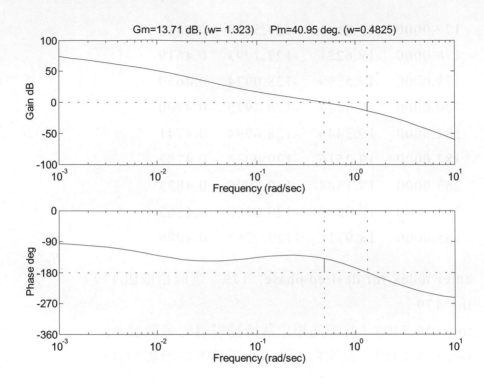

圖 10-27：相位落後補償後的波德圖

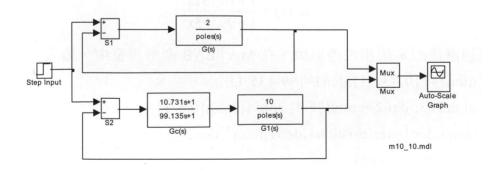

圖 10-28：比較補償前、後輸出響應的模型

現比較補償前與補償後的步階響應曲線圖，在 SIMULINK 視窗環境中，建構如圖 10-28 的模型，在 *Auto-Scale Graph* block 所觀察的輸出曲線如圖 10-29 所示，其中實線表示未補償前系統的輸出曲線，而虛線表示補償後系統的輸出曲線。

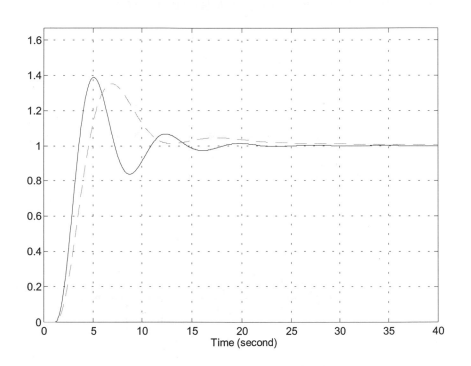

圖 10-29：比較補償前、後輸出響應曲線

10-6 相位落後-領先補償器

相位領先及相位落後補償器各有其適用的情況，而相位落後-領先補償器就是結合以上兩種的設計方法，補償設計時通常先設計相位落後

部份，再設計相位領先部份，它的轉移函數為

$$G_c(s) = \frac{1+\tau_1 s}{1+\beta\tau_1 s}\frac{1+\tau_2 s}{1+\frac{1}{\beta}\tau_2 s} = \frac{s+(1/\tau_1)}{s+(1/\beta\tau_1)}\frac{s+(1/\tau_2)}{s+(\beta/\tau_2)} \text{......(10-15)}$$

其中 $\tau_1 > \tau_2 > 0$、$\beta > 1$，極零點分佈如圖 10-30 所示。

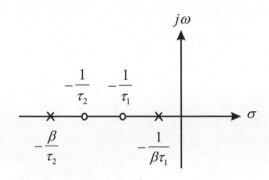

圖 10-30：相位落後-領先補償器的極零點位置

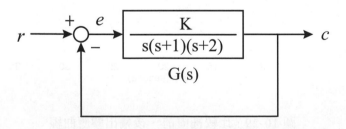

圖 10-31：閉迴路系統

【例七】考慮圖 10-31 所示之閉迴路系統，其開迴路轉移函數為

$$G(s) = \frac{K}{s(s+1)(s+2)}$$

試設計一個相位落後-領先補償器，使得系統的穩態速度誤差常數 K_v 等於 $10 \sec^{-1}$，且相位邊限不小於 $50°$，且增益邊限>=10dB。

補償後的系統的開迴路轉移函數爲 $G'(s) = G_c(s)G(s)$，第一步是決定低頻增益值，以滿足穩態性能指標（亦即滿足穩態速度誤差常數值），因

$$K_v = \lim_{s \to 0} sG'(s) = \lim_{s \to 0} sG_c(s)G(s)$$

$$= \lim_{s \to 0} s \frac{1 + \tau_1 s}{1 + \beta\tau_1 s} \frac{1 + \tau_2 s}{1 + \frac{1}{\beta}\tau_2 s} \frac{K}{s(s+1)(s+2)} = \frac{K}{2} = 10$$

故得 K=20。

接著繪出下列轉移函數的波德圖，以求取未補償前系統之相位邊限。

$$G(s) = \frac{20}{s(s+1)(s+2)}$$

在 MATLAB 命令視窗中，輸入

num=20;

den=conv([1 0],conv([1 1],[1 2]));

margin(num,den)

可得圖 10-32，可知未補償前系統之相位邊限爲 $-28°$，表示系統是不穩定的。

由圖 10-32 可以看出，如只用相位領先補償器校正，會使得增益交越頻率右移，相位邊限仍可能爲負值。單純用相位落後補償器校正，會減少系統的頻帶寬度，使系統的響應變慢。因此考慮相位落後-領先補

償器來校正系統。考慮相位落後-領先補償器其轉移函數為

$$G_c(s) = \frac{1+\tau_1 s}{1+\beta\tau_1 s}\frac{1+\tau_2 s}{1+\frac{1}{\beta}\tau_2 s}$$

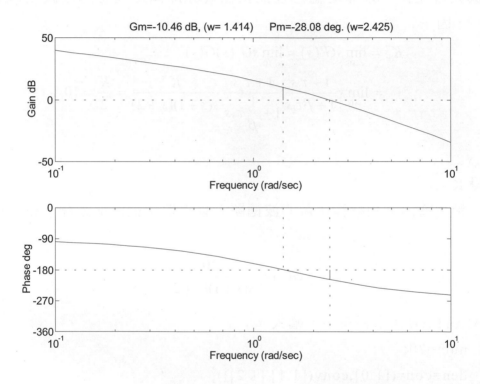

圖 10-32：標示有增益邊限及相位邊限的波德圖

　　設計相位落後-領先補償器下一步工作是選擇新的增益交越頻率，從圖 10-32 可知，當 ω=1.414rad/sec 時，$\angle G(j\omega) = -180°$，將新的增益交越頻率設定為 1.414rad/sec 時，在此頻率下設計相位超前角為 50°，用單一的落後-領先網路即可作到。

　　首先設計相位落後補償器，確定好新的增益交越頻率後，可以選擇

落後補償器的轉角頻率（$1/\tau_1$）在新的增益交越頻率以下十倍頻率處，即 ω=0.1414rad/sec。

由式(10-14)可知，最大補償相位發生處的 β 值爲：

$$\frac{1}{\beta} = \frac{1-\sin 50°}{1+\sin 50°} \Rightarrow \beta = 7.548$$

若要補償更大的相位值，則 β 值要更大，故選取 β=10。於是相位落後補償器另一個轉角頻率（$1/\beta\tau_1$）爲 ω=0.01414rad/sec。所以，相位計落後補償器的轉移函數爲

$$\frac{s+0.1414}{s+0.01414} = 10\frac{1+7.07s}{1+70.7s}$$

至此，回到 MATLAB 命令視窗中，輸入

num1=20; den1=conv([1 0],conv([1 1],[1 2]));

num2=[1 0.1414];den2=[1 0.01414];

[num,den]=series(num1,den1,num2,den2);

margin(num,den)

可得圖 10-33，可知相位落後補償後的系統之相位邊限爲 – 31°，表示系統仍是不穩定的。

　　其次設計相位領先補償器，由圖 10-33 可看出，在相位交越頻率 ω=1.272rad/sec 時，增益大小爲-12.3dB，因此讓相位落後-領先補償器在頻率 1.272rad/sec 時，增益大小爲-12.3dB，如何求相位領先補償器的轉角頻率（$1/\tau$）呢？方法如下，在波德圖上，橫座標爲 1.272rad/sec、縱座標爲-12.3dB 點處，畫一條斜率爲 20dB/dec 的直線，該直線與縱軸 0dB 與-20dB 線的交點即爲轉角頻率值，現用 MATLAB 解答如下（m10_12.m）：

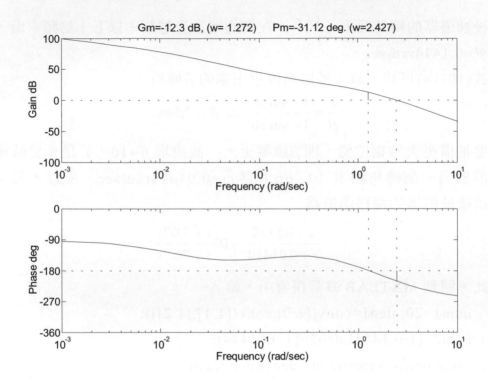

圖 10-33：相位落後補償後的波德圖

....

```
% m10_12.m
% 求相位領先補償器之轉角頻率
num=[1 0];
den=[1];
w=logspace(-1,1,1000)';
[mag,phase]=bode(num,den,w);
w1=w+0.272;
mag1=20*log10(mag)-12.3;
semilogx(w1,mag1)
```

```
pause
for i=find((mag1<=-19.8) & (mag1>=-20.2))
 disp([i mag1(i) w1(i)])
end
ii=input('enyer index for desired mag...');
w_1=w1(ii)
for j=find((mag1<=0.2) & (mag1>=-0.2))
 disp([j mag1(j) w1(j)])
end
jj=input('enyer index for desired mag...');
w_2=w1(jj)
```

....

在 MATLAB 命令視窗中，可得

指標值	大小值	頻率值
304.0000	-20.1679	0.6762
305.0000	-20.1278	0.6781
306.0000	-20.0878	0.6800
307.0000	-20.0477	0.6818
308.0000	-20.0077	0.6837
309.0000	-19.9677	0.6856
310.0000	-19.9276	0.6875
311.0000	-19.8876	0.6895
312.0000	-19.8475	0.6914
313.0000	-19.8075	0.6933

enyer index for desired mag...308（選取指標值 308）

w_1 = 0.6837（轉角頻率之一）

803.0000	-0.1879	4.3048
804.0000	-0.1478	4.3234
805.0000	-0.1078	4.3421
806.0000	-0.0678	4.3609
807.0000	-0.0277	4.3798
808.0000	0.0123	4.3988
809.0000	0.0524	4.4179
810.0000	0.0924	4.4370
811.0000	0.1324	4.4563
812.0000	0.1725	4.4756

enyer index for desired mag...808（選取指標值 808）

w_2 = 4.3988（轉角頻率之二）

所以相位領先補償器的轉移函數為

$$\frac{s + 0.6837}{s + 6.837} = \frac{1}{10}(\frac{1.4626s + 1}{0.1463s + 1})$$

綜合以上二種補償器設計，可得相位落後-領先補償器的轉移函數為：

$$G_c(s) = (\frac{s + 0.1414}{s + 0.01414})(\frac{s + 0.6837}{s + 6.837}) = (\frac{7.07s + 1}{70.7s + 1})(\frac{1.4626s + 1}{0.1463s + 1})$$

檢驗補償後所設計的系統性能，在 MATLAB 命令視窗下，執行程式 m10_13.m

⋯⋯⋯⋯⋯⋯⋯⋯⋯⋯⋯⋯⋯⋯⋯⋯⋯⋯⋯⋯⋯⋯⋯

```
% m10_13.m
num1=20; den1=conv([1 0],conv([1 1],[1 2]));
num2=[1 0.1414];den2=[1 0.01414];
num3=[1 0.6837];den3=[1 6.837];
[num,den]=series(num1,den1,num2,den2);
[num,den]=series(num,den,num3,den3);
margin(num,den)
```

⋯⋯⋯⋯⋯⋯⋯⋯⋯⋯⋯⋯⋯⋯⋯⋯⋯⋯⋯⋯⋯⋯⋯

可得圖 10-35，可知補償後的系統之相位邊限為 55.6°，增益邊限為 16.7dB，皆符合規格所需。

　　現比較補償前與補償後的步階響應曲線圖，在 SIMULINK 視窗環境中，建構如圖 10-34 的模型，在 *Auto-Scale Graph* block 所觀察的輸出曲線如圖 10-36 所示，其中實線表示未補償前系統的輸出曲線，而虛線表示補償後系統的輸出曲線。

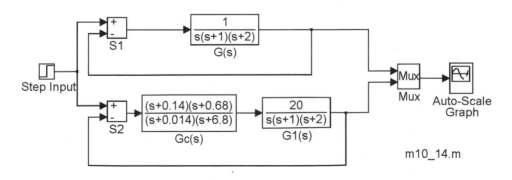

圖 10-34：比較補償前、後輸出響應的模型

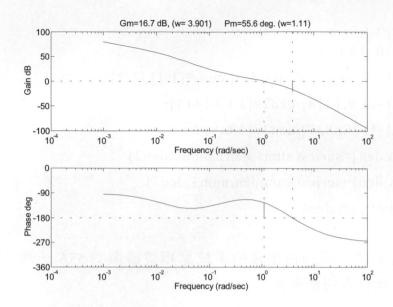

圖 10-35：相位落後-領先補償後的波德圖

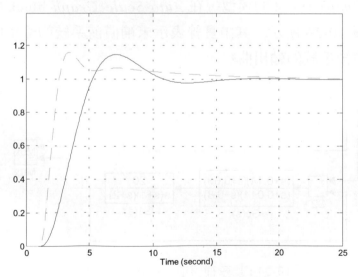

圖 10-36：比較補償前、後輸出響應曲線

第十一章

狀態空間設計法

11-1 引言

在 7-1.2 小節介紹以動態方程式來表示動態系統的數學模型，在此動態方程式中，用一組狀態變數的一階微分方程式來描述動態系統，這種方法特別適用於數位計算機（電腦）來作分析、計算與模擬。

應用狀態空間的方法常被稱為近代控制設計（modern control design），而應用以轉移函數表示式為基礎的設計法（如第 8-10 章之根軌跡及頻率補償設計法）則稱為古典控制設計（classical control design）。但古典控制法的主要缺點是它只適用於具有單輸入和單輸出的線性非時變系統，對於時變系統、非線性系統和多輸入多輸出系統就無解了，然而這些古典控制法無法解決的系統，可以應用狀態空間法加以解決。

11-2 可控制性與可觀測性 （controllability & observability）

11-2.1 可控制性

考慮一個線性非時變系統：

$$\dot{X}(t) = AX(t) + Bu(t)$$
$$y(t) = CX(t)$$
......(11-1)

假設初始時間為 t_0，初始狀態為 $X(t_0)$，若存在一分段連續的控制力 $u(t)$，使得狀態 $X(t_0)$ 能在任何有限時間間隔〔 t_0, t_f 〕內變化到終止狀態 $X(t_f)$，則系統稱為完全狀態可控制的（completely state controllable）。

測試可控制性的方法爲：系統是完全狀態可控制的充分且必要條件爲下式矩陣

$$C_m = [B \quad AB \quad A^2B.......A^{n-1}B]$$

的秩數（rank）爲 n，其中 C_m 稱爲系統的控制性矩陣（controllability matrix）。

在 MATLAB control toolbox 中提供 *ctrb* 函數，其功能爲求取控制性矩陣 C_m，再應用 MATLAB 的 *rank* 函數，求取秩數。

【例一】試求下列狀態方程式的控制性矩陣 C_m 及決定系統是否爲可控制性的。

$$\dot{X}(t) = \begin{bmatrix} -2 & -2.5 & -1 \\ 1 & 0 & 0 \\ 0 & 1 & 0 \end{bmatrix} X(t) + \begin{bmatrix} 1 \\ 0 \\ 0 \end{bmatrix} u(t)$$

在 MATLAB 的命令視窗中，依序輸入

    A=[-2 -2.5 -1;1 0 0;0 1 0];
    B=[1;0;0];
    Cm=ctrb(A,B)
    rank_of_Cm=rank(Cm)
    length_of_A=length(A)

可得

    Cm = 1.0000   -2.0000   1.5000
             0   1.0000   -2.0000
             0   0   1.0000
    rank_of_Cm = 3
    length_of_A = 3

因為 rank(Cm)=length(A)，所以系統是完全可控制的。

11-2.2 可觀測性

考慮一個線性非時變系統：

$$\dot{X}(t) = AX(t) + Bu(t)$$
$$y(t) = CX(t)$$

若系統在任意時間 t_1 的狀態 $X(t_1)$，能在任何有限時間間隔〔t_1, t_f〕內 ，由輸出的觀測來決定，則系統稱為完全狀態可觀測的（completely state observable）。

測試可觀測性的方法為：系統是完全狀態可觀測的充分且必要條件為下式矩陣

$$O_m = \begin{bmatrix} C \\ CA \\ CA^2 \\ \vdots \\ CA^{n-1} \end{bmatrix}$$

的秩數（rank）為 n，其中 O_m 稱為系統的觀測性矩陣（observability matrix）。

在 MATLAB control toolbox 中提供 *obsv* 函數，其功能為求取觀測性矩陣 O_m，再應用 MATLAB 的 *rank* 函數，求取秩數。

【例二】試求下列狀態方程式的觀測性矩陣 O_m 及決定系統是否為可觀測性的。

$$\dot{X}(t) = \begin{bmatrix} -2 & -2.5 & -1 \\ 1 & 0 & 0 \\ 0 & 1 & 0 \end{bmatrix} X(t) + \begin{bmatrix} 1 \\ 0 \\ 0 \end{bmatrix} u(t)$$

$$y(t) = \begin{bmatrix} 1.5 & 4 & 3 \end{bmatrix} X(t)$$

在 MATLAB 的命令視窗中,依序輸入

    A=[-2 -2.5 -1;1 0 0;0 1 0];

    C=[1.5 4 3];

    Om=obsv(A,C)

    rank_of_Om=rank(Om)

    length_of_A=length(A)

可得

    Om = 1.5000   4.0000   3.0000

        1.0000   -0.7500   -1.5000

       -2.7500   -4.0000   -1.0000

    rank_of_Om = 3

    length_of_A = 3

因為 rank(Om)=length(A),所以系統是完全可觀測的。

【例三】考慮下圖 11-1 的回授控制系統,檢驗是否為可控制性的及可觀測性的?

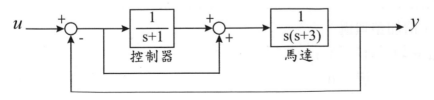

圖 11-1:回授控制系統

11-6 控制系統設計與模擬－使用MATLAB/SIMULINK

首先在 SIMULINK 中所建構的模型如圖 11-2 所示。

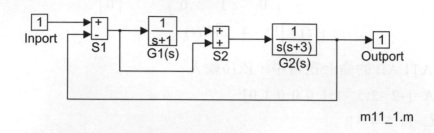

m11_1.m

圖 11-2：在 SIMULINK 中所建構的回授控制系統模型

回到 MATLAB 命令視窗中，執行 m11_2.m

....

```
% m11_2.m
% 決定控制系統的 controllability 及 observability
[a,b,c,d]=linmod('m11_1')
Cm=ctrb(a,b);
rank_of_Cm=rank(Cm)
Om=obsv(a,c);
rank_of_Om=rank(Om)
length_of_A=length(a)
```

....

可得（稍加整理過）

```
a = -3   -1    1
     1    0    0
     0   -1   -1
b = 1
```

$$0$$
$$1$$
$$c = 0 \quad 1 \quad 0$$
$$d = 0$$

rank_of_Cm = 3

rank_of_Om = 3

length_of_A = 3

因為 rank(Cm)=rank(Om)=length(A)=3，所以系統是完全可控制的及完全可觀測的。

11-3 極點安置設計（pole placement design）

如前所言，古典控制學中是以轉移函數為系統模型表示式，而現代控制學中是以動態方程式為系統模型表示式，與轉移函數表示式最大不同點在於引進了『狀態』的觀念，*極點安置設計*主要的技巧是利用狀態變數經過固定增益後回授，來放置閉迴路的極點到所希望的位置。此亦稱為狀態回授設計（state feedback design）。

極點安置設計的方法如下（參考圖 11-3），考慮線性非時變系統

$$\dot{X}(t) = AX(t) + Bu(t)$$
$$y(t) = CX(t)$$
$$\text{......(11-2)}$$

狀態回授控制力 $u(t)$ 為

$$u(t) = r(t) - KX(t) \text{......(11-3)}$$

其中增益 K 為 $1 \times n$ 階列向量（row vector），r 為參考輸入命令，y 為

輸出。將上式(11-3)代入(11-2)，此時閉迴路動態方程式爲：

$$\dot{X}(t) = AX(t) + Bu(t)$$
$$= AX(t) + B(r(t) - KX(t))$$
$$= (A - BK)X(t) + Br(t)$$
$$y(t) = CX(t)$$

......(11-4)

由式(11-4)可知，經過了狀態回授增益 K 後，系統的系統矩陣 A 變成了 A-BK，適當地選擇回授增益矩陣 K 值，可以改變系統的特徵方程式，也就是改變系統極點的位置。

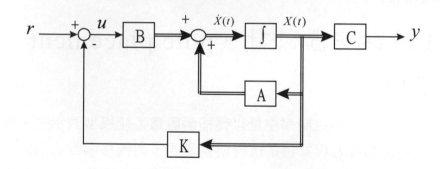

圖 11-3：狀態回授設計

【例四】考慮一個三階的系統裝置，其轉移函數表式爲

$$G(s) = \frac{1}{(s+1)(s+2)(s+3)}$$

試利用極點安置設計法，使得該裝置之閉迴路系統性能與具有阻尼比 $\zeta = 0.707$ 和自然無阻尼頻率 $\omega_n = 3\text{rad/sec}$ 的標準二階系統性能相似。

在 MATLAB 命令視窗中，執行程式 m11_3.m

```
% m11_3.m
% 極點安置設計
damping=0.707;
wn=3;
[num1,den1]=ord2(wn,damping)
% 受控系統轉換成狀態空間模式表示式
num=1;
den=conv([1 1],conv([1 2],[1 3]));
[A,B,C,D]=tf2ss(num,den)
length_of_A=length(A)
Cm=ctrb(A,B);
rank_of_Cm=rank(Cm)
if rank_of_Cm==length_of_A
    % 設定所需的極點
    dominant_poles=roots(den1);
    desired_poles=[dominant_poles' 10*real(dominant_poles(1))]
    % 計算增益 K
    K=place(A,B,desired_poles)
    % 計算閉迴路系統狀態空間模式表示式
    Ac=A-B*K
    Bc=B
    Cc=C
    Dc=D
else
    disp('cannot use the method of pole placement')
```

```
    end
```

程式中 3-5 行，是將標準二階系統的阻尼比 $\zeta = 0.707$ 和自然無阻尼頻率 $\omega_n = 3\text{rad/sec}$ 轉換成轉移函數表示式。結果為

```
    num1 = 1
    den1 = 1.0000    4.2420    9.0000
```

7-12 行，是將受控裝置轉換成狀態空間模式表示式，並檢查是否為可控制的（controllable）。結果為

```
    A = -6    -11    -6
         1      0     0
         0      1     0
    B = 1
        0
        0
    C = 0    0    1
    D = 0
    length_of_A = 3
    rank_of_Cm = 3
```

15-16 行，將二階系統的極點作為極點安置法的主極點，第三個極點取為距離二階系統的極點十倍遠處（目的是讓系統性能由二階系統的極點所主宰）。結果為

```
    desired_poles =
        -2.1210 - 2.1216i    -2.1210 + 2.1216i    -21.2100
```

18 行，計算回授增益矩陣 K 值。結果為

```
    K = 19.4520    87.9728    184.8900
```

20-23 行，極點安置後的狀態矩陣。

Ac = -25.4520   -98.9728   -190.8900

      1.0000   0   0

        0   1.0000   0

Bc = 1

     0

     0

Cc = 0   0   1

Dc = 0

【例五】考慮求解 7-2 節例六之倒單擺系統，試設計一個控制系統，使得在任意給定的初始條件下（假設為干擾所造成），能夠以適當的阻尼（相對於標準二階系統的 $\zeta = 0.6$）迅速地（例如具有 2 秒的安定時間）將倒單擺恢復到垂直位置並且使推車返回到 x=0 參考位置，假設 M=2kg、m=0.2kg、l=0.6m。

將 M、m 及 l 值代入，重寫式(7-17)

$$\begin{bmatrix} \dot{x}_1 \\ \dot{x}_2 \\ \dot{x}_3 \\ \dot{x}_4 \end{bmatrix} = \begin{bmatrix} 0 & 1 & 0 & 0 \\ 0 & 0 & -0.98 & 0 \\ 0 & 0 & 0 & 1 \\ 0 & 0 & 17.97 & 0 \end{bmatrix} \begin{bmatrix} x_1 \\ x_2 \\ x_3 \\ x_4 \end{bmatrix} + \begin{bmatrix} 0 \\ 0.5 \\ 0 \\ -0.83 \end{bmatrix} u$$

$$\begin{bmatrix} y_1 \\ y_2 \end{bmatrix} = \begin{bmatrix} 1 & 0 & 0 & 0 \\ 0 & 0 & 1 & 0 \end{bmatrix} \begin{bmatrix} x_1 \\ x_2 \\ x_3 \\ x_4 \end{bmatrix}$$

......(11-5)

安定時間 2 秒，阻尼比 $\zeta = 0.6$，利用 8-2.2 節安定時間經驗公式

（8-17頁），可求得自然無阻尼頻率 ω_n 為：

$$\omega_n \cong \frac{4}{t_s\zeta} = \frac{4}{1.2} = 3.33$$

在 MATLAB 命令視窗中，執行 m11_4.m

....

```
% m11_4.m
% 倒單擺系統之極點安置設計
damping=0.6;
wn=3.33;
[num1,den1]=ord2(wn,damping)
% 受控系統以狀態空間表示
A=[0 1 0 0;0 0 -0.98 0;0 0 0 1;0 0 17.97 0];
B=[0;0.5;0;-0.83];
C=[1 0 0 0;0 0 1 0];
D=[];
length_of_A=length(A)
Cm=ctrb(A,B);
rank_of_Cm=rank(Cm)
if rank_of_Cm==length_of_A
  % 設定所需的極點
  dominant_poles=roots(den1);
  desired_poles=[dominant_poles' 9*real(dominant_poles(1))
    10*real(dominant_poles(1))]
  % 計算增益 K
  K=place(A,B,desired_poles)
```

```
% 計算閉迴路系統狀態空間模表示式
Ac=A-B*K
Bc=B
Cc=C
Dc=D
else
    disp('cannot use the method of pole placement')
end
```

………………………………………………………………………………

程式中 3-5 行，是將標準二階系統的阻尼比 $\zeta = 0.6$ 和自然無阻尼頻率 $\omega_n = 3.33\,\text{rad/sec}$ 轉換成轉移函數表示式。結果為

num1 = 1

den1 = 1.0000   3.9960   11.0889

7-14 行，是將受控裝置以狀態空間模式表示，並檢查是否為可控制的（controllable）。結果為

length_of_A = 4

rank_of_Cm = 4

16-17 行，將二階系統的極點作為極點安置法的主極點，第三個極點及第四個極點取為距離二階系統的主極點 9 和 10 倍遠處（不能取相同倍數否則 place 函數無法執行），目的是讓系統性能由二階系統的極點所主宰。結果為

desired_poles =

-1.9980 - 2.6640i   -1.9980 + 2.6640i   -17.9820   -19.9800

19 行，計算回授增益矩陣 K 值。結果為

K = -487.5452   -227.2066   -944.3470   -187.4232

21-24行，極點安置後的狀態矩陣。

Ac =   0   1.0000   0   0

        243.7726   113.6033   471.1935   93.7116

        0   0   0   1.0000

       -404.6625 -188.5814   -765.8380   -155.5613

K 值是否滿足規格所需呢？讓我們回到 SIMULINK 視窗中，建構並模擬此一倒單擺系統，觀察是否能保持倒單擺於垂直位置並且使推車返回到 x=0 參考位置，假設初始誤差 $x = 0.2$ 米和 $\theta = 0.2°$。在 SIMULINK 視窗環境中，所建構的模型如圖 11-4 所示。

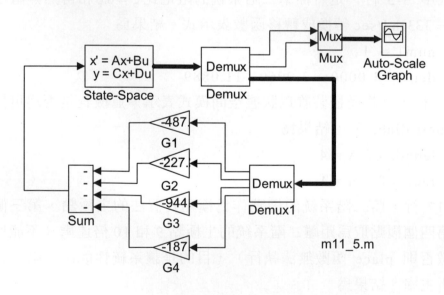

圖 11-4：在 SIMULINK 視窗環境中，所建構的倒單擺模型

State-Space block 的對話盒視窗內參數設定如圖 11-5 所示，*Auto-Scale Graph* block 所觀察的輸出曲線如圖 11-6 所示，虛線表示倒單

擺擺動角度,實線表示推車偏離參考位置的距離,由圖 11-6 可知誤差
終會趨近於零(2 秒左右),倒單擺將保持於垂直位置且推車會回到
x=0 參考位置。

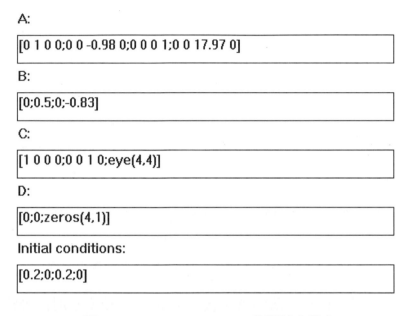

A:

[0 1 0 0;0 0 -0.98 0;0 0 0 1;0 0 17.97 0]

B:

[0;0.5;0;-0.83]

C:

[1 0 0 0;0 0 1 0;eye(4,4)]

D:

[0;0;zeros(4,1)]

Initial conditions:

[0.2;0;0.2;0]

圖 11-5:*State-Space* block 的對話盒視窗

11-4 觀測器設計

前節中介紹了極點安置設計法,此法是假設所有的狀態變數都能用
來作為回授,實際上可能並非所有的狀態變數都能量測的到,因此我們
必須估計沒有提供的那些狀態變數。對不可量測的狀態變數加以估計,
通稱為觀測,用來估計或觀測狀態變數的裝置,稱之為狀態觀測器(簡
稱為觀測器,實質上為一些計算機程式)。

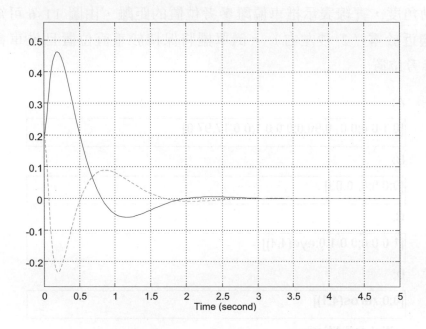

圖 11-6：*Auto-Scale Graph* block 所觀察的輸出曲線

　　圖 11-7 所示爲狀態觀測器系統方塊圖，$\hat{X}$ 和 $\hat{y}$ 分別代表觀測器系統的狀態變數與輸出，L 表觀測器的增益值，爲一行向量（column vector），$\hat{X}$ 被用來作爲狀態回授，以產生需要的控制力 u。

● 狀態觀測器之動態方程式

$$\dot{\hat{X}} = A\hat{X} + Bu + L(y - \hat{y})$$
$$= A\hat{X} + Bu + L(CX - C\hat{X}) \text{......(11-6)}$$
$$= (A - LC)\hat{X} + LCX + Bu$$

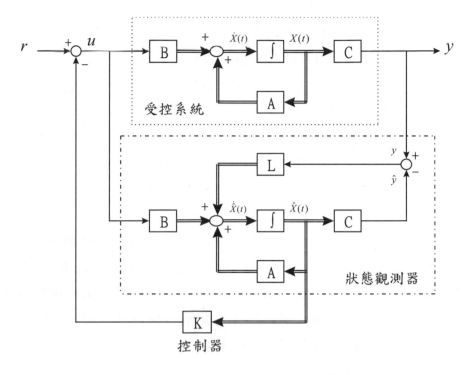

圖 11-7：狀態觀測器系統方塊圖

　　如何使觀測器的狀態變數向量 $\hat{X}$ 與受控系統的狀態變數向量 X 一致呢？

首先定義誤差向量 $e = X - \hat{X}$，e 滿足下列方程式

$$\dot{e} = \dot{X} - \dot{\hat{X}} = AX + Bu - \left[(A - LC)\hat{X} + LCX + Bu\right]$$
$$= (A - LC)X - (A - LC)\hat{X}$$
$$= (A - LC)e$$

亦即 X 與 $\hat{X}$ 間的誤差 e 滿足方程式

$$\dot{e} = (A - LC)e \text{ ......(11-7)}$$

由上式(11-7)可以看出，誤差向量 *e* 的動態特性由矩陣 *A-LC* 的特徵值決定，如果矩陣 *A-LC* 是穩定矩陣，則對於任何初始誤差向量 *e(0)*，誤差向量 *e* 終將收斂到零，也就是說，$\hat{X}(t)$ 將收斂到 *X(t)*。收斂的速度依矩陣 *A-LC* 的特徵值位置來決定，因此如果矩陣 *A-LC* 的特徵值可任意決定的話，可以使誤差向量 *e* 隨時間很快地衰減至零。

然而什麼條件下矩陣 *A-LC* 的特徵值可任意指定呢？答案是若開迴路系統(A,C)是可觀察的，則矩陣 *A-LC* 的特徵值可任意由觀測器增益 L 決定。

上圖 11-7 亦表示結合「狀態回授控制器」與「狀態觀測器」的系統方塊圖。當應用狀態觀測器來達成狀態回授（state feedback）之閉迴路設計時，若受控系統的參數矩陣 A,B,C 已知時，則狀態觀測器與狀態回授控制器可以分離（別）設計，此論述稱爲『分離原理』。

式(11-6)中，將 $u = -K\hat{X}$ 代入，可得

$$\dot{\hat{X}} = (A - LC - BK)\hat{X} + LCX \text{ ......(11-8)}$$

又受控系統可表示成

$$\dot{X} = AX - BK\hat{X} \text{ ......(11-9)}$$

● 狀態觀測器設計（增益值 L 的設計）：
式(11-9)減式(11-8)仍可得（定義誤差向量 $e = X - \hat{X}$）

$$\dot{e} = \dot{X} - \dot{\hat{X}} = (A - LC)e \text{ ......(11-10)}$$

也就是說誤差向量 *e* 的收斂速度（動態特性）由矩陣 $A - LC$ 的特徵值所決定，與 K 值無關。

● 狀態回授控制器設計（增益值 K 的設計）：
將式(11-9)重寫成

$$\dot{X} = AX - BK\hat{X} = (A - BK)X + BKe \ldots\ldots(11\text{-}11)$$

合併式(11-10)，以矩陣形式表示成

$$\begin{bmatrix} \dot{X} \\ \dot{e} \end{bmatrix} = \begin{bmatrix} A - BK & BK \\ 0 & A - LC \end{bmatrix} \begin{bmatrix} X \\ e \end{bmatrix} \ldots\ldots(11\text{-}12)$$

可得整個閉迴路系統的特徵方程式爲

$$\det(sI - A + BK)\det(sI - A + LC) = 0 \ldots\ldots(11\text{-}13)$$

由上式(11-13)可知，狀態觀測器的極點由 det(sI-A+LC)所決定，而閉迴路的極點由 det(sI-A+BK)所決定，*兩者可分別由觀測器增益值 L 和狀態回授增益值 K 分別設計*，彼此並不影響，再次說明狀態觀測器的設計與狀態回授控制器設計無關。

【例六】考慮一個以狀態矩陣表示之系統，如

$$A = \begin{bmatrix} 0 & 1 \\ 0 & -2 \end{bmatrix}, \ B = \begin{bmatrix} 0 \\ 1 \end{bmatrix}, C = \begin{bmatrix} 1 & 0 \end{bmatrix}, \ D = 0$$

設計一個狀態觀測器，其極點位於 $-10 \pm j$。
在 MATLAB 命令視窗中，執行 m11_6.m

⋯⋯⋯⋯⋯⋯⋯⋯⋯⋯⋯⋯⋯⋯⋯⋯⋯⋯⋯⋯⋯⋯⋯⋯⋯⋯⋯⋯⋯⋯⋯⋯⋯⋯⋯⋯

```
% m11_6.m
% 狀態觀測器設計
% 受控系統以狀態空間模式表示式
A=[0 1;0 -2];
B=[0 1]';
C=[1 0];
```

```
D=0;
length_of_A=length(A)
Om=obsv(A,C);
rank_of_Om=rank(Om)
if rank_of_Om==length(A)
% 設定所需的極點
desired_poles=[-10+j -10-j];
% 計算增益 L
L=place(A',C',desired_poles)'
% 計算觀測器系統狀態空間模式表示式
Ao=A-L*C
Bo=[B-L*D L]
Co=C
Do=D
else
disp('cannot design observer')
end
```

....

8-11 行，檢查是否爲可觀測的（observable）。結果爲

```
length_of_A=2
rank_of_Om = 2
```

15 行，計算觀測器增益矩陣 L 值。結果爲

```
L = 18.0000
    65.0000
```

20-23 行，狀態觀測器的狀態矩陣。

Ao = -18.0000   1.0000

　　　-65.0000   -2.0000

Bo = 0   18.0000

　　　 1.0000   65.0000

Co = 1   0

Do = 0

接下來爲了檢驗狀態觀測器的性能，我們比較實際的狀態變數與估測的狀態變數間的變化情形（包含變數的初始值），假設

1.　系統由單位步階輸入所驅動。

2.　實際的狀態變數初始條件皆爲零，而觀測器估測的狀態變數初始條件爲(0.2,-0.4)。

在 MATLAB 命令視窗中，執行 m11_7.m，可得圖 11-8 之狀態變數變化曲線。

....

```
% m11_7.m
% 比較實際的狀態變數與估測的狀態變數間的變化情形
A=[0 1;0 -2];
B=[0 1]';
C=[1 0];
D=0;
length_of_A=length(A);
Om=obsv(A,C);
rank_of_Om=rank(Om);
if rank_of_Om==length_of_A
 % 設定所需的極點
```

```matlab
desired_poles=[-10+j -10-j];
% 計算增益 L
L=place(A',C',desired_poles)';
% 計算觀測器系統狀態空間模式表示式
Ao=A-L*C
Bo=[B-L*D L]
Co=eye(2);
Do=zeros(2,2);
else
 disp('cannot design observer')
end
% 實際的狀態變數變化值
t=[0:0.01:2];
[y,x,t]=step(A,B,C,D,1,t);
% 估測的狀態變數變化值
x0=[0.2 -0.4];
[yo,xo]=lsim(Ao,Bo,Co,Do,[ones(size(t))' y],t,x0);
plot(t,x,t,xo,'--')
xlabel('時間 (秒)')
ylabel('狀態變數值')
title('實際的狀態變數與估測的狀態變數間的變化曲線')
gtext('x1')
gtext('x2')
grid
```

···

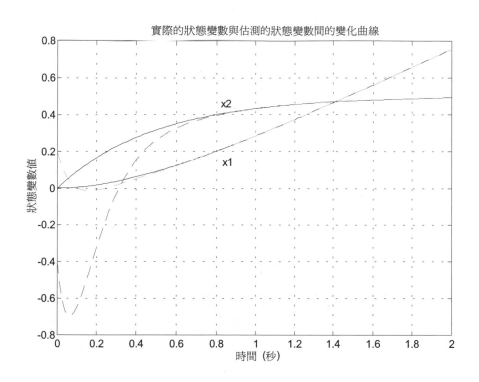

圖 11-8：實際的狀態變數與估測的狀態變數間的變化曲線

11-5 線性二次最佳控制器設計

已知受控系統的方程式為

$$\dot{x} = Ax + Bu \ldots\ldots(11\text{-}14)$$

確定下列最佳控制增益矩陣 K：

$$u(t) = -Kx(t) \ldots\ldots(11\text{-}15)$$

使得下列性能指標達到最小：

$$J = \int_0^\infty (x^* Qx + u^* Ru)dt \ ......(11-16)$$

上式(11-16)中 Q 為正定（或半正定）赫米特或實對稱矩陣，而 R 為正定赫米特或實對稱矩陣。

　　線性二次最佳控制理論可推導出最佳控制增益矩陣 K 可寫成

$$K = R^{-1}B^* P \ ......(11-17)$$

上式(11-17)中，P 必須滿足下列稱為代數黎卡提方程式（algebraic Riccati equation）的解。

$$A^* P + PA - PBR^{-1}B^* P + Q = 0 \ ......(11-18)$$

【例七】考慮下圖 11-9 所示的機械平移系統，m=1kg、k=1000N/m、b=5N/m/s，f 為控制輸入（或干擾輸入），試應用線性二次最佳控制法設計最佳回授增益矩陣 K 值，使得兩物體在施力 f 作用之下，彼此的相對距離（x1-x2）盡可能的減小，並比較設計前後系統的性能。假設

$$f = \begin{cases} 1 & 0 \le t \le 1 \\ 0 & 1 < t \le 2 \end{cases}$$

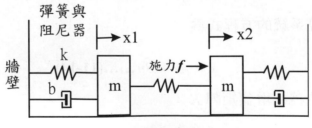

圖 11-9：機械平移系統

首先將受控系統以動態方程式來表示，推導如下：
選取物體之位置與其速度為狀態變數，圖 11-9 左邊物體 m 的運動方程式為：

$$0 = m\ddot{x}_1 + b\dot{x}_1 + kx_1 + k(x_1 - x_2) \text{......(11-19)}$$

圖 11-9 右邊物體 m 的運動方程式為：

$$f = m\ddot{x}_2 + b\dot{x}_2 + kx_2 + k(x_2 - x_1) \text{......(11-20)}$$

令 $x_3 = \dot{x}_1$ 及 $x_4 = \dot{x}_2$，重寫式(11-19,20)，以矩陣表示成

$$\begin{bmatrix} \dot{x}_1 \\ \dot{x}_2 \\ \dot{x}_3 \\ \dot{x}_4 \end{bmatrix} = \begin{bmatrix} 0 & 0 & 1 & 0 \\ 0 & 0 & 0 & 1 \\ \dfrac{-2k}{m} & \dfrac{k}{m} & \dfrac{-k}{m} & 0 \\ \dfrac{k}{m} & \dfrac{-2k}{m} & 0 & \dfrac{-k}{m} \end{bmatrix} \begin{bmatrix} x_1 \\ x_2 \\ x_3 \\ x_4 \end{bmatrix} + \begin{bmatrix} 0 \\ 0 \\ 0 \\ \dfrac{1}{m} \end{bmatrix} f$$

$$\begin{bmatrix} y_1 \\ y_2 \end{bmatrix} = \begin{bmatrix} 1 & 0 & 0 & 0 \\ 0 & 1 & 0 & 0 \end{bmatrix} \begin{bmatrix} x_1 \\ x_2 \\ x_3 \\ x_4 \end{bmatrix} + \begin{bmatrix} 0 \\ 0 \end{bmatrix} f \text{.....(11-21)}$$

依題意，我們選擇下列的性能指標達到最小：

$$J = \int_0^\infty (q(x_1 - x_2)^2) + ru^2)dt \text{......(11-22)}$$

在 MATLAB 命令視窗中，執行 m11_8.m

....

```
% m11_8.m
% 線性二次最佳控制器設計
```

```
t=0:0.001:2;
f=[1000*ones(1,1000) zeros(1,1001)];
A=[0 0 1 0;0 0 0 1;-2000 1000 -10 0;1000 -2000 0 -10];
B=[0 0 0 1]';
C=[1 0 0 0;0 1 0 0];
D=[0 0]';
q=[1e6 -1e6 0 0;-1e6 1e6 0 0;0 0 0 0;0 0 0 0];
r=1e-2;
% 計算增益 K
K=lqr(A,B,q,r);
Ao=A-B*K;
[y,x]=lsim(A,B,C,D,f,t);
[yo,xo]=lsim(Ao,B,C,D,f,t);
plot(t,x(:,1),t,x(:,2),'--')
xlabel('時間 (秒)')
ylabel('狀態變數值')
title('設計前(未加控制器)狀態變數間的變化曲線')
gtext('x1')
gtext('x2')
grid
figure(2)
plot(t,xo(:,1),t,xo(:,2),'--')
xlabel('時間 (秒)')
ylabel('狀態變數值')
title('加入線性二次最佳控制器後的狀態變數間的變化曲線')
```

```
gtext('x1')
gtext('x2')
grid
```

⋯⋯⋯⋯⋯⋯⋯⋯⋯⋯⋯⋯⋯⋯⋯⋯⋯⋯⋯⋯⋯⋯⋯

未加入線性二次最佳控制器（LQR）前，狀態變數間的變化曲線如圖 11-10 所示，加入 LQR 控制器後，狀態變數間的變化曲線如圖 11-11 所示。比較圖 11-10,11-11 的狀態變數變化曲線可知，加入 LQR 控制器後，對於相同的外界控制（或干擾）輸入，可使兩物體間的振動（振幅）減少。

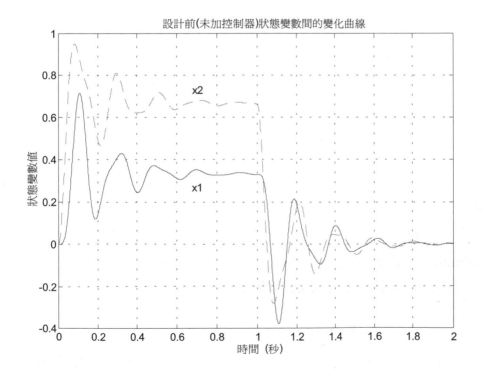

圖 11-10：設計前(未加 LQR 控制器)狀態變數間的變化曲線

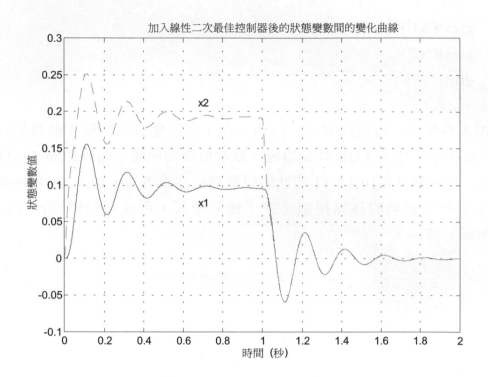

圖 11-11：加入 LQR 控制器後的狀態變數間的變化曲線

　　在 SIMULINK 視窗環境中，如何設計 LQR 控制器並模擬此平移系統的性能呢？

　　首先建構此平移系統的 SIMULINK 模型，如圖 11-12 所示，Feedback Gain using LQR Design block 是利用第五章所提的 Mask 功能所建立的次系統，它主要的功能就是執行程式 m11_8.m 中的

$$K=lqr(A,B,q,r);$$

　　執行 m11_9.m 的模型，在 *Auto-Scale Graph* block 所觀察的狀態變數輸出曲線就如同圖 11-11 所示。

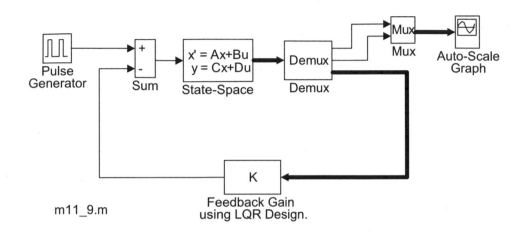

圖 11-12：在 SIMULINK 中所建構的 LQR 控制器模型

Feedback Gain using LQR Design block 的對話盒視窗內參數設定如下所示：

Plant A matrix:

[0 0 1 0;0 0 0 1;-2000 1000 -10 0;1000 -2000 0 -10]

Plant B matrix:

[0;0;0;1]

Output weighting, y'Qy:

[1e6 -1e6 0 0;-1e6 1e6 0 0;0 0 0 0;0 0 0 0]

Input weighting, u'Ru:

1e-2

第十二章

離散時間控制系統

12-1 引言

　　隨著計算機的發明以及日後的日益普及，有越來越多的控制系統採用計算機進行控制，一個典型的計算機控制系統如圖 12-1 所示，計算機（亦稱電腦、微處理機）的角色為校正裝置，也就是第十章所言之控制器、補償器，它負責分析、處理以及輸出控制命令，驅動受控裝置達到系統所需的規格。A/D 轉換器將連續時間的誤差訊號 $e(t)$ 轉換為計算機能夠處理的二進制數位訊號 $e(kT)$，符號 T 表取樣週期。而 D/A 轉換器，它將計算機輸出的二進制數位訊號 $u(kT)$ 轉換為驅動受控裝置的激勵訊號 $u(t)$。

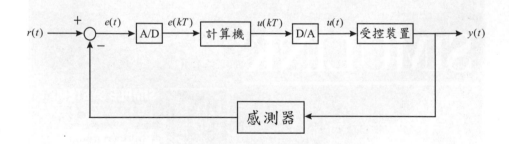

圖 12-1：計算機控制系統

　　就如同在連續控制系統一樣，控制工程師必須對計算機控制系統設計補償器，在計算機裡面，『補償器』其實就是一個計算機程式，在計算機控制系統所使用的設計技巧與在連續系統所討論的控制器設計方法是並行不悖的，但是相對於連續系統所使用的方法而言，它是較為複雜的。

12-2 連續系統的離散化

首先討論線性連續系統離散化的方法，設所考慮的線性非時變連續系統為：

$$\frac{dx(t)}{dt} = Ax(t) + Bu(t) \quad \text{......(12-1)}$$
$$y(t) = Cx(t) + Du(t)$$

將狀態方程式取拉普拉斯轉換（Laplace transform），可得

$$sX(s) - x(0) = AX(s) + BU(s) \text{......(12-2)}$$

重新整理及移項上式(12-2)，可得

$$X(s) = (sI - A)^{-1}x(0) + (sI - A)^{-1}BU(s) \text{......(12-3)}$$

將上式取逆拉普拉斯轉換（inverse Laplace transform），可得

$$x(t) = L^{-1}[(sI - A)^{-1}]x(0) + L^{-1}[(sI - A)^{-1}BU(s)]$$
$$= \phi(t)x(0) + \int_0^t \phi(t - \tau)Bu(\tau)d\tau \qquad t \geq 0 \quad \text{......(12-4)}$$

將初始時間設定為 $t = t_0$，初始狀態為 $x(t_0)$，則式(12-4)可重寫為

$$x(t) = \phi(t - t_0)x(t_0) + \int_{t_0}^t \phi(t - \tau)Bu(\tau)d\tau \qquad t \geq t_0 \text{......(12-5)}$$

輸出方程式為

$$y(t) = C\phi(t - t_0)x(t_0) + \int_{t_0}^t C\phi(t - \tau)Bu(\tau)d\tau + Du(t) \text{......(12-6)}$$

當系統用計算機進行控制時，控制信號在一個取樣週期內為定

值，即

$$u(\tau) = u(kT) \qquad kT \leq \tau < (k+1)T$$

對式(12-5)，$u(\tau)$可以移至積分外面

$$x(t) = \phi(t-t_0)x(t_0) + \int_{t_0}^{t}\phi(t-\tau)Bd\tau\, u(kT) \qquad kT \leq t < (k+1)T\ ......(12\text{-}7)$$

將$t_0 = kT$代入式(12-7)，可得

$$x(t) = \phi(t-kT)x(kT) + \int_{kT}^{t}\phi(t-\tau)Bd\tau\, u(kT) \qquad kT \leq t < (k+1)T\ ......(12\text{-}8)$$

假設

$$\psi(t-kT) = \int_{kT}^{t}\phi(t-\tau)Bd\tau\ ......(12\text{-}9)$$

將式(12-9)代入式(12-8)，可簡化式(12-8)為

$$x(t) = \phi(t-kT)x(kT) + \psi(t-kT)u(kT)\ ......(12\text{-}10)$$

因為 x(t)是時間 t 的連續函數，所以將 t=(k+1)T 代入式(12-10)，可得

$$x[(k+1)T] = \phi(T)x(kT) + \psi(T)u(kT)\ ......(12\text{-}11)$$

其中

$$\phi(T) = L^{-1}\left[(sI-A)^{-1}\right]\Big|_{t=T} = e^{At}\Big|_{t=T} = I + AT + \frac{1}{2!}A^2T^2 + ...(12\text{-}12)$$

$$\psi(T) = \int_{kT}^{(k+1)T}\phi[(k+1)T-\tau]Bd\tau\ ......(12\text{-}13)$$

將式(12-13)作積分變數變換，令 $z = -kT + \tau$，可得 $dz = d\tau$、(k+1)T －

τ = T-z，後將 z 以 τ 取代，可得

$$\psi(T) = \int_{0}^{T} \phi(T - \tau)Bd\tau \text{......(12-14)}$$

故離散時間系統可表示爲：

$$x[(k + 1)T] = \phi(T)x(k) + \psi(T)u(k)$$
$$y(k) = Cx(k) + Du(k) \quad \text{......(12-15)}$$

【例一】考慮連續系統方程式

$$\frac{dx(t)}{dt} = \begin{bmatrix} -3 & 1 \\ -2 & 0 \end{bmatrix} x(t) + \begin{bmatrix} 0 \\ 1 \end{bmatrix} u(t)$$

$$y(t) = \begin{bmatrix} 1 & 0 \end{bmatrix} x(t)$$

如果輸入信號在一個取樣週期（T=1）內爲定值，亦即

$$u(t) = u(kT) \qquad kT \leq \tau < (k + 1)T$$

試求離散時間系統方程式。

由式(12-12)，可得

$$\phi(T)\big|_{T=1} = L^{-1}[(sI - A)^{-1}]_{t=T=1} = \begin{bmatrix} -e^{-1} + 2e^{-2} & e^{-1} - e^{-2} \\ -2e^{-1} + 2e^{-2} & 2e^{-1} - e^{-2} \end{bmatrix}$$

$$= \begin{bmatrix} -0.097 & 0.233 \\ -0.465 & 0.6 \end{bmatrix}$$

$$\psi(T)\big|_{T=1} = A^{-1}(e^{AT} - I)B = \begin{bmatrix} -3 & 1 \\ -2 & 0 \end{bmatrix}^{-1} \begin{bmatrix} -1.097 & 0.233 \\ -0.465 & -0.4 \end{bmatrix} \begin{bmatrix} 0 \\ 1 \end{bmatrix}$$

$$= \begin{bmatrix} 0.1998 \\ 0.832 \end{bmatrix}$$

故離散時間系統方程式為

$$x(k+1) = \begin{bmatrix} -0.097 & 0.233 \\ -0.465 & 0.6 \end{bmatrix} x(k) + \begin{bmatrix} 0.1998 \\ 0.832 \end{bmatrix} u(k)$$

$$y(k) = \begin{bmatrix} 1 & 0 \end{bmatrix} x(k)$$

在 MATLAB 的 control toolbox 提供了函數 *c2d* 作為連續系統至離散系統間狀態方程式的轉換，其格式如下：

$$[A_d, B_d] = c2d(A, B, Ts)$$

其中 Ts 為取樣週期。式(12-15)之輸出方程式中的 C 與 D 矩陣，不會因轉換而改變。

【例二】重作例一，利用 c2d 求離散時間系統方程式。

在 MATLAB 命令視窗中，依序輸入下列指令

  A=[-3 1;-2 0];

  B=[0;1];

  Ts=1;

  [Ad,Bd]=c2d(A,B,Ts)

可得

  Ad =

   -0.0972 0.2325

   -0.4651 0.6004

  Bd =

   0.1998

   0.8319

另外，control toolbox 亦提供了函數 *c2dt* 作為包含輸入延遲時間的連續時間系統：

$$\dot{x}(t) = Ax(t) + Bu(t - \lambda)$$
$$y(t) = Cx(t)$$

轉換至離散時間系統間動態方程式：

$$x[k+1] = A_d x[k] + B_d u[k]$$
$$y[k] = C_d x[k] + D_d u[k]$$

其格式如下：

$$[A_d, B_d, C_d, D_d] = c2dt(A, B, C, Ts, lambda)$$

【例三】若例一的系統輸入 u(t)延遲 0.5 秒，重作一遍例一。
在 MATLAB 命令視窗中，依序輸入下列指令

```
A=[-3 1;-2 0];
B=[0;1];
C=[1 0];
Ts=1;
lambda=0.5;
[Ad,Bd,Cd,Dd]=c2dt(A,B,C,Ts,lambda)
```

可得

```
Ad =
  -0.0972    0.2325    0.1224
  -0.4651    0.6004    0.3610
        0         0         0
Bd =
   0.0774
   0.4709
   1.0000
```

Cd =

　　1　　0　　0

Dd =

　　0

一般來說，輸入延遲時間 λ 將會增加狀態矩陣的維數（dimension）所增加的維數為下式的最小整數：

$$n \geq \frac{\lambda}{T_s}$$

例如本例中 n>0.5，取最小整數則為 1。

再者，在 MATLAB 的 control toolbox 提供了函數 *c2dm* 作為在狀態空間模式中連續系統至離散系統間狀態方程式的轉換，其格式如下：

$$[A_d, B_d, C_d, D_d] = c2dm(A, B, C, D, Ts, 'method')$$
$$[numd, dend] = c2dm(num, den, Ts, 'method')$$

其中 method 表示數種轉換的方法，包括有：

- zoh（zero-order hold）
- foh（first-order hold）
- tustin（bilinear）
- prewarp（frequency bilinear）
- matched（matched pole-zero method）

理論上來說，一個連續信號能夠從它被取樣的信號，經過一個低通濾波器而被還原（recovered）回來，Nyquist 或 Shannon 取樣定理告訴我們，在選擇控制系統得取樣速率時，取樣頻率應該大於被取樣信號中有意義振幅的最高頻率的兩倍以上，才不會發生交疊（aliasing）現象，使得還原的信號產生失真。所以取樣頻率應該滿足下列式子

$$\frac{2\pi}{T} > 2\omega_0 \dots\dots(12\text{-}16)$$

其中 ω_0 為被取樣信號最高之頻率。下面例題說明不同取樣頻率對連續信號重建之影響。

【例四】假設有一個標準二階系統，其極點位於 $-0.1 \pm j$，求不同取樣頻率對單位步階響應之影響。

由第八章第 2.2 節圖 8-6 可知極點位於 $-0.1 \pm j$，其自然無阻尼頻率 ω_n 約為 1rad/sec，所以依據 Shannon 取樣定理可知

$$T < \frac{2\pi}{2\omega_n}$$

也就是說取樣週期 T 需小於 3 秒，執行程式 m12_1.m

```
% m12_1.m
% 不同取樣週期（T=5,3,0.3)對連續信號重建的影響
[num,den]=zp2tf([],[-0.1+j -0.1-j],1);
Ts=5;
[numd1,dend1]=c2dm(num,den,Ts,'zoh');
Ts=3;
[numd2,dend2]=c2dm(num,den,Ts,'zoh');
Ts=0.3;
[numd3,dend3]=c2dm(num,den,Ts,'zoh');
clf
```

subplot(221),step(num,den)

title('(a)連續信號')

subplot(222),dstep(numd1,dend1)

title('(b) Ts=5 秒')

subplot(223),dstep(numd2,dend2)

title('(c) Ts=3 秒')

subplot(224),dstep(numd3,dend3)

title('(d) Ts=0.3 秒')

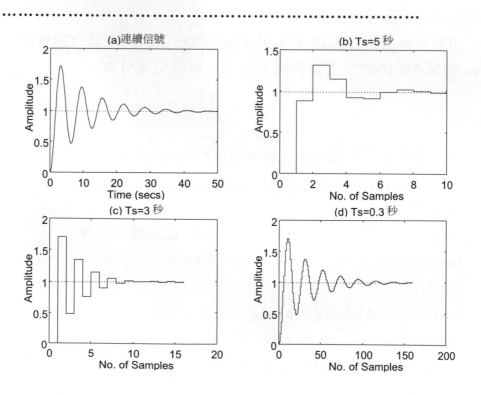

圖 12-2：連續/離散系統步階響應圖

可得圖 12-2 的步階響應響應圖，由圖 12-2(b)可知取樣週期 T=5 秒，已經造成原始信號的失真。取樣週期 T=3 秒，勉強能夠表現出響應的"輪廓"，當然取樣週期 T=0.3 秒，更能與連續信號響應（圖 12-2(a)）接近了。

12-3 時域分析

在連續時間系統常用的分析與設計的技巧在離散時間系統亦是相同的。在第八章第 2.1 節所敘述的暫態響應性能的性能指標亦適用於離散時間系統的步階響應，現以例題說明如下：

【例五】設某一閉迴路系統的轉移函數為（同第 8-2.1 節例題說明）

$$G(s) = \frac{10}{s^2 + 2s + 10}$$

試求其離散時間系統的單位步階響應（假設 Ts=0.02 秒）。

在 MATALB 命令視窗下，執行程式 m12_2.m

....

```
% m12_2.m
% 離散時間單位步階響應分析
% 計算峰值時間,最大過超越量,上升時間及安定時間.
Ts=0.02;
num=10;den=[1 2 10];
[numd,dend]=c2dm(num,den,Ts,'zoh');
[y,x]=dstep(numd,dend);
% 計算峰值時間
[ymax,k]=max(y);
```

```
peak_of_time=k*Ts
% 計算最大過超越量
final_value=polyval(numd,1)/polyval(dend,1)
percent_overshoot=100*(ymax-final_value)/final_value
% 計算上升時間
i=1;
  while y(i)<0.1*final_value
  i=i+1;
  end
j=1;
  while y(j)<0.9*final_value
  j=j+1;
  end
rise_time=(j-i)*Ts
% 計算安定時間
k=length(y);
  while (y(k)>0.98*final_value)&(y(k)<1.02*final_value)
  k=k-1;
  end
setting_time=k*Ts
dstep(numd,dend,250)
```

可得（包括圖 12-3 的離散時間步階輸出響應圖）

峰值時間

```
peak_of_time = 1.0600
```

終值

final_value = 1

最大過超越量百分比

percent_overshoot = 35.0828

上升時間

rise_time = 0.4200

安定時間

setting_time = 3.5400

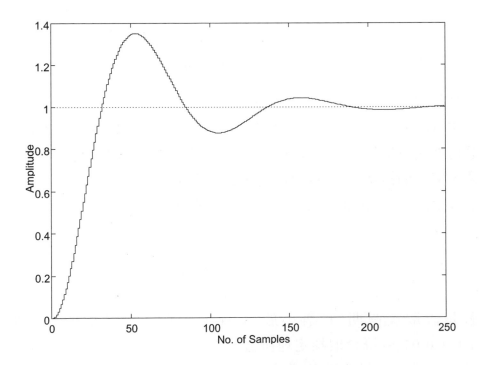

圖 12-3：離散時間系統步階輸出響應圖

比較第八章中程式 m8-2.m。在本例中輸出響應的終值是利用離散域的終值定理來獲得，如下式(12-17)所示：

$$\lim_{k \to \infty} y(k) = \lim_{z \to 1}(1 - z^{-1})Y(z) \,\ldots\ldots(12\text{-}17)$$

但要注意的是單位步階輸入的 z-轉換是 z/(z-1)，故上式(12-17)將修改成

$$\lim_{k \to \infty} y(k) = \lim_{z \to 1}(1 - z^{-1})\frac{z}{z - 1} G(z) = \lim_{z \to 1} G(z) \,\ldots\ldots(12\text{-}18)$$

下面這個例子亦說明不同取樣週期對脈衝響應的影響。

【例六】設某一閉迴路系統的轉移函數為

$$G(s) = \frac{10(s^2 + 0.1s + 2)}{(s^2 + 0.4s + 1)(s + 10)}$$

試求其離散時間系統的單位脈衝響應（假設 Ts=1,0.1,0.01 秒）。

　　由 G(s)的極點位置分佈可知，主極點位於 $-0.2 \pm 0.979j$，類似於一個自然無阻尼頻率 $\omega_n = 1\,\mathrm{rad/sec}$ 的二階系統，事實上此系統為三階系統，第三個極點位於 s=-10 處，它對系統所造成的暫態響應行為更快於主極點所造成的。若只考慮主極點所造成的響應行為，依據 Shannon 取樣定理可知

$$T < \frac{2\pi}{2\omega_n} \,\ldots\ldots(12\text{-}19)$$

也就是說取樣週期 T 需小於 3 秒，本程式所選取的取樣週期 T=1,0.1,0.01 皆符合取樣定理所需，所差別的在於越高的取樣頻率越能表現出離散時間波形與連續時間波形的"相似度"，例如取樣週期 T=1 秒在脈衝響應的開始無法表現出位於 s=-10 處的極點對系統所造成的暫態響應行為的影響，因為它的取樣頻率不夠快，請參考圖 12-4

（b,d）。

在 MATALB 命令視窗下，執行程式 m12_3.m

....

```
% m12_3.m
% 不同取樣週期（T=1,0.1,0.01)的脈衝輸出響應
num=10*[1 0.1 2];
den=conv([1 0.4 1], [1 10]);
tf=15;
t=[0:0.1:tf];
clf
subplot(221),impulse(num,den,t)
title('(a)脈衝響應')
n=1;
while n<=3
  Ts=1/10^(n-1);
  subplot(221+n)
  [numd,dend]=c2dm(num,den,Ts);
  [y,x]=dimpulse(numd,dend,tf/Ts);
  td=[0:Ts:tf-Ts];
  stairs(td,y/Ts)
  if n==1
    title('(b)取樣週期 Ts=1 秒')
  elseif n==2
    title('(c)取樣週期 Ts=0.1 秒')
  else
```

```
    title('(d)取樣週期 Ts=0.01 秒')
end
xlabel('時間（秒）')
ylabel('大小')
n=n+1;
end
```

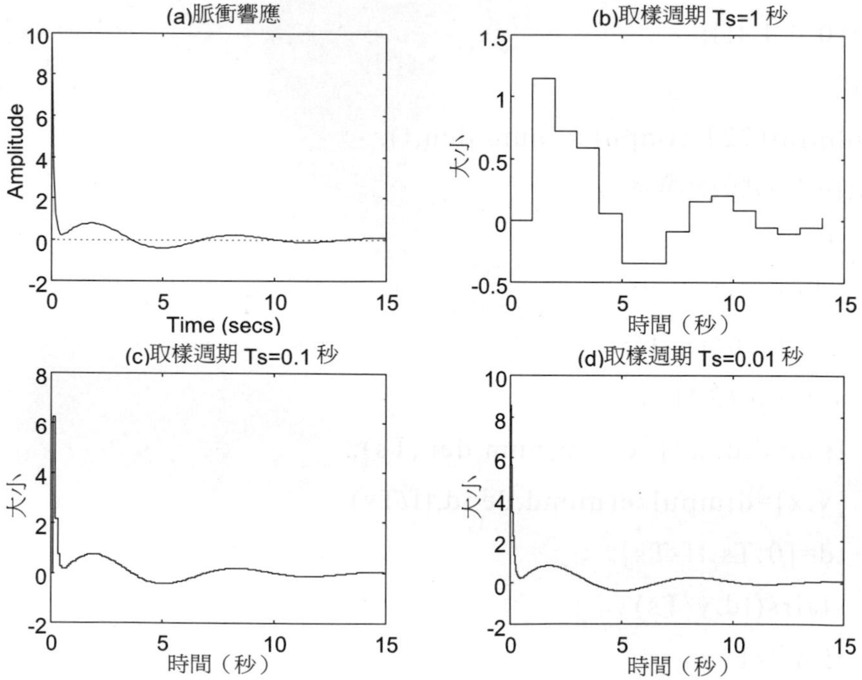

圖 12-4：離散時間系統脈衝輸出響應圖

12-3.1 二階離散系統

在第八章第 2.2 節中，我們只要給定阻尼比 ζ 及自然無阻尼頻率 ω_n，便可以決定連續系統的轉移函數以及它所代表二階系統的動態行為。同樣地，離散時間二階系統也可由阻尼比 ζ 和自然無阻尼頻率 ω_n 來代表系統的響應行為。

我們由連續時間系統轉移函數開始推導，其轉移函數如下式所示

$$G(s) = \frac{\omega_n^2}{s^2 + 2\zeta\omega_n s + \omega_n^2} \ \ldots\ldots(12\text{-}20)$$

系統的脈衝響應為

$$g(t) = e^{-\zeta\omega_n t} \sin\omega_n\sqrt{1-\zeta^2}\,t \qquad t \geq 0 \ \ldots\ldots(12\text{-}21)$$

令

$$a = \zeta\omega_n$$
$$\omega_c = \omega_n\sqrt{1-\zeta^2} \quad 0 \leq \zeta \leq 1$$

並對脈衝響應以取樣週期 Ts 取樣，可得

$$g^*(k) = e^{-aT_s k} \sin\omega_c T_s k \qquad k \geq 0 \ \ldots\ldots(12\text{-}22)$$

依照下式 z-轉換（z-transform）對照表，

$$e^{-aTk} \sin bTk \Leftrightarrow \frac{ze^{-aT}\sin bT}{z^2 - 2e^{-aT}(\cos bT)z + e^{-2aT}} \ \ldots\ldots(12\text{-}23)$$

可得

$$G(z) = \frac{ze^{-aT_s}\sin\omega_c T_s}{z^2 - 2e^{-aT_s}(\cos\omega_c T_s)z + e^{-2aT_s}} \ \ldots\ldots(12\text{-}24)$$

分解上式(12-24)的分母多項式，可求得 H(z)的極點（以極座標表

示）為

$$p_1 = e^{-aT_s} e^{jw_cT_s} = re^{jq}$$
$$p_2 = e^{-aT_s} e^{-jw_cT_s} = re^{-jq} \quad \text{......(12-25)}$$

由式(12-25)可得

$$\theta = \omega_c T_s = \omega_n \sqrt{1-\zeta^2}\, T_s \quad \text{......(12-26)}$$
$$r = e^{-aT_s} = e^{-\zeta\omega_n T_s}$$

由上二式(12-26)即可以繪出離散時間二階系統以阻尼比 ζ 和自然無阻尼頻率 ω_n 為參數的極座標圖。

下列程式 m12_4.m 說明固定阻尼比（ $\zeta = 0.6$ ）和自然無阻尼頻率（ $\omega_n T_s = 0.8\pi$ ）的極座標圖。

在 MATALB 命令視窗下，執行程式 m12_4.m

```
% m12_4.m
% 離散時間二階系統之極座標圖
% omegaTs=0.8*pi 固定時
OmegaTs=0.8*pi;
zeta=[0:0.1:1];
sita=OmegaTs*sqrt(1-zeta.^2);
r=exp(-zeta*OmegaTs);
clf
subplot(121),polar(sita,r)
title('(a)omegaTs=0.8*pi 固定時')
% zeta=0.6 固定時
zeta=0.6;
```

OmegaTs=[0:0.1:pi/sqrt(1-zeta.^2)];

sita=OmegaTs*sqrt(1-zeta.^2);

r=exp(-zeta*OmegaTs);

subplot(122),polar(sita,r)

title('(b)zeta=0.6 固定時')

···

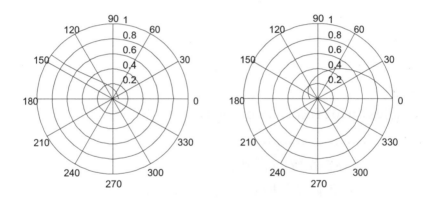

圖 12-5：固定自然無阻尼頻率（$\omega_n T_s = 0.8\pi$）和阻尼比（$\zeta = 0.6$）的極座標圖

下面這個例子說明離散時間系統的根軌跡圖。

【例七】考慮離散時間轉移函數

$$G(z) = \frac{(z-0.25)(z+0.25)}{(z-0.1)(z^2 - 1.2z + 0.4)}$$

的根軌跡圖。

在 MATALB 命令視窗下，執行程式 m12_5.m

....

```
% m12_5.m
% 離散時間二階系統之根軌跡圖
zerod=[0.25;-0.25];
poled=[0.1;0.6+0.2*i;0.6-0.2*i];
gain=1;
[numd,dend]=zp2tf(zerod,poled,gain);
clf
rlocus(numd,dend)
axis([-1.2 1.2 -1.2 1.2])
zgrid
[k,poles]=rlocfind(numd,dend)
```

....

可得圖 12-6 的離散域的根軌跡圖，並求得圖上一點（阻尼比約為 $\zeta = 0.4$）的增益值 k 以及極點位置如下所示。

```
Select a point in the graphics window
selected_point =
   0.3286 + 0.5462i
k =
    0.4710
poles =
   0.3294 + 0.5471i
   0.3294 - 0.5471i
   0.1703
```

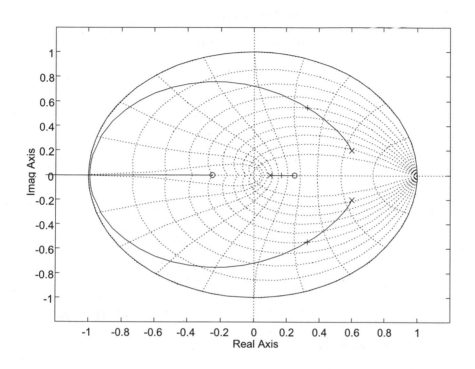

圖 12-6：離散域的根軌跡圖

12-4 頻域分析

離散時間系統的頻率響應是由下式所得

$$G(z) = C(zI - A)^{-1}B + D \ldots\ldots(12\text{-}27)$$

其中 z 以 $e^{j\omega T_s}$（T_s：取樣週期）代入，而求得如下式所示頻率響應的振幅與相角隨頻率（ω）的變化圖。

$$mag(\omega) = \left| G(e^{j\omega T_s}) \right|$$

$$phase(\omega) = \angle G(e^{j\omega T_s})$$

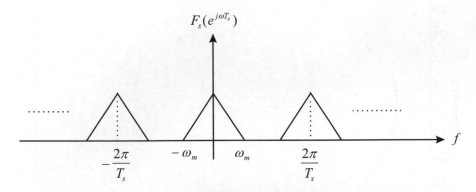

圖 12-7：脈衝取樣後的頻譜圖

對連續時間信號經過理想脈衝取樣器（sampler）後，其時域與頻域間的關係可用下式來表示：

$$f_s(t) = \sum_{n=1}^{\infty} f(t)\delta(t - nT_s) \rightarrow F_s(j\omega) = \frac{1}{T_s} \sum_{n=-\infty}^{\infty} F(j\omega + jn\frac{2\pi}{T_s}) \ldots\ldots(12\text{-}28)$$

由上式(12-28)可知脈衝取樣後的頻譜是一個頻率的週期函數（每隔 $2\pi / T_s$ 重複一次，如圖 12-7 所示），假設原始信號的頻寬為 ω_m rad/sec，若要 $F_s(e^{j\omega T_s})$ 頻譜信號能週期性重現而不重疊，只要

$$\frac{2\pi}{T_s} \geq 2\omega_m \ldots\ldots(12\text{-}29)$$

或者是

$$T_s \leq \frac{2\pi}{2\omega_m} \left(= \frac{1}{2f_m} \right) \ldots\ldots(12\text{-}30)$$

現舉一例說明離散時間系統的波德圖。

【例八】考慮某一系統之開迴路轉移函數

$$G(s) = \frac{s + 0.1}{s^3 + 0.2s^2 + 4s + 0.3}$$

試比較連續時域與離散時域的波德圖。

MATLAB 在命令視窗下，執行程式 m12_6.m

••

```
% m12_6.m
% 離散時間系統之波德圖
num=[1 0.1];
den=[1 0.2 4 0.3];
w=logspace(-1,1,1000);
[m,f]=bode(num,den,w);
Ts=1;
[numd,dend]=c2dm(num,den,Ts);
[md,fd]=dbode(numd,dend,Ts,w);
plot(w,m,w,md,'.')
xlabel('頻率(rad/sec)')
ylabel('振幅大小')
title('連續與離散(虛線)系統波德圖之比較')
gtext('以 2pi 為頻率週期的波德圖')
```

••

可得圖 12-8，由圖可知 MATLAB 之 **dbode** 函式只有計算從頻率 0 到頻率 π / T_s 的離散時間系統的頻域響應，而且其頻譜波形以 $2\pi / T_s$ 重複出現。如果增加取樣頻率（或減少取樣週期 Ts），則會使離散時間系

統波德圖更加接近於連續時間系統波德圖的波形，這點留給讀者自行
去驗證。

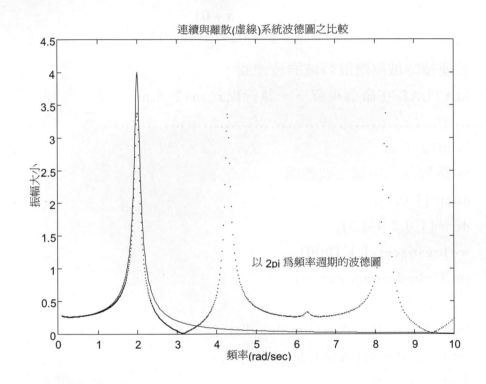

圖 12-8：連續/離散頻域的波德圖

　　下面這個例子說明例六閉迴路系統在不同取樣週期的奈氏圖。
在 MATLAB 命令視窗中，執行程式 m12_7.m

....

```
% m12_7.m
% 不同取樣週期（T=1,0.1,0.01)的奈示圖
num=10*[1 0.1 2];
```

```
den=conv([1 0.4 1], [1 10]);
clf
subplot(221),nyquist(num,den)
title('(a)奈示圖')
n=1;
while n<=3
  Ts=1/10^(n-1);
  subplot(221+n)
  [numd,dend]=c2dm(num,den,Ts);
  dnyquist(numd,dend,Ts)
  if n==1
    title('(b)取樣週期 Ts=1 秒')
  elseif n==2
    title('(c)取樣週期 Ts=0.1 秒')
  else
    title('(d)取樣週期 Ts=0.01 秒')
  end
  n=n+1;
end
```

可得圖 12-9，取樣頻率越高（或取樣週期 Ts 越小），則會使離散時間系統奈氏圖更加接近於連續時間系統奈氏圖的波形。

12-5 自動導引車系統[1][15][16]

本節介紹自動導引車平面運動模型[15]，藉運動誤差方程式導出自動導引車的狀態空間模式，依此狀態空間表示式來設計路徑追蹤控制器。以 MATLAB/SIMULINK 模擬，結果証明這個控制器的使用的確可以消除軌跡的誤差，使自動導引車具有準確跟隨路徑的能力。

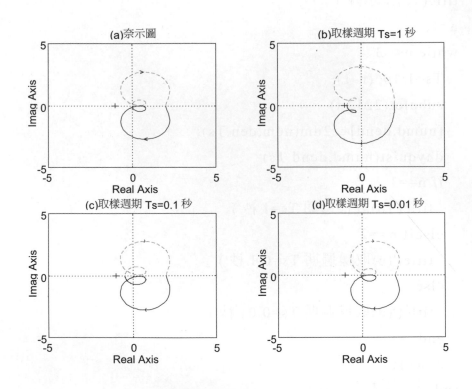

圖 12-9：連續與不同取樣週期的奈氏圖之比較

　　自動導引車在一平面上運動，沿一設計好的需求軌跡運動，因內部因素如馬達的響應速度無法匹配或負載不平衡及外部因素如輪子打滑等，使得自動導引車偏離已設定好的軌跡，這樣就會有誤差的產生。吾人定義三種運動誤差如下：

dx ： 側向追蹤誤差

dy ： 前向追蹤誤差

$d\theta$ ： 指向追蹤誤差

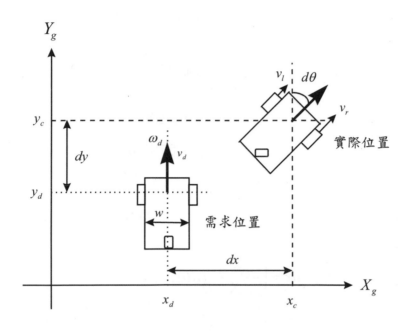

圖 12-10：追蹤誤差的定義

　　參考圖 12-10，由機器人兩驅動輪的速度及需求線速度及角速度可推導出以下的誤差方程式：

$$d\dot{\theta} = \frac{v_l - v_r}{w} + \omega_d ......(12\text{-}31)$$

$$d\dot{x} = \left(\frac{v_l + v_r}{2}\right)\sin(d\theta) ......(12\text{-}32)$$

$$d\dot{y} = \left(\frac{v_l + v_r}{2}\right)\cos(d\theta) - v_d \text{.......}(12\text{-}33)$$

其中

$$w：兩驅動輪間距離$$

$$v_d：需求線速度$$

$$\omega_d：需求角速度$$

當延軌跡行進中，指向誤差 $d\theta$ 非常小，即 $|d\theta| << 1$ 所以 $\sin(d\theta)$ 可近似於 $d\theta$，$\cos(d\theta)$ 可近似於 1。 故上三式可線性化為

$$d\dot{\theta} = \frac{v_l - v_r}{w} + \omega_d \text{.......}(12\text{-}34)$$

$$d\dot{x} = \left(\frac{v_l + v_r}{2}\right)(d\theta) \text{.......}(12\text{-}35)$$

$$d\dot{y} = \left(\frac{v_l + v_r}{2}\right) - v_d \text{.......}(12\text{-}36)$$

式(12-34,12-35,12-36)用狀態方程式表示，可寫成

$$\begin{bmatrix} d\dot{\theta} \\ d\dot{x} \\ d\dot{y} \end{bmatrix} = \begin{bmatrix} 0 & 0 & 0 \\ v_c & 0 & 0 \\ 0 & 0 & 0 \end{bmatrix}\begin{bmatrix} d\theta \\ dx \\ dy \end{bmatrix} + \begin{bmatrix} \dfrac{1}{w} & \dfrac{-1}{w} \\ 0 & 0 \\ \dfrac{1}{2} & \dfrac{1}{2} \end{bmatrix}\begin{bmatrix} v_l \\ v_r \end{bmatrix} + \begin{bmatrix} 0 & 1 \\ 0 & 0 \\ -1 & 0 \end{bmatrix}\begin{bmatrix} v_d \\ \omega_d \end{bmatrix} \text{......}(12\text{-}37)$$

或另表示為

$$\left[\dot{X}\right] = \left[\quad A \quad\right]\left[X\right] + \left[\quad B \quad\right]\begin{bmatrix} v_l \\ v_r \end{bmatrix} + \left[\quad G \quad\right]\begin{bmatrix} v_d \\ \omega_d \end{bmatrix} \ ....(12\text{-}38)$$

其中

$$\left[A\right] = \begin{bmatrix} 0 & 0 & 0 \\ v_c & 0 & 0 \\ 0 & 0 & 0 \end{bmatrix}$$

$$\left[B\right] = \begin{bmatrix} \dfrac{1}{w} & \dfrac{-1}{w} \\ 0 & 0 \\ \dfrac{1}{2} & \dfrac{1}{2} \end{bmatrix}$$

$$\left[G\right] = \begin{bmatrix} 0 & 1 \\ 0 & 0 \\ -1 & 0 \end{bmatrix}$$

其中[A]矩陣中的 $v_c = \dfrac{v_l + v_r}{2}$ 是機器人前進的速度。檢查其是否爲可控性（controllability），可得可控性矩陣爲

$$\left[C_m\right] = \begin{bmatrix} B & AB & A^2B \end{bmatrix} = \begin{bmatrix} \dfrac{1}{w} & \dfrac{-1}{w} & 0 & 0 & 0 & 0 \\ 0 & 0 & \dfrac{v_c}{w} & \dfrac{-v_c}{w} & 0 & 0 \\ \dfrac{1}{2} & \dfrac{1}{2} & 0 & 0 & 0 & 0 \end{bmatrix} \ ....(12\text{-}39)$$

如果 v_c 不等於零，可控性矩陣的秩（rank）爲 3，表示此系統是可控制的。然而此系統並不是可觀測的（observability），因爲可觀測矩

陣為零矩陣。即

$$[O_m] = \begin{bmatrix} C \\ CA \\ CA^2 \end{bmatrix} = [0] \quad ....(12\text{-}40)$$

12-5.1　路徑追蹤控制器的設計

由上狀態方程式，以及線/角速度與需求線/角速度的關係：

$$\omega_d = -\frac{v_l - v_r}{w} \quad ....(12\text{-}41)$$

$$v_d = \frac{v_l + v_r}{2} \quad ....(12\text{-}42)$$

可得

$$\begin{bmatrix} v_l \\ v_r \end{bmatrix} = \begin{bmatrix} 1 & \dfrac{-w}{2} \\ 1 & \dfrac{w}{2} \end{bmatrix} \begin{bmatrix} v_d \\ \omega_d \end{bmatrix} = \begin{bmatrix} & F & \end{bmatrix} \begin{bmatrix} v_d \\ \omega_d \end{bmatrix} \quad ....(12\text{-}43)$$

其中

$$[F] = \begin{bmatrix} 1 & \dfrac{-w}{2} \\ 1 & \dfrac{w}{2} \end{bmatrix}$$

再組合狀態方程式，可得圖 12-11 路徑追蹤控制器的狀態空間模型。解這一個狀態方程式是一個調節器（regulator）的問題，三個狀態變數必須收斂至零。回授矩陣[K]內的元素由控制器所需的性能決定。最佳控制中的線性二次調節器(Linear quadratic regulator,LQR)

可以解決這個多變數問題。[A]矩陣爲一個時變矩陣，所以亦是時變 (time varying)問題。

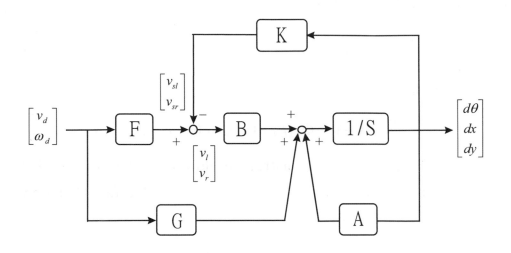

圖 12-11：路徑追蹤控制器的狀態空間模型

12-5.2　時變最佳控制[1]

本小節介紹求回授矩陣[K]的方法（參考 Franklin 所著 Digital Control of Dynamic System），對於一個離散時域的系統，其方程式表示式：

$$x(k+1) = \Phi x(k) + \Gamma u(k) \text{.......(12-44)}$$

我們要決定 u(k)的值，使得成本函數（cost function）

$$J = \frac{1}{2} \sum_{k=0}^{N} \left[x^T(k)Q_1 x(k) + u^T(k)Q_2 u(k) \right] \text{.......(12-45)}$$

的值達到最小。其中 Q_1、Q_2 爲對稱加權矩陣（Symmetric weighting

matric），須由設計者決定且爲非負定（nonnegative definite），通常取其爲對角矩陣（diagonal matrix），對角值是正數或零。另一種表示的方法是要下式最小化：

$$J = \frac{1}{2}\sum_{k=0}^{N}\left[x^{T}(k)Q_{1}x(k) + u^{T}(k)Q_{2}u(k)\right]......(12\text{-}46)$$

其限制條件是

$$-x(k+1) + \Phi x(k) + \Gamma u(k) = 0 \ , \quad k = 0,1,....N$$

解答此有限制最小值（constrained mimima）問題，可以應用 Lagrange multipliers 的方法，對於每一個 k 我們定義一個 Lagrange 乘數向量，然後可重寫爲

$$\hat{J} = \frac{1}{2}\sum_{k=0}^{N}\left[x^{T}(k)Q_{1}x(k) + u^{T}(k)Q_{2}u(k) + \lambda^{T}(k+1)(-x(k+1) + \Phi x(k) + \Gamma u(k)\right]$$

$$......(12\text{-}47)$$

對於 $x(k), u(k)$ 及 $\lambda(k)$ 我們找 $\hat{J}$ 的最小值

$$\frac{\partial\hat{J}}{\partial u(k)} = u^{T}(k)Q_{2} + \lambda^{T}(k+1)\Gamma = 0 ....(12\text{-}48)$$

$$\frac{\partial\hat{J}}{\partial\lambda(k+1)} = -x(k+1) + \Phi x(k) + \Gamma u(k) = 0 ....(12\text{-}49)$$

$$\frac{\partial\hat{J}}{\partial x(k)} = x^{T}(k)Q_{1} - \lambda^{T}(k) + \lambda^{T}(k+1)\Phi = 0 ....(12\text{-}50)$$

式(12-48,12-49,12-50)可分別寫成式(12-51,12-52,12-53)

$$u(k) = -Q_2^{-1}\Gamma^T\lambda(k+1) \text{.......}(12\text{-}51)$$

$$x(k+1) = \Phi x(k) + \Gamma u(k) \text{.......}(12\text{-}52)$$

$$\lambda(k) = \Phi^T\lambda(k+1) + Q_1 x(k) \text{.......}(12\text{-}53)$$

式(12-50)亦可描述成前向差分方程式

$$\lambda(k+1) = \Phi^{-T}\lambda(k) - \Phi^{-T}Q_1 x(k) \text{.......}(12\text{-}54)$$

假設初值或終值條件已知，式(12-52,12-53,12-54)為一組找最佳值 $x(k),u(k)$ 及 $\lambda(k)$ 的互偶差分方程組。又因為從式(12-49)中，知 u(N)對 x(N)沒有作用，所以從式(12-46)知，為使 $\hat{J}$ 達到最小，u(N)必須為零。再代入式(12-48)，可得 $\lambda(N+1)=0$，再代入式(12-50)可以得到一邊界條件

$$\lambda(N) = Q_1 x(N) \text{.......}(12\text{-}55)$$

所以最佳控制的問題，今可由兩個差分方程式及式給定的 u 及 λ 的終值條件 $\lambda(N) = Q_1 x(N)$。而且 x 的初始條件必須先給定等來表示。對此兩端點邊界值問題是不易解得的，有一個方法稱之 sweep 法，由 Bryson 及 Ho 所提，假設

$$\lambda(k) = s(k)x(k) \text{.......}(12\text{-}56)$$

代入式(12-48)得

$$\begin{aligned}Q_2 u(k) &= -\Gamma^T s(k+1)x(k+1)\\ &= -\Gamma^T s(k+1)(\Phi x(k) + \Gamma u(k))\end{aligned} \text{.......}(12\text{-}57)$$

從上式解得

$$u(k) = -\left(Q_2 + \Gamma^T s(k+1)\Gamma \right)^{-1} \Gamma^T s(k+1)\Phi x(k)$$
.......(12-58)
$$= -R^{-1}\Gamma^T s(k+1)\Phi x(k)$$

再此定義了 $R = Q_2 + \Gamma^T s(k+1)\Gamma$，

重寫式(12-54) $\lambda(k) = \Phi^T \lambda(k+1) + Q_1 x(k)$ 將式(12-56)代入得

$$s(k)x(k) = \Phi^T s(k+1)x(k+1) + Q_1 x(k)$$
.......(12-59)
$$= \Phi^T s(k+1)(\Phi x(k) + \Gamma u(k)) + Q_1 x(k)$$

將式(12-58)代入上式可得

$$s(k)x(k) = \Phi^T s(k+1)(\Phi x(k) - \Gamma R^{-1}\Gamma^T s(k+1)\Phi x(k)) + Q_1 x(k) \ldots(12\text{-}60)$$

移項合併可得

$$(s(k) - \Phi^T s(k+1)\Phi + \Phi^T s(k+1)\Gamma R^{-1}\Gamma^T s(k+1)\Phi - Q_1)x(k) = 0 ..(12\text{-}61)$$

上式對所有的 x(k)均須成立，所以係數矩陣必須爲零，可得

$$s(k) = \Phi^T (s(k+1) - s(k+1)\Gamma R^{-1}\Gamma^T s(k+1))\Phi + Q_1$$
......(12-62)
$$= \Phi^T M(k+1)\Phi + Q_1$$

其中

$$M(k+1) = s(k+1) - s(k+1)\Gamma R^{-1}\Gamma^T s(k+1)$$
.......(12-63)
$$= s(k+1) - s(k+1)\Gamma (Q_2 + \Gamma^T s(k+1)\Gamma)^{-1}\Gamma^T s(k+1)$$

上式稱之爲離散 Riccati 方程式，在由式 $\lambda(k) = s(k)x(k)$ 及 $\lambda(N) = Q_1 x(N)$ 可得

$$s(N) = Q_1 \text{.......}(12\text{-}64)$$

至此原來的問題已經轉換成可由式(12-62,12-63)及單一邊界條件式

(12-64)來求解。這個迭代方程式必須由後往前解，因邊界條件給在終點我們可利用式(12-58)來解 u(k)，即

$$u(k) = -K(k)x(k) \quad ....(12\text{-}65)$$

其中

$$K(k) = \left(Q_2 + \Gamma^T s(k+1)\Gamma\right)^{-1} \Gamma^T s(k+1)\Phi \quad ....(12\text{-}66)$$

此即為所要求的***時變最佳控制 K***。

　　在本小節中，我們由最小化的成本函數來解得最佳控制增益矩陣 $K(k)$，$K(k)$ 是一個時變控制增益矩陣，但是通常在整段的 $K(k)$ 解中會有一個維持不變的值 K_∞，這個值往往在控制系統的即時（real time）控制施行上要容易多了。事實上，對於無限時間的問題，稱為調節器的狀況來說，這個不變的增益解是最佳的。在本節中，我們使用套裝軟體 MATLAB 的 dlqr( )函數來穫得穩態增益矩陣 $[K_\infty]$。由於我們的系統矩陣[A]為 v_c 之函數（見式(12-38)），所以在每一取樣時間（20 ms），以當時之 v_c 呼叫 ***dlqr( )*** 函數來求得當時的 $[K_\infty]$，此 20 ms 之內 v_c 視為固定值。

12.5-3 計算機模擬

　　Q_1 和 Q_2 兩矩陣的選擇需靠嘗試錯誤法（trial and error），因為對三個誤差變數同等重要，所以選擇 Q_1 是一個主軸為 1 的對角矩陣。Q_2 的選擇與控制量有關，也就與馬達的速度有關。

　　為了得到較快的反應，加入 α-參數(式 12-67)於成本函數中，α-參數經嘗試錯誤法後，選擇 $\alpha = 1.022$，有不錯的反應[1][15]。

$$J_\alpha = \sum_{k=0}^{\infty} \left[x^T(k)Q_1 x(k) + u^T(k)Q_2 u(t) \right] \alpha^{2k} \quad ......(12\text{-}67)$$

由以下數個步驟推導模擬用的程式

步驟 1：從狀態方程式

$$\begin{bmatrix} d\dot{\theta} \\ d\dot{x} \\ d\dot{y} \end{bmatrix} = \begin{bmatrix} 0 & 0 & 0 \\ v_c & 0 & 0 \\ 0 & 0 & 0 \end{bmatrix} \begin{bmatrix} d\theta \\ dx \\ dy \end{bmatrix} + \begin{bmatrix} \dfrac{1}{w} & \dfrac{-1}{w} \\ 0 & 0 \\ \dfrac{1}{2} & \dfrac{1}{2} \end{bmatrix} \begin{bmatrix} v_l \\ v_r \end{bmatrix} + \begin{bmatrix} 0 & 1 \\ 0 & 0 \\ -1 & 0 \end{bmatrix} \begin{bmatrix} v_d \\ \omega_d \end{bmatrix} \quad ......(12\text{-}68)$$

$$[A] = \begin{bmatrix} 0 & 0 & 0 \\ v_c & 0 & 0 \\ 0 & 0 & 0 \end{bmatrix}$$

$$[B] = \begin{bmatrix} \dfrac{1}{w} & \dfrac{-1}{w} \\ 0 & 0 \\ \dfrac{1}{2} & \dfrac{1}{2} \end{bmatrix}$$

$$[G] = \begin{bmatrix} 0 & 1 \\ 0 & 0 \\ -1 & 0 \end{bmatrix}$$

和選擇

$$Q_1 = \begin{bmatrix} 1 & 0 & 0 \\ 0 & 1 & 0 \\ 0 & 0 & 1 \end{bmatrix} , \quad Q_2 = \begin{bmatrix} \dfrac{1}{2} & 0 \\ 0 & \dfrac{1}{2} \end{bmatrix}$$

步驟 2：MATLAB 中的 *c2d( )* 函數，可將狀態方程式從連續時域轉換成離散時域

$$\left[Ad \, , Bd\right] = c2d(A, B, T)$$

$$\left[Cd \, , Gd\right] = c2d(A, G, T)$$

T 為取樣週期，即離散狀態方程式為

$$\begin{bmatrix} \Delta\theta(k+1) \\ \Delta x(k+1) \\ \Delta y(k+1) \end{bmatrix} = \begin{bmatrix} & Ad & \end{bmatrix} \begin{bmatrix} \Delta\theta(k) \\ \Delta x(k) \\ \Delta y(k) \end{bmatrix} + \begin{bmatrix} & Bd & \end{bmatrix} \begin{bmatrix} v_l(k) \\ v_r(k) \end{bmatrix} + \begin{bmatrix} & Gd & \end{bmatrix} \begin{bmatrix} v_d \\ \omega_d \end{bmatrix} \dots\dots(12\text{-}69)$$

步驟 3：利用 MATLAB 的 *dlqr( )* 函數來計算 [K]

$$\left[K\right] = dlqr(Ad *1.022, Bd *1.022, Q_1, Q_2)$$

步驟 4：計算迴授修正速度

$$\begin{bmatrix} v_{sl}(k) \\ v_{sr}(k) \end{bmatrix} = -\left[K(k)\right] \begin{bmatrix} \Delta\theta(k) \\ \Delta x(k) \\ \Delta y(k) \end{bmatrix} = -\begin{bmatrix} k_1\theta(k) & k_1x(k) & k_1y(k) \\ k_2\theta(k) & k_2x(k) & k_2y(k) \end{bmatrix} \begin{bmatrix} \Delta\theta(k) \\ \Delta x(k) \\ \Delta y(k) \end{bmatrix} \dots\dots$$

$$(12\text{-}70)$$

步驟 5：計算需求速度

$$\begin{bmatrix} v_{dl}(k) \\ v_{dr}(k) \end{bmatrix} = \left[F\right] \begin{bmatrix} v_d \\ \omega_d \end{bmatrix} + \begin{bmatrix} v_{sl}(k) \\ v_{sr}(k) \end{bmatrix} = \begin{bmatrix} 1 & \dfrac{-w}{2} \\ 1 & \dfrac{w}{2} \end{bmatrix} \begin{bmatrix} v_d \\ \omega_d \end{bmatrix} + \begin{bmatrix} v_{sl}(k) \\ v_{sr}(k) \end{bmatrix} \dots\dots(12\text{-}71)$$

其中 $v_{dl}(k)$ 為 k 時左輪的需求速度

　　$v_{dr}(k)$ 為 k 時右輪的需求速度

步驟 6：模擬時，假設馬達有理想的響應速度即

$$v_l(k+1) = v_{dl}(k) \dots\dots(12\text{-}72)$$

$$v_r(k+1) = v_{dr}(k) \text{.......(12-73)}$$

其中 $v_l(k+1)$ 爲 k+1 時左輪的需求速度

　　$v_r(k+1)$ 爲 k+1 時右輪的需求速度

步驟 7：計算

$$v_c(k+1) = \frac{1}{2}(v_l(k+1) + v_r(k+1)) \text{......(12-74)}$$

$$\omega_c(k+1) = \frac{1}{w}(v_r(k+1) - v_l(k+1)) \text{.......(12-75)}$$

至步驟 2 計算 $\Delta\theta(k+1), \Delta x(k+1), \Delta y(k+1)$

12.5-4 模擬結果

　　應用以上所述，經由電腦中 MATLAB 模擬來觀察不同起始誤差條件下路徑追蹤控制器的效果。控制器的取樣時間爲 20 ms，模擬時假設加速度無窮大，即左右輪速度等於左右輪速度命令。結果發現經過一段時間即可由 LQR 路徑追蹤控制器的速度及角速度的補償而消除三個追蹤誤差量。

　　在 MATLAB 命令視窗下，執行程式 m12_8.m

....

```
% m12_8.m
% LQR 路徑追蹤控制器模擬
deltaX(1)=2 ; deltaY(1)=2 ; deltaS(1)=0.0349;
Vd=10 ; Wd=0;
k=1;vv(k)=Vd;
A=[0 0 0;vv(k) 0 0;0 0 0];
```

```
B=[1/67.5 -1/67.5 ; 0 0 ; 0.5 0.5];
G=[0 1;0 0;-1 0];
Q1=[1 0 0;0 1 0;0 0 1];
Q2=[0.5 0;0 0.5];
Ts=0.02 ; F=[1 -33.75;1 33.75];
x(1)=100;y(1)=100;
x1(1)=x(1)+deltaX(1);y1(1)=y(1)+deltaY(1);
Vdl(1)=Vd-0.5*67.5*Wd;
Vdr(1)=Vd+0.5*67.5*Wd;


for k=1:400
  err=[deltaS(k)
      deltaX(k)
      deltaY(k)];
  if (k==1)
    vv(k)=Vd;
  end
  [ad,bd]=c2d(A,B,Ts);
  [cd,dd]=c2d(A,G,Ts);
  K=dlqr(ad*1.022,bd*1.022,Q1,Q2);
  k1S(k)=K(1,1);
  k2S(k)=K(2,1);
  k1X(k)=K(1,2);
  k2X(k)=K(2,2);
  k1Y(k)=K(1,3);
```

```
    k2Y(k)=K(2,3);
    Vsl=-K(1,:)*err;
    Vsr=-K(2,:)*err;
    Vdl(k+1)=[1 -33.75]*[Vd;Wd]+Vsl;
    Vdr(k+1)=[1 33.75]*[Vd;Wd]+Vsr;
    vv(k+1)=0.5*(Vdl(k+1)+Vdr(k+1));
    if (Vdl(k+1)>45.0)
      Vdl(k+1)=45.0;
    elseif (Vdl(k+1)<-45.0)
      Vdl(k+1)=-45.0;
    end
    if (Vdr(k+1)>45.0)
      Vdr(k+1)=45.0;
    elseif (Vdr(k+1)<-45.0)
      Vdr(k+1)=-45.0;
    end
  deltaS(k+1)=ad(1,:)*err+bd(1,:)*[Vdl(k+1);Vdr(k+1)]+dd(1,:)*
[Vd;Wd];
    deltaX(k+1)=ad(2,:)*err+bd(2,:)*[Vdl(k+1);Vdr(k+1)]+dd(2,:)*
[Vd;Wd];
    deltaY(k+1)=ad(3,:)*err+bd(3,:)*[Vdl(k+1);Vdr(k+1)]+dd(3,:)*
[Vd;Wd];
    end
    n=k+1;
      for i=1:n
```

```
k(i)=i*Ts;
end

subplot(221),plot(k,deltaX)
xlabel('秒');ylabel('側向誤差')
grid
axis([0 10 -0.5 3])
subplot(222),plot(k,deltaY)
xlabel('秒');ylabel('前向誤差')
grid
axis([0 10 -0.5 3])
subplot(223),plot(k,deltaS*57.29)
xlabel('秒');ylabel('指向誤差')
grid
axis([0 10 -12 3])
subplot(224),plot(k,Vdl,'-',k,Vdr,'.')
xlabel('秒')
ylabel('左右輪速度(公分/秒)')
gtext('右輪')
grid
```

⋯⋯

　　圖 12-12 為初始誤差 $dx = 2$公分$, dy = 2$公分$, d\theta = 2$度， $\omega_d = 0$及 $v_d = 10$公分$/$秒 的模擬結果，誤差一開始當作步階輸入，然後觀察誤差衰減情形及左右輪速度變化圖。圖 12-13 初始誤差同圖 12-12，但 $\omega_d = 0.052$ 徑$/$秒 。

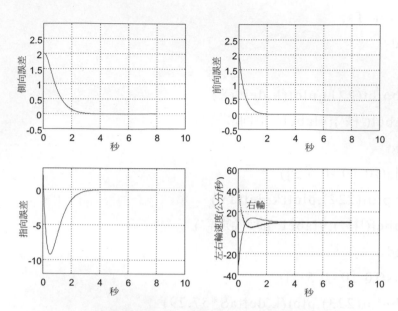

圖 12-12：步階輸入模擬（$dx = 2cm, dy = 2cm, d\theta = 2°$）

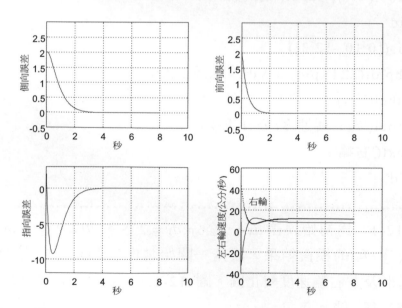

圖 12-13：步階輸入模擬（$dx = 2cm, dy = 2cm, d\theta = 2°$），$\omega_d = 0.052rad / \sec$

第十三章

LTI Viewer

13-1 簡介

　　本章介紹由控制系統工具盒所提供一種用於分析模型的工具-LTI Viewer，它是圖形化使用者介面（GUI：Graphical User Interface）工具，方便於線性非時變系統的分析，並且介紹控制系統工具盒提供的一些用來繪製線性模型中在時域以及頻域響應的繪圖指令，這些指令對於分析控制系統提供一個開放和可擴充的分析環境。最後將討論到在 Simulink 環境中如何使用 LTI Viewer，在 Simulink 模型中可以使用 LTI Viewer 去分析 Simulink 所建構的模型或部分線性模型。

　　因為 LTI Viewer 是一個圖形化使用者介面工具，所以它是以滑鼠游標以圖控方式來操作線性模型的各種響應圖形，使用上非常的方便，以下所列是可以經由 LTI Viewer 所繪製圖形的種類：

- 步階（step）與脈衝（impulse）響應；
- 波德圖（Bode）與奈氏圖（Nyquist）；
- 尼可士圖（Nichols plot）；
- 頻率響應的奇異點值（Singular value）；
- 極/零點圖（Pole/zero）；
- 一般輸入信號的響應圖；
- 狀態空間模型中給定初始狀態的響應圖。

　　注意的是時間響應和極/零點圖形只適用於轉移函數、狀態空間和零點/極點/增益等型式的模型。

13-2 直流伺服馬達模型

　　本節以第 7-4 節所述直流伺服馬達模型為例說明 LTI Viewer 的用法，重寫式 (7-24) , (7-25) , (7-26) 如下式 (13-1) , (13-2) , (13-3)所

示：

$$E_b = K_b \omega_m = K_h \frac{d\theta_m}{dt} \quad \cdots\cdots \text{ (13-1)}$$

$$L_a \frac{dI_a}{dt} + R_a I_a + E_b = E_a \quad \cdots\cdots \text{ (13-2)}$$

$$J_m \frac{d^2\theta_m}{dt^2} + B_m \frac{d\theta_m}{dt} = T = KI_a \quad \cdots\cdots \text{ (13-3)}$$

由式(13-1)與式(13-2)合併移項後可得

$$\frac{dI_a}{dt} = -\frac{R_a}{L_a} I_a - \frac{K_b}{L_a} \omega_m + \frac{1}{L_a} E_a \quad \cdots\cdots \text{ (13-4)}$$

式(13-3)移項後可得

$$\frac{d\omega_m}{dt} = \frac{K}{J_m} I_a - \frac{B_m}{J_m} \omega_m \quad \cdots\cdots \text{ (13-5)}$$

將式(13-4)與式(13-5)以狀態方程式來表示如下：

$$\frac{d}{dt}\begin{bmatrix} I_a \\ \omega_m \end{bmatrix} = \begin{bmatrix} -\dfrac{R_a}{L_a} & -\dfrac{K_b}{L_a} \\ \dfrac{K}{J_m} & -\dfrac{B_m}{J_m} \end{bmatrix} \begin{bmatrix} I_a \\ \omega_m \end{bmatrix} + \begin{bmatrix} \dfrac{1}{L_a} \\ 0 \end{bmatrix} E_a \quad \cdots\cdots \text{ (13-6)}$$

$$y(t) = \begin{bmatrix} 0 & 1 \end{bmatrix}\begin{bmatrix} I_a \\ \omega_m \end{bmatrix} + \begin{bmatrix} 0 \end{bmatrix} E_a$$

今令 $R_a = 1$、$L_a = 0.2$、$K_b = 1$、$B_m = 0.1$、$J_m = 5$、$K = 0.5$，代入式(13-6)可得

$$A = \begin{bmatrix} -\dfrac{R_a}{L_a} & -\dfrac{K_b}{L_a} \\ \dfrac{K}{J_m} & -\dfrac{B_m}{J_m} \end{bmatrix} = \begin{bmatrix} -5 & -5 \\ 0.1 & -0.02 \end{bmatrix} \quad B = \begin{bmatrix} \dfrac{1}{L_a} \\ 0 \end{bmatrix} = \begin{bmatrix} 5 \\ 0 \end{bmatrix}$$

$$C = \begin{bmatrix} 0 & 1 \end{bmatrix} \quad D = \begin{bmatrix} 0 \end{bmatrix}$$

在 MATLAB 命令視窗中鍵入以下 A, B, C 和 D 的值，並使用 ss 函數建構狀態空間表示式。

```
>> A=[-5 -5;0.1 -0.02];
>> B=[5;0];
>> C=[0 1];
>> D=0;
>> Dc_Motor = ss(A,B,C,D)
a =
        x1      x2
  x1    -5      -5
  x2    0.1   -0.02
b =
        u1
  x1    5
  x2    0
c =
        x1  x2
  y1    0   1
d =
        u1
  y1    0
Continuous-time model.
```

我們就以這個直流伺服馬達為例來詳細地說明 LTI Viewer 的用法，如何進入 LTI Viewer 視窗呢？方法很簡單，在 MATLAB 命令視窗

中鍵入

　　>> ltiview

　　>>

即會開啓如圖 13-1 所示的 LTI Viewer 視窗。

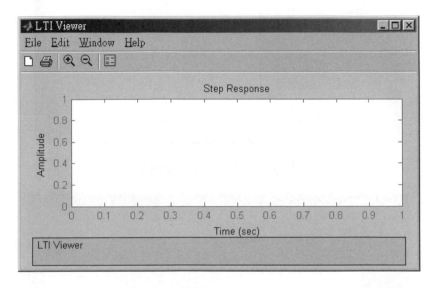

圖 13-1：開啓 LTI Viewer 視窗

　　首先要輸入直流馬達的模型，用滑鼠點選 File 選單下的 Import 選項，將會開啓 LTI Browser 的對話盒視窗，如圖 13-2 所示，上面將會顯示在 MATLAB 工作平台上可供選擇的模型，如果你像上頁所述在 MATLAB 命令視窗中已經建立好 Dc_Motor 這個模型，那麼將會如圖 13-2 所示，用滑鼠點選 Dc_Motor 這個檔案，然後按下 OK 按鈕即可完成輸入模型的動作，並且馬上會開啓所輸入模型的步階響應，如圖 13-3 所示。若是在 MATLAB 的命令視窗中也可以將模型含括在 ltiview 指令中直接開啓，例如

　　>> ltiview('step', Dc_Motor)

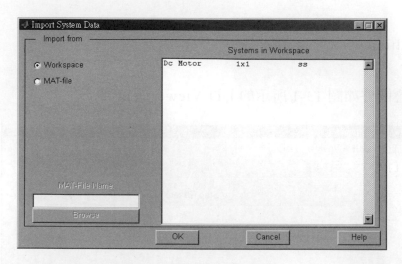

圖 13-2：開啓輸入模型視窗

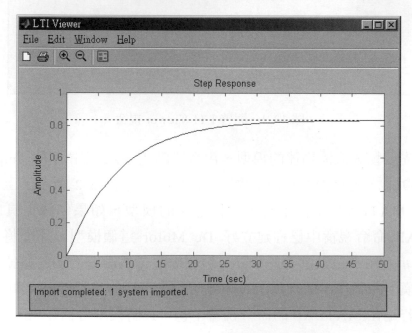

圖 13-3：直流伺服馬達模型的步階響應

　　順便提一下，點選模型的方法就如同在視窗中選取檔案的方法一樣，如要選取多個模型可按下 Ctrl 鍵不放再用滑鼠點選模型檔案，或按下 Shift 鍵不放來選取一連串的模型檔案。

　　記得前面提過了 LTI Viewer 可以顯示多個響應圖形，像步階或脈衝響應圖形、波德圖或奈氏圖、尼可士圖等，舉例來說你想同時開啓步階響應和波德圖，那就必須先規劃 LTI Viewer 的顯示圖形的方式，方法是用滑鼠點選選取 Edit 選單下的 Plot Configurations 選項，這將會開啓 Plot Configurations 的對話盒視窗如圖 13-4 所示。

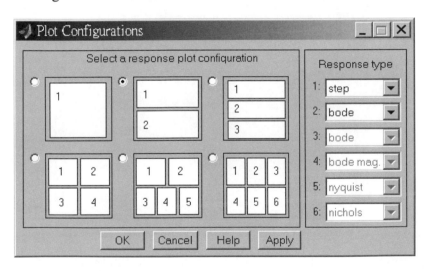

圖 13-4：Plot Configurations 的對話盒視窗

　　圖 13-4 左邊部分為選擇顯示圖形的方式，可以選擇顯示單一個圖形 (預設顯示)、或兩個圖形，最多可選擇同時顯示六個圖形，譬如圖 13-4 中我們選擇顯示兩個圖形。右邊部分為選擇模型響應圖形，可以選擇有步階響應、脈衝響應、波德圖、波德圖 (僅顯示大小部分)、奈氏圖、尼可士圖或極零點配置圖等，此部分的選擇是要配合左方顯示圖形

的方式，也就是說第 1 個響應方式用於第 1 個圖形，第 2 個響應方式用於第 2 個圖形，以此類推。譬如圖 13-4 中第 1 個響應方式我們選擇顯示步階響應圖形，第 2 個響應方式我們選擇顯示波德圖形，然後按下 OK 按鈕關閉 Plot Configurations 的對話盒視窗，馬上會開啓同時顯示步階響應圖和波德圖形，如圖 13-5 所示。

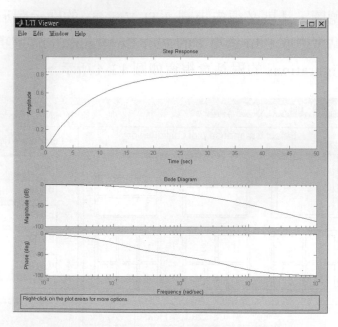

圖 13-5：同時顯示步階響應和波德圖形

我們回到圖 13-3 的圖形說明 LTI Viewer 其它的一些用法。

【Plot type】

將滑鼠游標移至 LTI Viewer 的圖形視窗中，單按滑鼠右鍵，在下拉出的視窗中再將滑鼠游標移至 Plot type，會出現另一個下拉視窗，在這裡可以選取顯示響應圖形的方式，例如選取 Impulse，即可將步階響應的圖形改變爲顯示脈衝響應的圖形，如圖 13-6 所示。

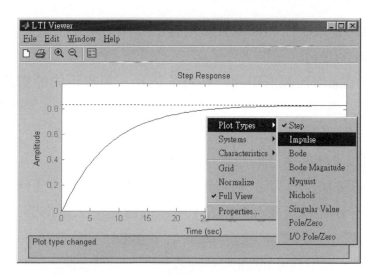

圖 13-6：改變響應圖形的方式

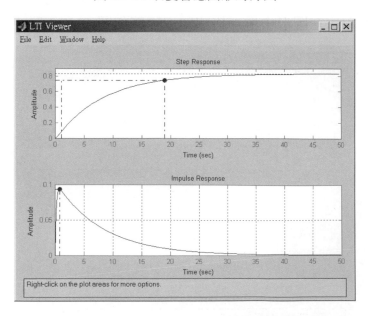

圖 13-7：在圖形上顯示上升時間 (上) 與峰值 (下)

【Systems】

此選項為選取不同的模型來顯示響應圖形。

【Characteristics】

此選項用來增加圖形中的一些特性訊息，對於不同的響應圖形，會有不同的特性選項，例如對於步階響應，可以在圖形上選擇像上升時間、安定時間、穩態值或峰值來顯示，例如圖 13-7 顯示的是步階響應的上升時間以及脈衝響應的峰值。

另外一提的是我們可以利用滑鼠游標移至圖形上的任何位置去顯示它的座標值，例如移至圖 13-7 (下) 所示的峰值處，可得圖 13-8 所示的圖形，圖上顯示峰值的座標為 (0.811, 0.0928)，也就是說峰值發生在 t=0.811 秒處，大小為 0.0928。

【Grid】

此選項用來在圖形中增加格線顯示，例如圖 13-7 (下) 所示。

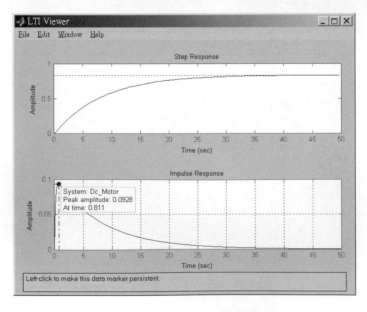

圖 13-8：顯示圖形上的座標值

圖 13-9：開啓圖形性質的視窗

【Properties】

　　此選項用來選擇圖形中的一些性質，在下拉視窗中選取 Properties 將會開啓如圖 13-9 所示的視窗，裡面內含有多個選項，例如最左邊的是 Labels，它是用來顯示圖形中的標題 (title)、X-軸註解字串 (X-Llabel) 和 Y-軸註解字串 (Y-Label)，這些也可以依照使用者所要表達的意義來修改。第二個是 Limits 選項，用來設定 X-軸和 Y-軸的範圍大小。Style 選項用來設定是否要顯示格線 (grid)，以及顯示字型的大小、顏色或種類。Characteristics 選項用來設定是否顯示上升時間、安定時間、穩態值或峰值，你也可以重新定義上升時間、安定時間的顯示規格，例如定義達到穩態值的 5%以內稱為安定時間。Characteristics 這部分對於不同的響應圖形，會有不同的性質選項。

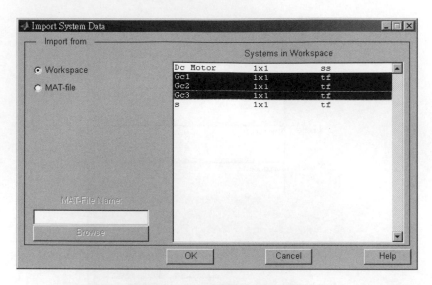

圖 13-10：一次輸入三個模型

13-3 顯示多個模型的響應圖形

前面所提的皆為顯示一個模型的響應圖形，現在說明一下如何顯示兩個以上模型的圖形，我們以下述三個模型為例來做說明。

```
>> s=tf('s');
>> Gc1=1/(s^2+s+1);
>> Gc2=1/(s^2+1.5*s+1);
>> Gc3=1/(s^2+2*s+1);
>> ltiview
>>
```

參考前節所述進入 LTI Viewer 視窗後，首先輸入模型，用滑鼠點選 File 選單下的 Import 選項，將會開啟 LTI Browser 的對話盒視窗，如圖 13-10 所示，按下 Ctrl 鍵不放再用滑鼠點選 Gc1, Gc2 和 Gc3 三個模型檔案，按下 OK 按鈕即可完成輸入模型的動作，且馬上會開啟所輸入模型的步階響應，如圖 13-11 所示。

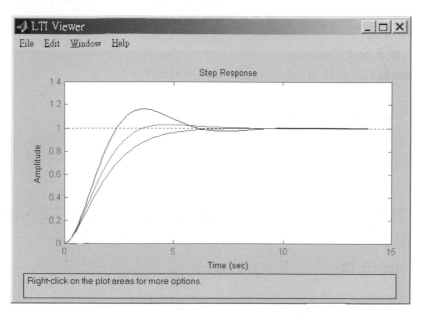

圖 13-11：一次顯示三個模型的步階響應圖

如果在 MATLAB 命令視窗下則輸入以下的指令來開啟 LTI Viewer。

\>> ltiview({'step'},Gc1,Gc2,Gc3)

如果要同時顯示步階與脈衝響應，則輸入以下的指令：

\>> ltiview({'step';'impulse'},Gc1,Gc2,Gc3)

13-4 多輸入多輸出模型響應

本節說明多輸入多輸出 (MIMO) 模型的響應圖形，舉例來說

\>> h=[tf(5,[1 2 5]),tf(2,[1 2])]

Transfer function from input 1 to output:

```
        5
    -------------
    s^2 + 2 s + 5
```

Transfer function from input 2 to output:

```
      2
    -----
    s + 2
```

>> step(h)

>>

所得圖形如圖 13-12 所示，如要改變 X-軸響應的時間，可執行下列的指令：

>> step(h,10)

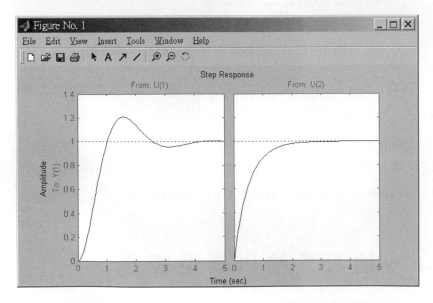

圖 13-12：多輸入多輸出 (MIMO) 模型的響應圖形

將滑鼠游標移至 Figure No. 1 的圖形視窗中，單按滑鼠右鍵，會出現一個下拉視窗,它的用法與 13-2 節所述的大同小異,在這裡只敘述一下不同的部分。

【I/O Grouping】

此選項用來改變圖形顯示的組合,可以選擇 None, All,選擇 none 表示一個輸入對一個輸出各別圖形來顯示,選擇 All 則多輸入多輸出組合在一張圖示上。

【I/O Selector】

此選項將會打開 I/O Selector 視窗,如下圖 13-13 所示,用來選擇輸出對輸入的圖形,讀者自行用滑鼠點選看看它們對響應圖形的影響。

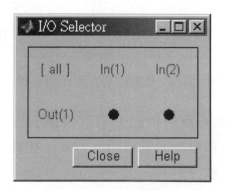

圖 13-13:I/O Selector 設定視窗

接下來說明圖形上資料標記 (data marker) 的用法。將滑鼠游標移至圖形的軌跡上,單按滑鼠左鍵就會產生一個資料標記,它呈現小黑方形狀,如圖 13-14 所示,而且游標會成手掌形狀,此時若按住滑鼠左鍵不放,且移動滑鼠游標,那麼資料標記也會跟著移動。

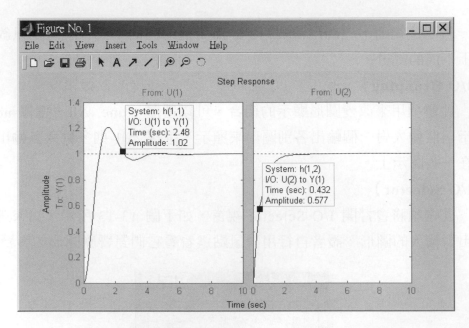

圖 13-14：軌跡圖形上顯示資料標記

　　若在小黑方形狀的資料標記上單按滑鼠右鍵，將會下拉出一個視窗，它是用來改變資料標記的資料顯示方式，如圖 13-15 所示，它們的用法很簡單讀者自行試試看。

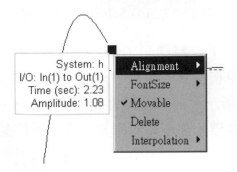

圖 13-15：資料標記的顯示設定視窗

13-5 Simulink LTI Viewer

　　如果你有安裝 Simulink，你就可以使用 Simulink LTI Viewer，換言之，在 Simulink 中所建立的模型，也可以呼叫 LTI Viewer 來繪製響應圖形（本節說明適用於 MATLAB 6.x/Simulink 5.0），開啓 Simulink LTI Viewer 的方法爲：

Input Point　　　　　Output Point

To specify the inputs and outputs
of the analysis model,
drag and drop the above blocks
on the appropriate signal lines.

圖 13-16：Model_Input_and_Output 圖形視窗內含 block

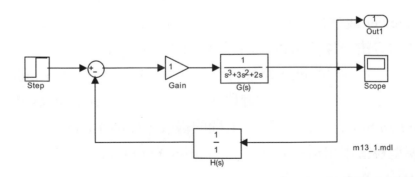

圖 13-17：範例 m13_1.mdl 模型

　　在 Simulink 所建立的模型視窗中，用滑鼠點選 Tools 選單下的 Linear Analysis 選項，將會開啓兩個視窗，一個是空白的 Simulink LTI

Viewer 視窗，另一個是稱爲 Model_Input_and_Output 的圖形視窗，裡面只包含 *Input Point* 和 *Output Point* 兩個 block，如圖 13-16 所示。

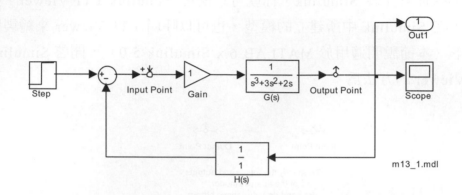

圖 13-18：加入 *Input Point* block 與 *Output Point* block 的模型

在 Simulink 環境下建構如圖 13-17 所示的模型，如何將 *Input Point* 和 *Output Point* 兩個 block 插入到 Simulink 模型中呢？以便能使用 LTI Viewer 觀察模擬的波形，方法很簡單，這與在 Simulink 環境中建立模型的方法一樣，用滑鼠點選 Model_Input_and_Output 的圖形視窗中的 *Input Point* block，單按滑鼠左鍵不放拖曳至 m13_1.mdl 模型中 *Sum* block 與 *Gain* block 間的線段，至於 *Output Point* block 則拖曳至 *Transfer Fcn* block 與 *Scope* block 間的線段，如圖 13-18 所示。

在模型視窗中用滑鼠點選 Simulation→Simulation Parameters，開啓 Simulation Parameters 對話盒視窗，將 Stop time 更改爲 20 秒，然後用滑鼠點選 Simulation→Start 執行模擬，如欲在 LTI Viewer 視窗中觀察模擬的結果，可用滑鼠點選 Simulink 選單下的 Get Linearized Model 選項，就會顯示出步階響應的波形，如圖 13-19 所示，這個步階響應與 *Step* block 的輸入是沒有關係的 (why？)。

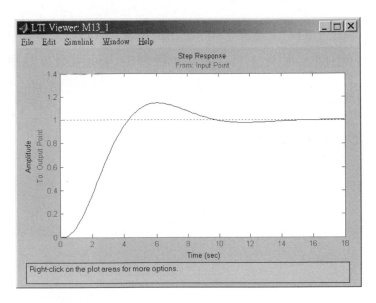

圖 13-19：步階響應的波形

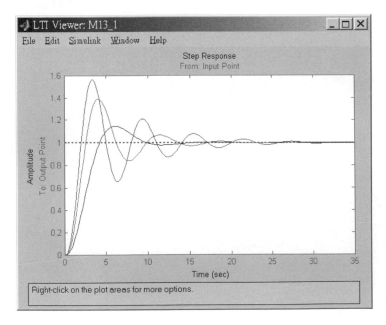

圖 13-20：疊加的步階響應波形

　　我們將模型 m13_1.mdl 中的 *Gain* block 的值改為 2，重複做一次，重新執行模擬，再至 LTI Viewer 視窗中再使用滑鼠點選 Simulink 選單下的 Get Linearized Model 選項，就會顯示出新增加的步階響應的波形，把 *Gain* block 的值再改為 3，再做一次，可得如圖 13-20 所示步階響應的波形，這樣可以觀察不同的增益值對系統的影響。

第十四章

SISO Design Tool

14-1 簡介

　　本章說明如何使用控制系統工具盒所提供一種用於設計控制器或補償器的工具－SISO Design Tool，它是圖形化使用者介面（GUI：Graphical User Interface）工具，方便於簡化我們的設計工作，如同上一章一樣透過範例的方式來學習如何使用 SISO Design Tool 是比較有趣和有效率的方式。

　　SISO Design Tool 是一個圖形化使用者介面的設計工具，用來設計具有單一輸入單一輸出的閉迴授控制系統的控制器或補償器，它的好處在於允許你在設計上能快速地交互地完成下列的一些設計：

- 使用根軌跡 (root locus) 技術處理閉迴路控制系統的動態特性；
- 開迴路波德 (Bode) 響應；
- 增加補償器的極零點 (pole/zero)；
- 增加或調整超前/落後 (lead/lag) 網路；
- 觀察閉迴路響應；
- 調整增益和相位邊限 (gain/phase margins)；
- 離散和連續時間間的模型轉換。

14-2 直流伺服馬達模型

　　本節以式(14-1)所示的直流伺服馬達模型為例說明 SISO Design Tool 的用法：

$$G(s) = \frac{1.5}{s^2 + 14s + 40.02} \quad \cdots\cdots (14\text{-}1)$$

在 MATLAB 命令視窗中鍵入如下列所示轉移函數 G(s)的值，建構出 Dc_Motor 模型。

>> s=tf('s');

>> Dc_Motor=1.5/(s^2+14*s+40.02)

Transfer function:

       1.5

----

s^2 + 14 s + 40.02

>>

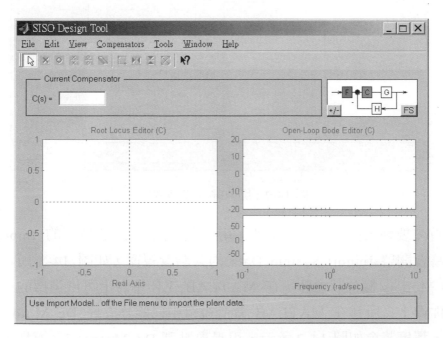

圖 14-1：進入 SISO Design Tool 視窗

我們就以這個直流伺服馬達來說明 SISO Design Tool 的用法，如何進入 SISO Design Tool 視窗呢？方法很簡單，在 MATLAB 命令視窗

中鍵入

>> sisotool

即會開啓如圖 14-1 所示的 SISO Design Tool 視窗,圖中左邊顯示
的是根軌跡圖,右邊顯示的是波德圖。(若讀者是較新版的 sisotool 畫
面,請參考 14-6 附註之說明)

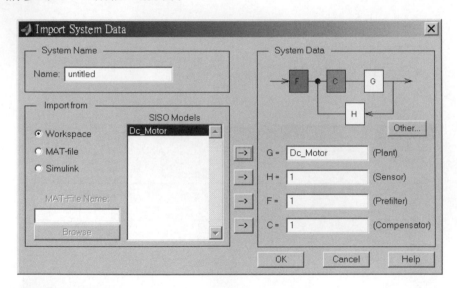

圖 14-2:開啓輸入模型視窗

首先要輸入直流馬達的模型,用滑鼠點選 File 選單下的 Import 選
項,將會開啓 Import System Data 的對話盒視窗,如圖 14-2 所示,在
SISO Models 欄位將會顯示在 MATLAB 工作平台上可供選擇的模型,
如果你像上頁所述在 MATLAB 命令視窗中已經建立好 Dc_Motor 這個
模型,那麼將會如圖 14-2 所示,用滑鼠點選 Dc_Motor 這個模型,然後
按下 G (plant) 左邊的→按鈕,將 Dc_Motor 模型加入到 ”G=” 欄位中,
最後按下 OK 按鈕即可完成輸入模型的動作,並且馬上會開啓所輸入模
型的閉迴路系統的根軌跡圖以及波德圖,如圖 14-3 所示。若是在

MATLAB 的命令視窗中也可以將模型含括在 sisotool 指令中直接開啓，例如

>> sisotool(Dc_Motor)

由圖 14-2 可以看出 SISO Design Tool 是用來設計分析閉迴路控制系統的性能工具，G 表示受控裝置，C 表示補償器，H 表示迴授元件，F 表示濾波器，你也可以按 Other…按鈕選擇不同的系統架構。模型的輸入可以選擇由工作平台輸入、MAT-File 輸入或 Simulink 輸入。

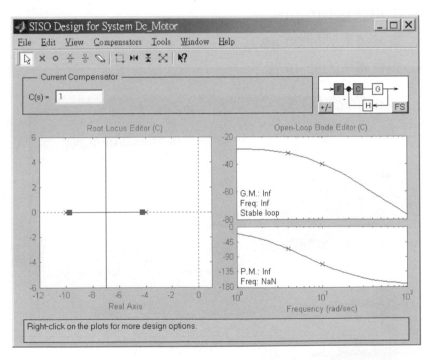

圖 14-3：根軌跡圖與波德圖

先來看看這個閉迴路系統的步階響應，用滑鼠游標點選圖 14-3 中 Analysis 選單下的 Other Loop Responses 選項，即會開啓如圖 14-4 所示的響應圖形設定視窗，其中可以設定開迴路或閉迴路響應圖形，選擇

出廠設定值 r-to-y 閉迴路步階響應圖形，點選 OK 按鈕即會開啟如圖
14-5 所示的步階響應圖形，由圖中可以看出達到穩態的時間大約是 1.5
秒，這對許多應用來說稍嫌慢了些，而且存在有不小的穩態誤差，接下
來就以如何應用波德圖技術來改善響應時間和減少穩態誤差來做說明，
我們希望能將系統改善到

- 上升時間小於 0.5 秒；
- 穩態誤差小於 5%；
- 過超越量小於 10%；
- 增益邊限大於 20 dB；
- 相位邊限大於 40 度。

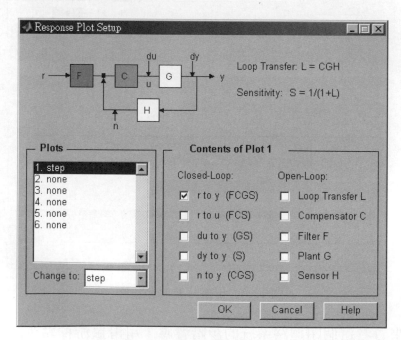

圖 14-4 :響應圖形設定視窗

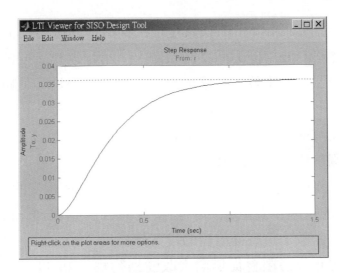

圖 14-5：閉迴路系統的步階響應圖

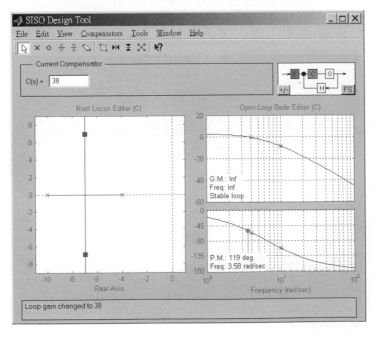

圖 14-6：增加增益後的根軌跡圖與波德圖

　　增快響應速度最簡單的方法就是增加補償器的增益大小，在圖 14-3 中將滑鼠游標移至波德圖形增益的軌跡上，滑鼠游標會變成手掌形狀，此時若按住滑鼠左鍵不放，且移動滑鼠游標，那麼增益軌跡線也會跟著移動，注意左上方補償器 C(s)欄位的值也會跟著改變，因為移動軌跡線的同時，SISO Design Tool 會重新計算補償器的增益值。當然你也可以直接在 C(s)欄位輸入所需的增益值。

　　我們嘗試將增益交越頻率 (增益軌跡線與 0 dB 相交的頻率) 調整到大約 3 rad/sec，因為對近似的一階系統而言，頻寬 3 rad/sec 大約有 0.33 秒的時間常數，這時補償器的增益值約為 38，如圖 14-6 所示，由圖上可以看出相位邊限會從無窮大改變到約為 120 度，從步階響應圖 (圖 14-7) 也可以看出上升時間和穩態誤差都有一些改善，但是要符合設計的規格還是要設計更複雜的補償器才可以。

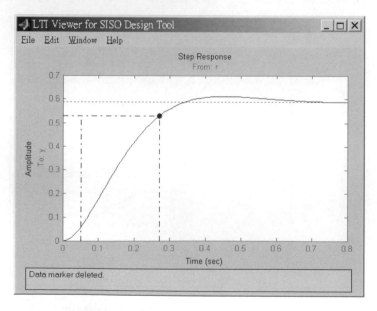

圖 14-7：增加增益後的步階響應圖

14-3 增加積分器

　　增加一個積分器等於在根軌跡圖上 s=0 處加一個極點，讓系統的階數增加 1，可以減少穩態誤差的值，但也有可能讓系統變的不穩定，增加積分器的方法為將滑鼠游標移至波德圖上，單按滑鼠右鍵，在開啓的下拉視窗中選擇 Add Pole/Zero→Integrator，如圖 14-8 所示，增加積分器會改變波德圖上的交越頻率，我們仍舊用滑鼠調整波德圖上的增益軌跡，使得增益交越頻率大約是 3 rad/sec，這時候補償器 C(s)的增益值大約由 38 改變到 100，如圖 14-9 所示，波德圖上可以看出增益邊限由無窮大改變到 11.4dB，相位邊限為 37.7 度，步階響應如圖 14-10 所示。

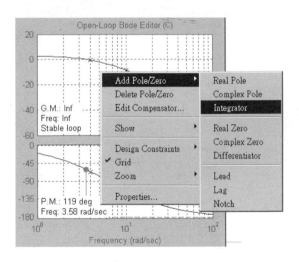

圖 14-8：增加一個積分器

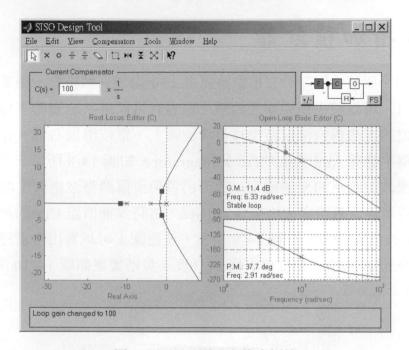

圖 14-9：顯示圖形上的座標值

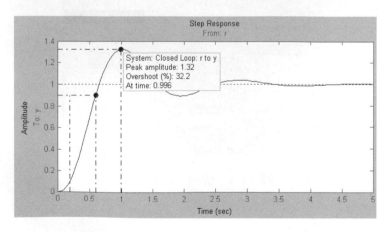

圖 14-10：增加積分器後的步階響應圖

　　由圖 14-10 步階響應圖可以看出增加一個 s=0 的極點，使得系統趨向不穩定，有過超越量發生 (大約是 32%)，而且不符合過超越量小於

10%的設計規格，所以調整增益值以及增加積分器並不能符合所需的設計規格，必須再另外設計補償器。上升時間大約爲 0.4 秒，而且沒有穩態誤差，那是因爲增加積分器使得系統階數爲 1，對步階輸入而言穩態誤差爲 0，請參考第八章式(8-4)。

14-4 增加領先 (超前) 網路

設計規格中要求增益邊限必須大於 20 dB，而相位邊限必須大於 40 度，但是目前的增益邊限爲 11.4dB，相位邊限爲 37.7 度，降低過超越量可能會增長上升時間，所以在增加穩定邊限的時候，也要能縮短上升時間，一種可能的方法即是增加領先網路 (lead network) 補償器。

將滑鼠游標移至波德圖上，單按滑鼠右鍵，在開啓的下拉視窗中選擇 Zoom→ln-X，如圖 14-11 所示，然後在波德圖上沿 X-軸畫一橫線，此即爲放大區域，可得圖 14-12 所示的圖形。

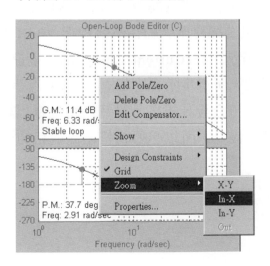

圖 14-11：點選沿 X-軸作圖形放大

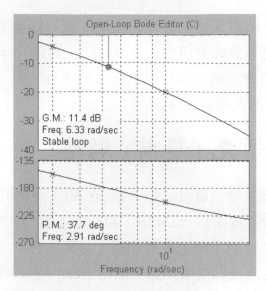

圖 14-12：放大後的波德圖形

　　現在要增加一個領先網路，將滑鼠游標移至波德圖上，單按滑鼠右鍵，在開啟的下拉視窗中選擇 Add Pole/Zero→lead，這時滑鼠游標會多一個'x'符號，將滑鼠游標移至大約在軌跡線與-20dB 相交的地方點一下即可，如圖 14-13 所示，在 Current Compensator 欄位會顯示所增加的領先網路的轉移函數，所得步階響應如圖 14-14 所示，圖中可以看出上升時間約爲 0.4 秒，符合設計規格，雖然過超越量已經降低至 25%，但是穩定邊限仍舊不可接受，所以必須調整領先網路的參數。

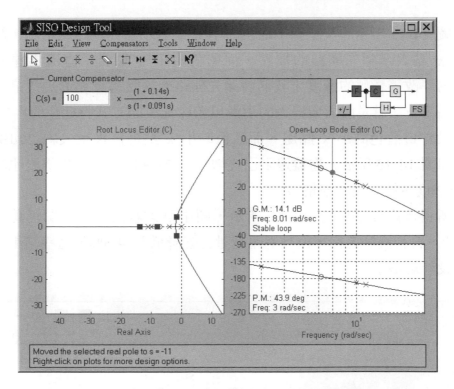

圖 14-13：增加領先網路後的根軌跡圖與波德圖

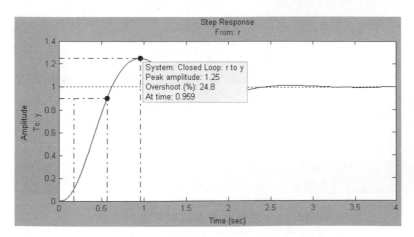

圖 14-14：增加領先網路後的步階響應圖

　　圖 14-13 所示的波德圖中紅色的小'o'點表示領先網路的零點，紅色的小'x'點表示領先網路的極點，而藍色的小'x'點表示直流馬達的極點，爲了改善響應的速度，我們將領先網路的零點盡量靠近馬達最左邊的極點，方法就是前面所提過的用滑鼠游標拖曳的方式將紅色的小'o'點移至最左邊藍色的小'x'點處，而紅色的小'x'點仍舊移至大約-20dB 附近，如圖 14-15 所示，增益邊限已經增加到 21.9dB，而相位邊限也增加到 64.3 度，符合設計規格所需。

　　所得步階響應如圖 14-16 所示，圖中可以看出上升時間仍舊約爲0.4 秒，符合設計規格，而且過超越量已經降低至 4.5%，這些結果已經符合設計規格了。

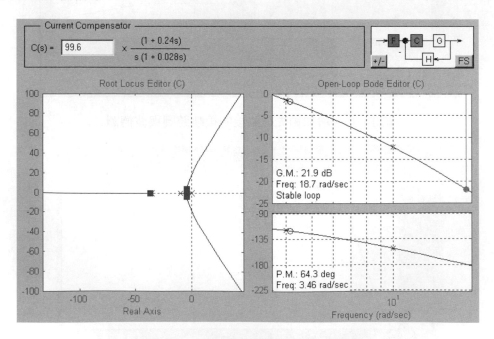

圖 14-15：改變領先網路極零點的位置

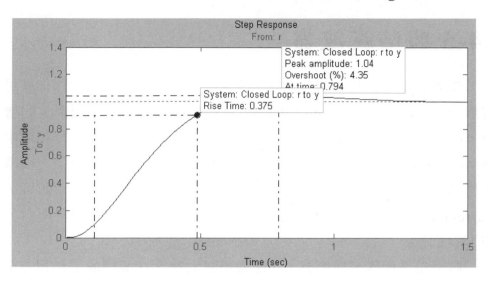

圖 14-16：改變領先網路極零點位置後的步階響應圖

用滑鼠點選 Edit 選單下的 SISO Tool Preferences 選項，將會開啓 SISO Tool Preferences 的對話盒視窗，如圖 14-17 所示，可以用來設定圖形顯示的一些選項，譬如說頻率的單位，大小或相位的單位，字形的大小、種類或顏色等等。

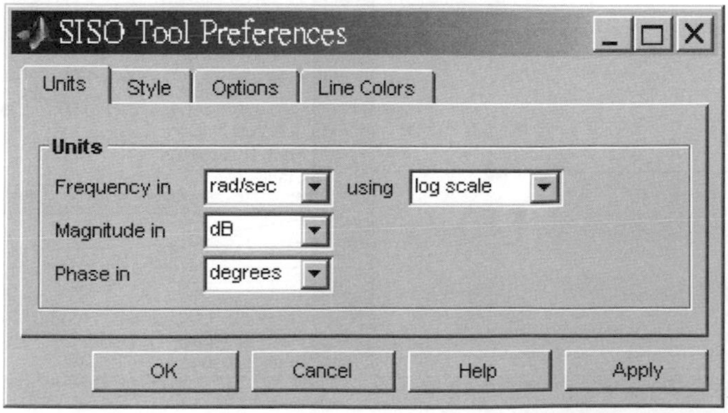

圖 14-17：SISO Tool Preferences 對話盒視窗

14-5 凹陷濾波器

如果你知道在某一個特定頻率會有干擾信號產生的話，那你就可以增加一個凹陷濾波器 (Notch filter) 電路來降低在那一個頻率上的增益值，將滑鼠游標移至波德圖上，單按滑鼠右鍵，在開啓的下拉視窗中選擇 Add Pole/Zero→notch，這時滑鼠游標會多一個黑色'x'符號，將滑鼠游標移至大約在頻率 200 rad/sec 位置處的軌跡線上點一下即可，在 Current Compensator 欄位會顯示所增加的凹陷濾波器的轉移函數，如圖 14-18 所示。

將滑鼠游標移至波德圖上，單按滑鼠右鍵，在開啓的下拉視窗中選擇 Zoom→ln-X，然後在波德圖上沿 X-軸畫一橫線，即爲放大區域如圖 14-19 所示。

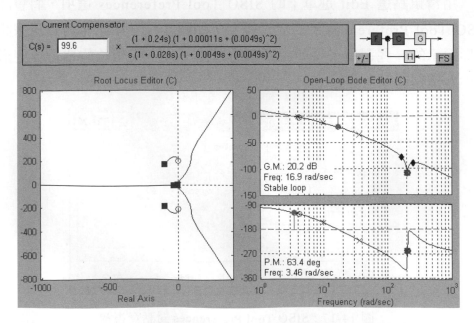

圖 14-18：增加凹陷濾波器後的根軌跡圖與波德圖

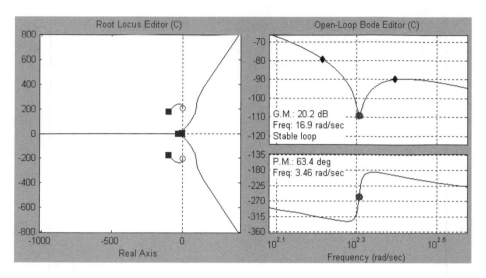

圖 14-19：凹陷濾波器放大後的圖形

14-6 附註

對於近年較新的 SISO Design Tool 的操作視窗，與本章介紹的會有些差異，例如 R2010b 的版本，當在 MATLAB 命令視窗中鍵入

>> sisotool

即會開啓如圖 14-20 所示的 SISO Design Tool 操作視窗，圖中上方顯示的是控制視窗，圖中下方顯示的是圖形視窗。

在圖 14-20 上方之控制視窗中用滑鼠點選"System Data"，即會開啓如圖 14-21 之 System Data 操作視窗。

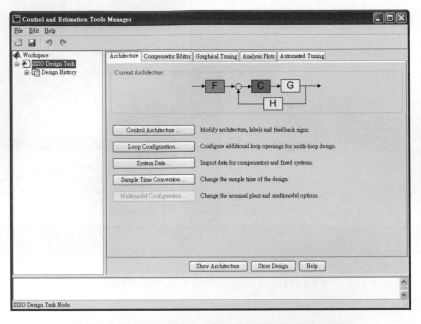

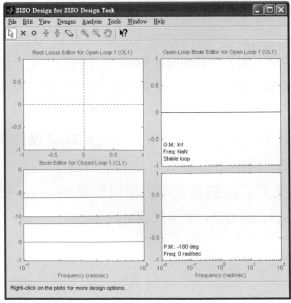

圖 14-20：開啟 SISO Design Tool 操作視窗

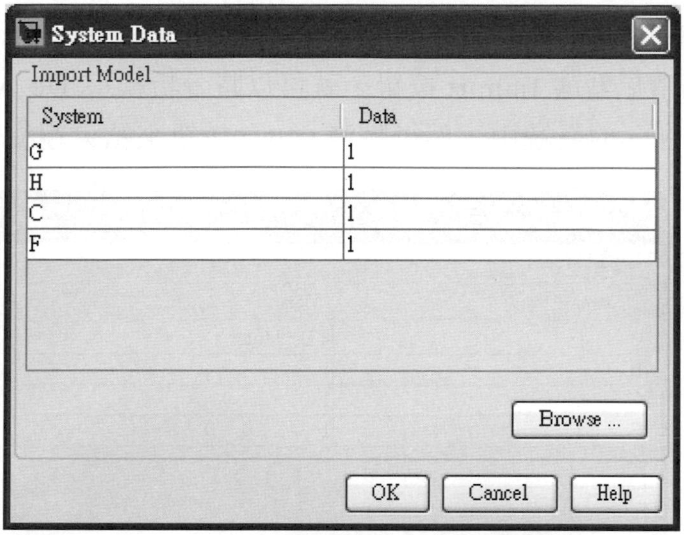

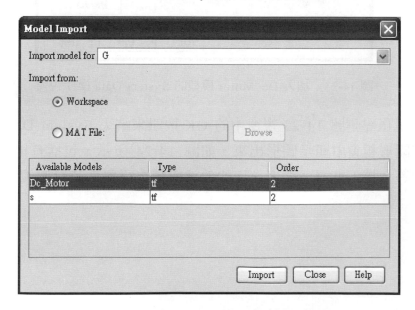

圖 14-21：開啟 System Data 操作視窗

圖 14-22：開啟 Model Import 操作視窗

在圖 14-21 視窗中用滑鼠點選"Browse.." 按鈕，即會開啟如圖 14-

22 之 Model Import 操作視窗，在視窗中用滑鼠點選 Dc_Motor，使其反黑，然後用滑鼠點選 Import 按鈕，就可以將分析模型 Dc_Motor 加入到如圖 14-23 所示的系統中，然後點選 Close 按鈕來結束視窗。

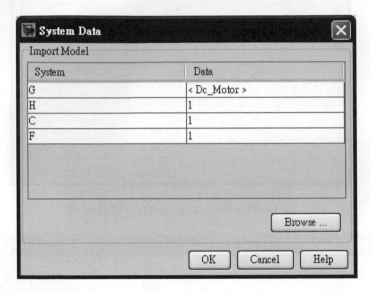

圖 14-23：加入 Dc_Motor 模型的 System Data 操作視窗

用滑鼠點選圖 14-23 視窗中的 OK 按鈕來結束 System Data 視窗，即會在圖形視窗中顯示圖形出來，如圖 14-24 所示，包括有根軌跡圖、波得圖等，接下來讀者參考前面的敘述繼續自行熟悉其餘的視窗操作。

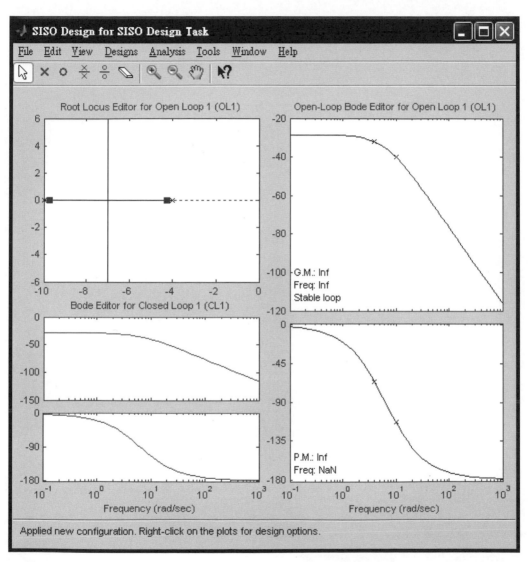

圖 14-24：顯示結果的 SISO 圖形視窗

方塊函數索引

Sources 方塊函數庫

Model & Subsystem Inputs

In1　　Ground　　untitled.mat
　　　　　　　　From File　　simin
　　　　　　　　　　　　　　From
　　　　　　　　　　　　　　Workspace

Signal Generators

Constant　　Signal
Generator　　Pulse
Generator　　Signal Builder　Signal 1　　Chirp Signal　　Random
Number　　Uniform Random
Number　　Band-Limited
White Noise

Ramp　　Sine Wave　　Step　　Repeating
Sequence　　Repeating
Sequence
Stair　　Repeating
Sequence
Interpolated　　Counter
Free-Running　　Counter
Limited

Clock　　12:34
Digital Clock

Sinks 方塊函數庫

Model & Subsystem Outputs　　　　　**Simulation Control**

Data Viewers

Continuous 方塊函數庫

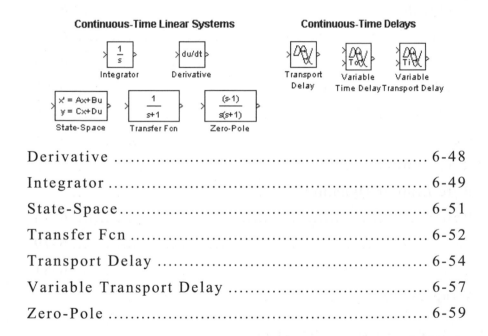

Discontinuities 方塊函數庫

Discontinuities

Discrete 方塊函數庫

Discrete-Time Linear Systems

$\frac{1}{z}$	$\frac{-4}{Z}$	4 Delays	$\frac{K\,Ts}{z-1}$	$\frac{0.05z}{z-0.95}$	$\frac{z-0.75}{z-0.95}$	$\frac{z-0.75}{z}$
Unit Delay	Integer Delay	Tapped Delay	Discrete-Time Integrator	Transfer Fcn First Order	Transfer Fcn Lead or Lag	Transfer Fcn Real Zero

$\frac{1}{z+0.5}$	$\frac{1}{1+0.5z^{-1}}$	$\frac{(z-1)}{z(z-0.5)}$
Discrete Transfer Fcn	Discrete Filter	Discrete Zero-Pole

Weighted Moving Average

$\frac{z-1}{z}$	$\frac{K\,(z-1)}{Ts\,z}$	$y(n)=Cx(n)+Du(n)$ $x(n+1)=Ax(n)+Bu(n)$
Difference	Discrete Derivative	Discrete State-Space

Sample & Hold Delays

Memory	First-Order Hold	Zero-Order Hold

Logic and Bit Operations 方塊函數庫

Logic Operations

Edge Detection

AND	<=	Interval Test	up u lo	U > U/z	U < U/z	U ~= U/z
Logical Operator	Relational Operator	Interval Test	Interval Test Dynamic	Detect Increase	Detect Decrease	Detect Change

[:::]	<= 0	<= 3	U > 0 & NOT U/z > 0	U >= 0 & NOT U/z >= 0	U < 0 & NOT U/z < 0	U <= 0 & NOT U/z <= 0
Combinatorial Logic	Compare To Zero	Compare To Constant	Detect Rise Positive	Detect Rise Nonnegative	Detect Fall Negative	Detect Fall Nonpositive

Bit Operations

Set bit 0	Clear bit 0	Bitwise AND 0xD9	Vy = Vu * 2^-8 Qy = Qu >> 8 Ey = Eu	Extract Bits Upper Half
Bit Set	Bit Clear	Bitwise Operator	Shift Arithmetic	Extract Bits

Lookup Tables 方塊函數庫

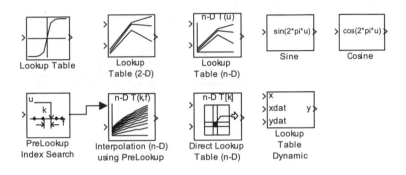

Lookup Tables

Math 方塊函數庫

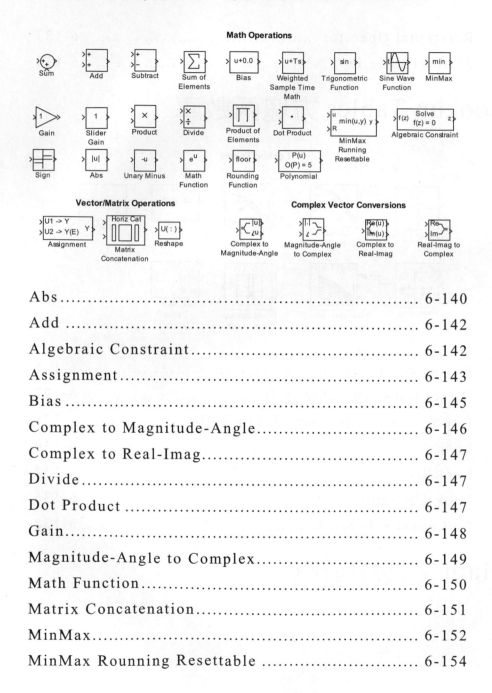

Signal Routing 方塊函數庫

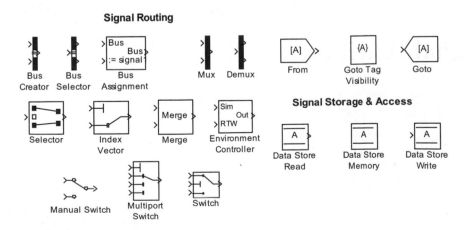

Signal Attributes 方塊函數庫

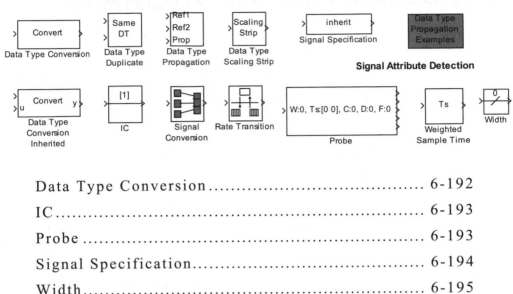

Signal Attribute Manipulation

Signal Attribute Detection

Ports & Subsystems 方塊函數庫

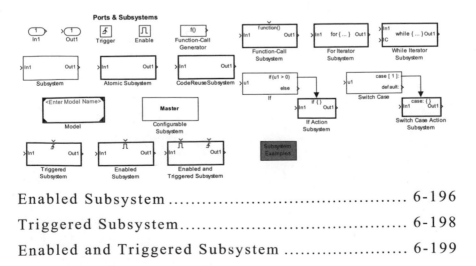

Ports & Subsystems

User-Defined Functions 方塊函數庫

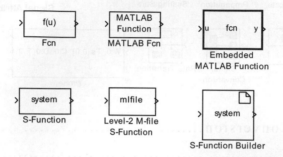

User-defined Functions

參 考 資 料

[1] Gene F.Franklin,J.David Powell and Michall L.Workman, *"Digital Control of Dynamic System"*,Addison Wesley,Second Edition.

[2] Richard C.Dorf Robert H. Bishop*"Modern Control System "*,Addison Wesley , 1995, 7th edition.

[3] Charles L. Phillips Royce D. Harbor, *"Feedback Control Systems"*,Prentice Hall, 1996, Third Edition.

[4] Katsuhiko Ogata *"Modern Control Engineering"* , Prentice Hall, 1997, Third Edition.

[5] Alberto Cavallo, Reberto Setola, Francesco Vasca *"Using MATLAB, SIMULINK and Control System Toolbox:A Practical Approach"*, Prentice Hall, 1997.

[6] Naomi Ehrich Leonard, William S. Levine, *"Using MATLAB to Analyze and Design Control Systems"*, Addison Wesley, 1995, Second Edition.

[7] Beniamin C. Kuo, *"Automatic Control Systems"*, Prentice Hall, 1995, 7th Edition.

A2-2 控制系統設計與模擬－使用 MATLAB/SIMULINK

[8] Franklin & Powell, *"Feedback Control of Dynamical Systems"*, Addison Wesley, 1986, Second Edition.

[9] The Math Works, Inc. *"The Studend Edition of SIMULINK User's Guide"*, Prentice Hall, 1996.

[10] The Math Works, Inc. *"Control System Toolbox for use with MATLAB User's Guide"*, USA, 1992.

[11] Dean K. Frederick, Joe H. Chow, *"Feedback Control Problems Using MATLAB and The Control System Toolbox"*, PWS Publishing Company, 1995.

[12] 李新洲, *"深入 MATLAB 4.X for Windows"*, 碁峰資訊, 1996.

[13] 孫增圻, *"系統分析與控制"*, 北京清華大學出版社, 1994.

[14] 董景新, 趙長德, *"控制工程基礎"*, 北京清華大學出版社, 1992.

[15] 李加恩, 宋開泰, *"自動導引車之運動控制"*, 新竹交通大學控制工程研究所碩士論文, 民國 80 年 6 月.

[16] 李宜達, 宋開泰, *"基於 DSP 之自動導引車路徑追蹤控制器設計與實驗"* 新竹交通大學控制工程研究所碩士論文, 民國 85 年 6 月.

國家圖書館出版品預行編目資料

控制系統設計與模擬：使用 MATLAB/SIMULINK / 李
　宜達編著. -- 八版. -- 新北市 : 全華圖書,
　2011.09
　　面 ; 公分
　ISBN 978-957-21-8271-0(平裝附光碟片)

　1.CST: 自動控制 2.CST: Matlab(電腦程式)

448.9029　　　　　　　　　　　100018647

控制系統設計與模擬－使用 MATLAB/SIMULINK
(附範例光碟)

作者 / 李宜達

發行人 / 陳本源

執行編輯 / 張曉紜

出版者 / 全華圖書股份有限公司

郵政帳號 / 0100836-1 號

印刷者 / 宏懋打字印刷股份有限公司

圖書編號 / 03238077

八版九刷 / 2022 年 12 月

定價 / 新台幣 600 元

ISBN / 978-957-21-8271-0

全華圖書 / www.chwa.com.tw

全華網路書店 Open Tech / www.opentech.com.tw

若您對書籍內容、排版印刷有任何問題，歡迎來信指導 book@chwa.com.tw

臺北總公司(北區營業處)
地址：23671 新北市土城區忠義路 21 號
電話：(02) 2262-5666
傳真：(02) 6637-3695、6637-3696

南區營業處
地址：80769 高雄市三民區應安街 12 號
電話：(07) 381-1377
傳真：(07) 862-5562

中區營業處
地址：40256 臺中市南區樹義一巷 26 號
電話：(04) 2261-8485
傳真：(04) 3600-9806(高中職)
　　　(04) 3601-8600(大專)

版權所有·翻印必究

國家圖書館出版品預行編目資料

控制系統設計與模擬－使用 MATLAB/SIMULINK／李
宜達編著．－－初版．－－新北市：全華圖書，民
2012.00

ISBN 978-957-21-8271-0（平裝附光碟片）

1.CST：工程 2.CST：Matlab(電腦程式)

448.9029   1000184*

控制系統設計與模擬－使用 MATLAB/SIMULINK
（中英對照版）

作者：李宜達

發行人：

執行編輯：

出版者：全華圖書股份有限公司

郵政帳號：0100836-1 號

印刷者：宏懋打字印刷股份有限公司

圖書編號：0523401*

出版日期：2012 年 1 月 初版

定價：新台幣 690 元

ISBN 978-957-21-8271-0

全華圖書：www.chwa.com.tw

全華網路書店 Open Tech：www.opentech.com.tw

若您對書籍內容、排版印刷有任何問題，歡迎來信指導 book@chwa.com.tw

南區營業處
地址：80769 高雄市三民區應安街 12 號
電話：(07) 381-1377
傳真：(07) 862-5562

中區營業處
地址：40256 台中市南區樹義一巷 26 號
電話：(04) 2261-8485
傳真：(04) 3600-9806(高中職)
(04) 3601-8600(大專)

北區營業處
地址：23671 新北市土城區忠義路 21 號
電話：(02) 2262-5666
傳真：(02) 6637-3695、6637-3696

版權所有 · 翻印必究

23671 新北市土城區忠義路21號

全華圖書股份有限公司

行銷企劃部　收

廣告回信
板橋郵局登記證
板橋廣字第540號

歡迎加入 全華會員

● 會員獨享

會員享購書折扣、紅利積點、生日禮金、不定期優惠活動⋯等。

● 如何加入會員

填妥讀者回函卡直接傳真 (02) 2262-0900 或寄回，將由專人協助登入會員資料，待收到E-MAIL 通知後即可成為會員。

如何購買 全華書籍

1. 網路購書

全華網路書店「http://www.opentech.com.tw」，加入會員購書更便利，並享有紅利積點回饋等各式優惠。

2. 全華門市、全省書局

歡迎至全華門市（新北市土城區忠義路21號）或全省各大書局、連鎖書店選購。

3. 來電訂購

(1) 訂購專線：(02) 2262-5666 轉 321-324
(2) 傳真專線：(02) 6637-3696
(3) 郵局劃撥（帳號：0100836-1　戶名：全華圖書股份有限公司）
※ 購書未滿一千元者，酌收運費 70 元。

OpenTech 全華網路書店

全華網路書店 www.opentech.com.tw
E-mail: service@chwa.com.tw

※ 本會員制如有變更則以最新修訂制度為準，造成不便請見諒。

讀者回函卡

掃 QRcode 線上填寫 ▶▶▶

姓名：＿＿＿＿＿　生日：西元＿＿＿年＿＿月＿＿日　性別：□男 □女

電話：（　）＿＿＿＿＿　手機：＿＿＿＿＿

e-mail：＿＿＿＿＿（必填）

註：數字零，請用 ф 表示，數字 1 與英文 L 請另註明並書寫端正，謝謝。

通訊處：□□□□□

學歷：□高中‧職　□專科　□大學　□碩士　□博士

職業：□工程師　□教師　□學生　□軍‧公　□其他

學校/公司：＿＿＿＿＿　科系/部門：＿＿＿＿＿

·需求書類：

□A. 電子 □B. 電機 □C. 資訊 □D. 機械 □E. 汽車 □F. 工管 □G. 土木 □H. 化工
□I. 設計 □J. 商管 □K. 日文 □L. 美容 □M. 休閒 □N. 餐飲 □O. 其他

·本次購買圖書為：＿＿＿＿＿　書號：＿＿＿＿＿

·您對本書的評價：

封面設計：□非常滿意 □滿意 □尚可 □需改善，請說明＿＿＿＿＿
內容表達：□非常滿意 □滿意 □尚可 □需改善，請說明＿＿＿＿＿
版面編排：□非常滿意 □滿意 □尚可 □需改善，請說明＿＿＿＿＿
印刷品質：□非常滿意 □滿意 □尚可 □需改善，請說明＿＿＿＿＿
書籍定價：□非常滿意 □滿意 □尚可 □需改善，請說明＿＿＿＿＿
整體評價：請說明＿＿＿＿＿

·您在何處購買本書？

□書局　□網路書店　□書展　□團購　□其他

·您購買本書的原因？（可複選）

□個人需要　□公司採購　□親友推薦　□老師指定用書　□其他

·您希望全華以何種方式提供出版訊息及特惠活動？

□電子報　□DM　□廣告（媒體名稱　　　　　　　）

·您是否上過全華網路書店？（www.opentech.com.tw）

□是　□否　您的建議＿＿＿＿＿

·您希望全華出版哪方面書籍？＿＿＿＿＿

·您希望全華加強哪些服務？＿＿＿＿＿

感謝您提供寶貴意見，全華將秉持服務的熱忱，出版更多好書，以饗讀者。

填寫日期：＿＿＿ / ＿＿＿ / ＿＿＿

2020.09 修訂

親愛的讀者：

感謝您對全華圖書的支持與愛護，雖然我們很慎重的處理每一本書，但恐仍有疏漏之處，若您發現本書有任何錯誤，請填寫於勘誤表內寄回，我們將於再版時修正，您的批評與指教是我們進步的原動力，謝謝！

全華圖書　敬上

勘　誤　表

書　號			
頁　數	行　數	書　名	作　者
		錯誤或不當之詞句	建議修改之詞句

我有話要說：（其它之批評與建議，如封面、編排、內容、印刷品質等···）